国高等职业教育机电类专业"十三五"规划教材

"十二五"江苏省高等学校重点教材（编号：2015-1-067）

电力电子与运动控制技术项目化教程

DIANLI DIANZI YU YUNDONG KONGZHI JISHU XIANGMUHUA JIAOCHENG

李月芳　陈柬　主编

蒋正炎　副主编

中国铁道出版社有限公司

CHINA RAILWAY PUBLISHING HOUSE CO., LTD.

内 容 简 介

本书是围绕电气类专业"机电设备运动控制系统及电气装置的调试与维护"岗位职业能力而开发的项目化教程。共设计了 6 个项目,涵盖电力电子技术与运动控制技术的内容。项目 1、项目 2 分别以内圆磨床主轴电动机直流调速装置、开关电源为载体,介绍直流调压技术;项目 3 以龙门刨工作台直流调速系统为载体,介绍直流调速技术、检测技术和 PID 等技术的综合应用;项目 4 以变频器为载体,介绍变频技术;项目 5 以带式输送机闭环控制系统为载体,介绍变频技术、检测技术和 PLC 等技术的综合应用;项目 6 以行走机械手的速度与位置控制系统为载体,介绍伺服控制技术、检测技术和 PLC 等技术的综合应用。

本书适合作为高等职业院校机电一体化技术、电气自动化技术等专业的教材,也可作为社会和企业相关专业人员的培训或自学教材。

图书在版编目(CIP)数据

电力电子与运动控制技术项目化教程/李月芳,陈㑇主编.—北京:中国铁道出版社,2017.6(2023.6 重印)

全国高等职业教育机电类专业"十三五"规划教材

ISBN 978 - 7 - 113 - 23388 - 4

Ⅰ.①电…　Ⅱ.①李…　②陈…　Ⅲ.①电力电子技术-高等职业教育-教材②自动控制系统-高等职业教育-教材

Ⅳ.①TM1　②TP273

中国版本图书馆 CIP 数据核字(2017)第 168678 号

书　　名:电力电子与运动控制技术项目化教程
作　　者:李月芳　陈㑇

策　　划:祁　云　　　　　　　　　　　编辑部电话:(010)63549458
责任编辑:祁　云
编辑助理:绳　超
封面设计:付　巍
封面制作:刘　颖
封面校对:张玉华
责任印制:樊启鹏

出版发行:中国铁道出版社有限公司(100054,北京市西城区右安门西街 8 号)
网　　址:http://www.tdpress.com/51eds/
印　　刷:河北宝昌佳彩印刷有限公司
版　　次:2017 年 6 月第 1 版　　2023 年 6 月第 3 次印刷
开　　本:787 mm×1 092 mm　1/16　印张:16.75　字数:399 千
书　　号:ISBN 978 - 7 - 113 - 23388 - 4
定　　价:39.00 元

党的二十大报告指出:"统筹职业教育、高等教育、继续教育协同创新,推进职普融通、产教融合、科教融汇,优化职业教育类型定位。"从党的二十大报告可以看出,校企合作、产教融合是职业教育类型特征,是贯穿职业教育人才培养、课程建设与教材建设的主线。本教材是对接企业岗位需求,由校企人员共同合作,精选典型的体现电力电子技术和运动控制技术的设备为载体,围绕相关岗位职业能力而开发的项目化教程。

本书是围绕电气类专业"机电设备运动控制系统及电气装置的调试与维护"岗位职业能力而开发的项目化教程,重点突出运动控制系统及电气装置的调试与维护能力的培养。

在整体结构上,本书以覆盖典型技术的机电设备运动控制系统及电气装置为载体,共设计了6个项目,项目按照从单一技术到综合技术的应用为逻辑顺序展开,见图1。项目1、项目2分别以内圆磨床主轴电动机直流调速装置、开关电源为载体,介绍直流调压技术;项目3以龙门刨工作台直流调速系统为载体,介绍直流调速技术、检测技术和PID等技术的综合应用;项目4以变频器为载体,介绍变频技术;项目5以带式输送机闭环控制系统为载体,介绍变频技术、检测技术和PLC等技术的综合应用;项目6以行走机械手的速度与位置控制系统为载体,介绍伺服控制技术、检测技术和PLC等技术的综合应用。

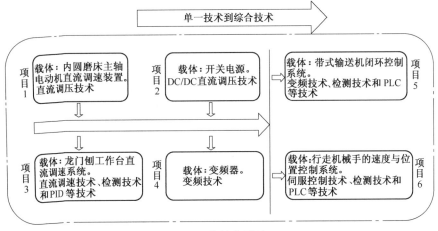

图 1　整体结构设计

前 言

在内部结构上,本书采用"项目导向、任务驱动"的结构,每个项目都由真实可操作的工作任务驱动,每个项目按照"项目描述→若干任务→拓展应用"的结构来编写,每个任务按照"学习目标→相关知识→任务要求→任务分析→任务实施→课后练习"的结构展开,体现以实践操作为重点,以理论知识为背景,注重学生技术应用能力和创新能力的培养。

在教学内容上,本书以岗位工作任务为依据,同时融入国家职业资格标准(高级维修电工、技师)相关内容,电力电子技术部分的内容包括内圆磨床主轴电动机直流调速装置、开关电源和变频器的调试与维护;运动控制技术部分的内容包括龙门刨工作台直流调速系统、带式输送机闭环控制系统和行走机械手的速度与位置控制系统的调试与维护。

本书是由常州轻工职业技术学院、南京科技职业技术学院及中国亚龙科技有限公司共同开发的项目化教材,由常州轻工职业技术学院李月芳和南京科技职业技术学院陈柬任主编,常州轻工职业技术学院蒋正炎任副主编。具体分工如下:李月芳编写了项目3、项目4,并负责全书的组织、提纲编写和统稿工作;陈柬编写了项目1、项目2;蒋正炎编写了项目5、项目6。

本书在编写的过程中,得到了常州三禾工自动化科技有限公司、中国亚龙科技有限公司、浙江天煌科技有限公司的大力支持,在此表示衷心的感谢!

限于编者水平,书中难免存在疏漏与不足之处,敬请广大读者批评指正。

编　者
2023 年 5 月

目 录

目　录

项目 ① 内圆磨床主轴电动机直流调速装置的分析与调试

项目描述

可控整流电路的应用是电力电子技术中应用最为广泛的一种技术。本项目将以内圆磨床主轴电动机直流调速装置为例，使读者了解单相桥式可控整流电路在直流调速装置中的应用，并深入学习三相整流电路的知识与技能。

内圆磨床主要用于磨削圆柱孔和小于 60° 的圆锥孔。内圆磨床主轴电动机采用晶闸管单相桥式半控整流电路供电的直流电动机调速装置。

图 1-1 为内圆磨床主轴电动机直流调速装置电气线路图。内圆磨床主轴电动机直流调速

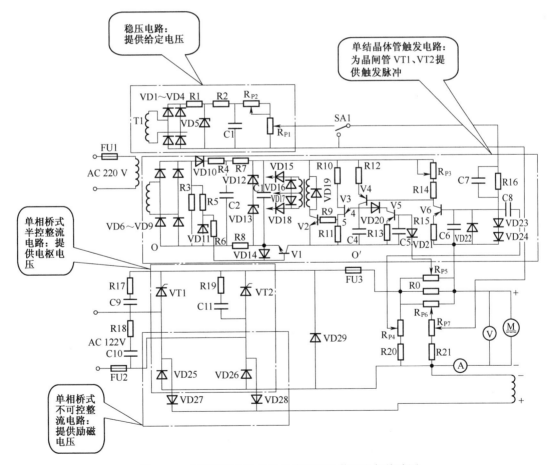

图 1-1　内圆磨床主轴电动机直流调速装置电气线路图

装置的主电路采用晶闸管单相桥式半控整流电路,控制回路则采用了结构简单的单结晶体管触发电路。下面具体分析与电路有关的知识:单相桥式全控整流电路、单相桥式半控整流电路和三相整流电路。

任务1 认识晶闸管、双向晶闸管和单结晶体管

学习目标

(1)能分析晶闸管导通和关断的原理,认识晶闸管的主要类型、参数、功能。
(2)能用万用表测试晶闸管、双向晶闸管和单结晶体管的好坏。

相关知识

电力电子器件的种类很多,分类的方法也较多。根据门极信号的性质不同,可分为电流驱动型(current driving type)、电压驱动型(voltage driving type);根据器件内部载流子导电的情况不同,可分为单极型(unipolar device)、双极型(bipolar device)、混合型(complex device);根据器件的冷却方式不同,可分为自冷型、风冷型、水冷型等;根据器件的结构形式不同可分为塑封式、螺栓式、平板式、模块式。一般常用的分类方法是根据器件开关控制能力的不同,将其分为不控型、半控型、全控型,如表1-1所示。

表1-1 电力电子器件的类型

类型	结构特点	控 制 性 能	器 件
不控型	无控制端 二端口元件	导通或关断取决于外部电路的状态,不能用控制信号进行控制	功率二极管
半控型	有控制端 三端口元件	通过门极上的控制信号控制器件的导通,却无法控制器件的关断,器件的关断需要借助外部电路的状态	晶闸管及其派生器件(快速晶闸管、双向晶闸管、逆导晶闸管、光控晶闸管)
全控型	有控制端 三端口元件	通过门极上的控制信号可以控制器件的导通和关断	可关断晶闸管(GTO) 电力晶体管(GTR 或 BJT) 电力场效应晶体管(MOSFET) 绝缘栅双极晶体管(IGBT)

一、晶闸管

1. 晶闸管的型号及电极

晶闸管是一种大功率半导体元件,从外形上分类主要有:塑封式、螺栓式、平板式。具有三个极:阳极 A、阴极 K、门极(控制极)G。常见晶闸管引脚排列如图1-2(a)所示。晶闸管的图

形符号及文字符号如图 1-2(b)所示。

晶闸管的内部结构及等效电路如图 1-3 所示,是 PNPN 四层半导体元件,具有三个 PN 结。

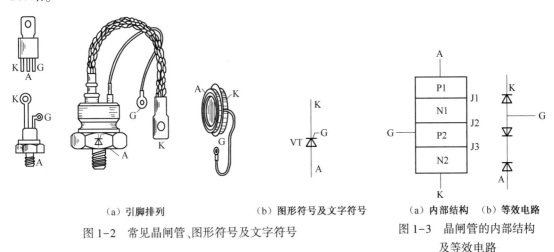

（a）引脚排列　　　　（b）图形符号及文字符号
图 1-2　常见晶闸管、图形符号及文字符号

（a）内部结构　（b）等效电路
图 1-3　晶闸管的内部结构
及等效电路

晶闸管若从外观上判断,三个电极形状各不相同,无须做任何测量就可以识别。小功率晶闸管的门极比阴极细,大功率晶闸管的门极则用金属编制套引出,像一根辫子。有的在阴极上另引出一根较细的引线,以便和触发电路连接,这种晶闸管虽有四个电极,也无须测量就能识别。

2. 晶闸管的导通与关断条件

实验电路如图 1-4 所示。阳极电源 E_A 连接负载(白炽灯)接到晶闸管的阳极 A 与阴极 K,组成晶闸管的主电路。流过晶闸管阳极的电流称为阳极电流 I_A,晶闸管阳极和阴极两端电压称为阳极电压 U_A。门极电源 E_G 连接晶闸管的门极 G 与阴极 K,组成控制电路亦称触发电路。流过门极的电流称为门极电流 I_G,门极与阴极之间的电压称为门极电压 U_G。用灯泡来观察晶闸管的通断情况。

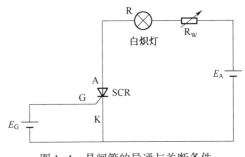

图 1-4　晶闸管的导通与关断条件

（1）当晶闸管承受反向阳极电压时,无论门极是否有正向触发电压或者承受反向电压,晶闸管不导通,只有很小的反向漏电流流过晶闸管,这种状态称为反向阻断状态。说明晶闸管像整流二极管一样,具有单向导电性。

（2）当晶闸管承受正向阳极电压时,门极加上反向电压或者不加电压,晶闸管不导通,这种状态称为正向阻断状态。这是二极管所不具备的。

（3）当晶闸管承受正向阳极电压时,门极加上正向触发电压,晶闸管导通,这种状态称为正向导通状态。这就是晶闸管的闸流特性,即可控特性。

（4）晶闸管一旦导通后维持阳极电压不变,将触发电压撤除,晶闸管依然处于导通状态。即门极对晶闸管不再具有控制作用。

结论:

(1)晶闸管导通条件:阳极加正向电压;门极加适当正向电压。

(2)关断条件:流过晶闸管的电流(I_A)小于维持电流。

3. 晶闸管的主要参数

在实际使用的过程中,往往要根据实际的工作条件进行晶闸管的合理选择,以达到令人满意的技术、经济效果。怎样才能正确选择晶闸管呢?这主要包括两方面:一方面要根据实际情况确定所需晶闸管的额定值;另一方面要根据额定值确定晶闸管的型号。

晶闸管的各项额定参数在晶闸管生产后,由厂家经过严格测试而确定,作为使用者来说,只需要能够正确地选择晶闸管即可。表1-2列出了晶闸管的一些主要参数。

表1-2 晶闸管的一些主要参数

型号	通态平均电流/A	通态峰值电压/V	断态正反向重复峰值电流/mA	断态正反向重复峰值电压/V	门极触发电流/mA	门极触发电压/mV	断态电压临界上升率/(V/μs)	推荐用散热器	安装力/kN	冷却方式
KP5	5	≤2.2	≤8	100~2 000	<60	<3	25~100(分挡)50~500(分挡)	SZ14		自然冷却
KP10	10	≤2.2	≤10	100~2 000	<100	<3		SZ15		自然冷却
KP20	20	≤2.2	≤10	100~2 000	<150	<3		SZ16		自然冷却
KP30	30	≤2.4	≤20	100~2 400	<200	<3		SZ16		强迫风冷、水冷
KP50	50	≤2.4	≤20	100~2 400	<250	<3		SL17		强迫风冷、水冷
KP100	100	≤2.6	≤40	100~3 000	<250	<3.5	100~800(分挡)	SL17		强迫风冷、水冷
KP200	200	≤2.6	≤40	100~3 000	<200	<3.5		L18	11	强迫风冷、水冷
KP300	300	≤2.6	≤50	100~3 000	<250	<3.5		L18B	15	强迫风冷、水冷
KP500	500	≤2.6	≤60	100~3 000	<350	<4		SF15	19	强迫风冷、水冷
KP800	800	≤2.6	≤80	100~3 000	<450	<4		SF16	24	强迫风冷、水冷
KP1000	1 000	≤2.6	≤120	100~3 000	<450	<4		SS13		强迫风冷、水冷
KP1600	1 000	≤2.6	≤15	500~3 400	<400	<3		SF16	30	强迫风冷、水冷
KP2000	2 000	≤2.0	≤150	500~3 400	<400	<3		SS13		强迫风冷、水冷

注:由于各个厂家的参数有细小区别,表1-2选择上海华通的晶闸管参数进行举例说明。

1)晶闸管的电压定额

(1)额定电压U_{Tn}。将U_{DRM}(断态重复峰值电压)和U_{RRM}(反向重复峰值电压)中的较小值按百位取整后作为该晶闸管的额定值。例如:一晶闸管实测$U_{DRM}=812$ V,$U_{RRM}=756$ V,将两者较小的756 V取整得700 V,该晶闸管的额定电压为700 V。

在晶闸管的铭牌上,额定电压是以电压等级的形式给出的,通常标准电压等级规定为:电压在1 000 V以下,每100 V为一级,1 000~3 000 V,每200 V为一级,用百位数或千位和百位数表示级数。晶闸管标准电压等级见表1-3。

表1-3　晶闸管标准电压等级

级别	正反向重复峰值电压/V	级别	正反向重复峰值电压/V	级别	正反向重复峰值电压/V
1	100	8	800	20	2 000
2	200	9	900	22	2 200
3	300	10	1 000	24	2 400
4	400	12	1 200	26	2 600
5	500	14	1 400	28	2 800
6	600	16	1 600	30	3 000
7	700	18	1 800		

在使用过程中,环境温度的变化、散热条件以及出现的各种过电压都会对晶闸管产生影响,因此在选择晶闸管时,应当使晶闸管的额定电压是实际工作时可能承受的最大电压(即 U_{TM})的 2~3 倍,即

$$U_{Tn} = (2 \sim 3)U_{TM} \tag{1-1}$$

(2)通态平均电压 $U_{T(AV)}$。在规定环境温度、标准散热条件下,器件通以额定电流时,阳极和阴极间电压降的平均值,称为通态平均电压(一般称为管压降),其数值按表 1-4 分组。从减小损耗和器件发热来看,应选择 $U_{T(AV)}$ 较小的晶闸管。实际上,当晶闸管流过较大的恒定直流电流时,其通态平均电压比出厂时定义的值(见表 1-4)要大,约为 1 V。

表1-4　晶闸管通态平均电压分组

组别	A	B	C	D	E
通态平均电压/V	$U_{T(AV)} \leq 0.4$	$0.4 < U_{T(AV)} \leq 0.5$	$0.5 < U_{T(AV)} \leq 0.6$	$0.6 < U_{T(AV)} \leq 0.7$	$0.7 < U_{T(AV)} \leq 0.8$
组别	F	G	H	I	
通态平均电压/V	$0.8 < U_{T(AV)} \leq 0.9$	$0.9 < U_{T(AV)} \leq 1.0$	$1.0 < U_{T(AV)} \leq 1.1$	$1.1 < U_{T(AV)} \leq 1.2$	

2)晶闸管的电流定额

(1)额定电流 $I_{T(AV)}$。由于整流设备的输出端所接负载常用平均电流来表示,晶闸管额定电流的标定与其他电气设备不同,采用的是平均电流,而不是有效值,又称通态平均电流。所谓通态平均电流,是指在环境温度为 40 ℃ 和规定的冷却条件下,晶闸管在导通角不小于 170° 电阻性负载电路中,当不超过额定结温且稳定时,所允许通过的工频正弦半波电流的平均值。将该电流按晶闸管通态平均电流取值(见表 1-2),称为晶闸管的额定电流。

但是决定晶闸管结温的是晶闸管损耗的热效应,表征热效应的电流是以有效值表示的(即 I_{Tn}),二者的关系为

$$I_{Tn} = 1.57 I_{T(AV)} \tag{1-2}$$

例如,额定电流为 100 A 的晶闸管,其允许通过的电流有效值为 157 A。

由于电路不同、负载不同、导通角不同,流过晶闸管的电流波形不一样,从而它的电流平均值和有效值的关系也不一样,晶闸管在实际选择时,其额定电流的确定一般按以下原则:在额定电流时的电流有效值大于其所在电路中可能流过的最大电流的有效值(即 I_{TM}),同时取 1.5~2 倍的裕量,即

$$1.57 I_{T(AV)} = I_{Tn} \geq (1.5 \sim 2)I_{TM} \tag{1-3}$$

所以

$$I_{T(AV)} \geq (1.5 \sim 2)\frac{I_{TM}}{1.57} \tag{1-4}$$

例1-1 一晶闸管接在220 V交流电路中,通过晶闸管电流的有效值为50 A,如何选择晶闸管的额定电压和额定电流?

解 晶闸管的额定电压

$$U_{Tn} \geq (2 \sim 3)U_{TM} = (2 \sim 3)\sqrt{2} \times 220 \text{ V} = 622 \sim 933 \text{ V}$$

按晶闸管参数系列取800 V,即八级。

晶闸管的额定电流

$$I_{T(AV)} \geq (1.5 \sim 2)\frac{I_{TM}}{1.57} = (1.5 \sim 2)\frac{50}{1.57} \text{ A} = 48 \sim 64 \text{ A}$$

按晶闸管参数系列取50 A。

(2)维持电流I_H。在室温下门极断开时,器件从较大的通态电流降到刚好能保持导通的最小阳极电流称为维持电流I_H。维持电流与器件容量、结温等因素有关。额定电流大的晶闸管维持电流也大,同一晶闸管结温低时维持电流增大,维持电流大的晶闸管易关断;同一型号的晶闸管其维持电流也各不相同。

(3)擎住电流I_L。在晶闸管加上触发电压,当器件从阻断状态刚转为导通状态时就去除触发电压,此时要保持器件持续导通所需要的最小阳极电流,称为擎住电流I_L。对同一个晶闸管来说,通常擎住电流比维持电流大数倍。

(4)断态重复峰值电流I_{DRM}和反向重复峰值电流I_{RRM}。I_{DRM}和I_{RRM}分别是对应于晶闸管承受断态重复峰值电压U_{DRM}和反向重复峰值电压U_{RRM}时的峰值电流。它们都应不大于表1-2中所规定的数值。

(5)浪涌电流I_{TSM}。在规定条件下,工频正弦半周期内所允许的最大过载峰值电流称为浪涌电流I_{TSM}。I_{TSM}是一种由于电路异常情况(如故障)引起的并使结温超过额定结温的不重复性最大正向过载电流,用峰值表示,见表1-2。

4. 晶闸管的型号

根据国家的有关规定,普通晶闸管的型号及含义如下:

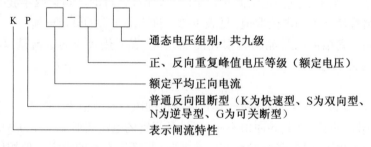

二、双向晶闸管

1. 双向晶闸管的结构

双向晶闸管的外形与普通晶闸管类似,有塑封式、螺栓式、平板式。但其内部是一种

NPNPN 五层结构的三端器件。有两个主电极 T1、T2,一个门极 G,其外形如图 1-5 所示。

（a）塑封式　　　　　　（b）螺栓式　　　　　　（c）平板式

图 1-5　双向晶闸管的外形

双向晶闸管的内部结构、等效电路及图形符号如图 1-6 所示。

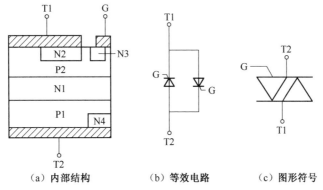

（a）内部结构　　　　（b）等效电路　　　　（c）图形符号

图 1-6　双向晶闸管的内部结构、等效电路及图形符号

从图 1-6 可见,双向晶闸管相当于两个晶闸管反并联(P1N1P2N2 和 P2N1P1N4),不过它只有一个门极 G,由于 N3 区的存在,使得门极 G 相对于 T1 端无论是正的还是负的,都能触发,而且 T1 相对于 T2 既可以是正,也可以是负。

常见双向晶闸管引脚排列如图 1-7 所示。

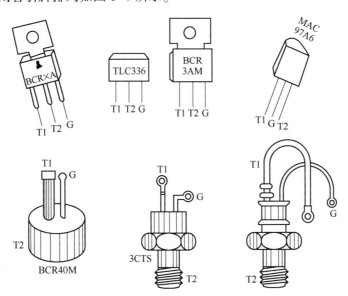

图 1-7　常见双向晶闸管引脚排列

2. 双向晶闸管的特性与参数

双向晶闸管有正反向对称的伏安特性曲线。正向部分位于第Ⅰ象限,反向部分位于第Ⅲ象限,如图1-8所示。

双向晶闸管的主要参数中只有额定电流与普通晶闸管有所不同,其他参数定义相似。由于双向晶闸管工作在交流电路中,正反向电流都可以流过,所以它的额定电流不用平均值而是用有效值来表示。定义为:在标准散热条件下,当器件的单向导通角大于170°,允许流过器件的最大交流正弦电流的有效值,用 $I_{T(RMS)}$ 表示。

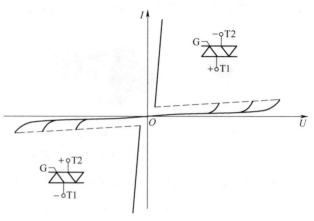

图1-8 双向晶闸管的伏安特性

双向晶闸管额定电流与普通晶闸管额定电流之间的换算关系为

$$I_{T(AV)} = \frac{\sqrt{2}}{\pi} I_{T(RMS)} = 0.45 I_{T(RMS)} \tag{1-5}$$

依此推算,一个 100 A 的双向晶闸管与两个反并联 45 A 的普通晶闸管电流容量相等。

国产双向晶闸管用 KS 表示。例如,型号 KS50-10-21 表示额定电流 50 A,额定电压 10 级(1 000 V)断态电压临界上升率 du/dt 为 2 级(不小于 200 V/μs),换向电流临界下降率 (di/dt)$_c$ 为 1 级(不小于 1% $I_{T(RMS)}$)的双向晶闸管。有关 KS 型双向晶闸管的主要参数和分级的规定见表1-5。

表1-5 KS 型双向晶闸管的主要参数和分级的规定

系列	额定通态电流(有效值)$I_{T(RMS)}$/A	断态重复峰值电压(额定电压)U_{DRM}/V	断态重复峰值电流I_{DRM}/mA	额定结温T_{im}/℃	断态电压临界上升率 du/dt/(V/μs)	通态电流临界上升率 di/dt/(A/μs)	换向电流临界下降率(di/dt)$_c$/(A/μs)	门极触发电流I_{GT}/mA	门极触发电压U_{GT}/V	门极峰值电流I_{GM}/A	门极峰值电压U_{GM}/V	维持电流I_H/mA	通态平均电压$U_{T(AV)}$/V
KS1	1		<1	115	≥20	—		3~100	≤2	0.3	10		上限值各厂由浪涌电流和结温的合格形式实验决定,并满足 |U_{T1} − U_{T2}|≤0.5 V
KS10	10		<10	115	≥20	—		5~100	≤3	2	10		
KS20	20		<10	115	≥20	—		5~200	≤3	2	10		
KS50	50	100~200	<15	115	≥20	10	≥0.2% $I_{T(RMS)}$	8~200	≤4	3	10	实测值	
KS100	100		<20	115	≥50	10		10~300	≤4	4	12		
KS200	200		<20	115	≥50	15		10~400	≤4	4	12		
KS400	400		<25	115	≥50	30		20~400	≤4	4	12		
KS500	500		<25	115	≥50	30		20~400	≤4	4	12		

3. 双向晶闸管的触发方式

双向晶闸管正反两个方向都能导通,门极加正负电压都能触发。主电压与触发电压相互配合,可以得到四种触发方式:

(1)Ⅰ+触发方式。主极电压 T1 为正,T2 为负;门极电压 G 为正,T2 为负。特性曲线在第Ⅰ象限。

(2)Ⅰ-触发方式。主极电压 T1 为正,T2 为负;门极电压 G 为负,T2 为正。特性曲线在第Ⅰ象限。

(3)Ⅲ+触发方式。主极电压 T1 为负,T2 为正;门极电压 G 为正,T2 为负。特性曲线在第Ⅲ象限。

(4)Ⅲ-触发方式。主极电压 T1 为负,T2 为正;门极电压 G 为负,T2 为正。特性曲线在第Ⅲ象限。

由于双向晶闸管的内部结构原因,四种触发方式的灵敏度不相同,以Ⅲ+触发方式灵敏度最低,使用时要尽量避开,常采用的触发方式为Ⅰ+和Ⅲ-。

三、单结晶体管

1. 单结晶体管的结构

单结晶体管的结构如图 1-9(a)所示,图中 e 为发射极,b1 为第一基极,b2 为第二基极。由图 1-9 可见,在一块高电阻率的 N 型硅片上引出两个基极 b1 和 b2,两个基极之间的电阻就是硅片本身的电阻,一般为 2~12 kΩ。在两个基极之间靠近 b1 的地方以合金法或扩散法掺入 P 型杂质并引出电极,称为发射极 e。它是一种特殊的半导体器件,有三个电极,只有一个 PN 结,因此称为"单结晶体管",又因为单结晶体管有两个基极,所以又称"双基极二极管"。

单结晶体管的等效电路如图 1-9(b)所示,两个基极之间的电阻 $r_{bb} = r_{b1} + r_{b2}$,在正常工作时,r_{b1} 随发射极电流大小而变化,相当于一个可调电阻。PN 结可等效为二极管 VD,它的正向导通压降常为 0.7 V。单结晶体管的图形符号如图 1-9(c)所示。触发电路常用的国产单结晶体管的型号主要有 BT31、BT33、BT35,其外形与引脚排列如图 1-9(d)所示。其实物及引脚如图 1-10 所示。

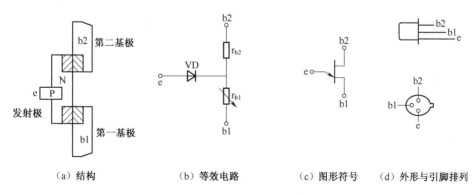

（a）结构　　　　（b）等效电路　　　（c）图形符号　　（d）外形与引脚排列

图 1-9　单结晶体管

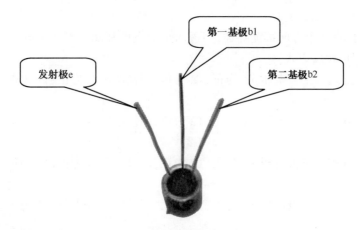

图 1-10　单结晶体管实物及引脚

2. 单结晶体管的伏安特性及主要参数

1）单结晶体管的伏安特性

单结晶体管的伏安特性：当两基极 b1 和 b2 间加某一固定直流电压 U_{bb} 时，发射极电流 I_e 与发射极正向电压 U_e 之间的关系曲线称为单结晶体管的伏安特性 $I_e = f(U_e)$，实验电路及特性曲线如图 1-11 所示。

当开关 S 断开，I_{bb} 为零，加发射极电压 U_e 时，得到如图 1-11（b）中①所示伏安特性曲线，该曲线与二极管伏安特性曲线相似。

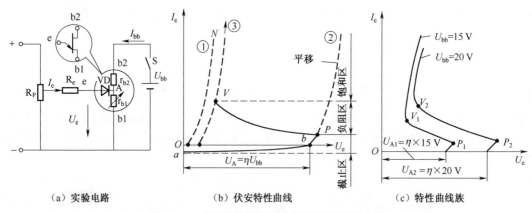

（a）实验电路　　　　　　（b）伏安特性曲线　　　　　　（c）特性曲线族

图 1-11　单结晶体管实验电路及伏安特性曲线

（1）截止区——aP 段。当开关 S 闭合，电压 U_{bb} 通过单结晶体管等效电路中的 r_{b1} 和 r_{b2} 分压，得到 A 点电位 U_A，可表示为

$$U_A = \frac{r_{b1} U_{bb}}{r_{b1} + r_{b2}} = \eta U_{bb} \tag{1-6}$$

式中　η——分压比，是单结晶体管的主要参数，η 一般为 0.3~0.9。

当 U_e 从零逐渐增加，但 $U_e < U_A$ 时，单结晶体管的 PN 结反向偏置，只有很小的反向漏电流；当 U_e 增加到与 U_A 相等时，$I_e = 0$，即如图 1-11（b）所示特性曲线与横坐标交点 b 处。进一步增加 U_e，PN 结开始正偏，出现正向漏电流，直到当发射结电位 U_e 增加到高出 ηU_{bb} 一个 PN

结正向压降 $U_D(0.7\text{ V})$ 时,即 $U_e = U_P = \eta U_{bb} + U_D$ 时,等效二极管 VD 才导通,此时单结晶体管由截止状态进入到导通状态,并将该转折点称为峰点 P。P 点所对应的电压称为峰点电压 U_P,所对应的电流称为峰点电流 I_P。

(2)负阻区——PV 段。当 $U_e > U_P$ 时,等效二极管 VD 导通,I_e 增大,这时大量的空穴载流子从发射极注入 A 点到 b1 的硅片,使 r_{b1} 迅速减小,导致 U_A 下降,因而 U_e 也下降。U_A 的下降,使 PN 结承受更大的正偏,引起更多的空穴载流子注入硅片中,使 r_{b1} 进一步减小,形成更大的发射极电流 I_e,这是一个强烈的增强式正反馈过程。当 I_e 增大到一定程度,硅片中载流子的浓度趋于饱和时,r_{b1} 已减小至最小值,A 点的分压 U_A 最小,因而 U_e 也最小,得曲线上的 V 点。V 点称为谷点,谷点所对应的电压和电流称为谷点电压 U_V 和谷点电流 I_V。这一区间称为特性曲线的负阻区。

(3)饱和区——VN 段。当硅片中载流子饱和后,欲使 I_e 继续增大,必须增大电压 U_e,单结晶体管处于饱和导通状态。

改变 U_{bb},器件由等效电路中的 U_A 和特性曲线中的 U_P 也随之改变,从而可获得一族单结晶体管伏安特性曲线,如图 1-11(c)所示。

2)单结晶体管的主要参数

单结晶体管的主要参数有基极间电阻 r_{bb}、分压比 η、峰点电流 I_P、谷点电压 U_V、谷点电流 I_V 及耗散功率等。国产单结晶体管的型号主要有 BT31、BT33、BT35 等,BT 表示特种半导体管。

📋 任务要求

(1)判别晶闸管的好坏。
(2)判别双向晶闸管的好坏。
(3)判别单结晶体管的好坏。

📑 任务分析

晶闸管、双向晶闸管是电力电子器件中最基本的器件,需要对晶闸管的极性、好坏进行判断;而单结晶体管是晶闸管基本触发电路里面的核心器件。本任务为下一任务做了很好的铺垫。

✏️ 任务实施

1. 判别晶闸管的好坏

在实际的使用过程中,很多时候需要对晶闸管的好坏进行简单的判断,经常采用万用表法进行判别。

(1)万用表挡位放至于欧姆挡 R×100,将红表笔接在晶闸管的阳极,黑表笔接在晶闸管的阴极观察指针摆动情况。

（2）将黑表笔接晶闸管的阳极，红表笔接晶闸管的阴极观察指针摆动情况。

结果：正反向阻值均很大。

原因：晶闸管是四层三端半导体器件，在阳极和阴极之间有三个 PN 结，无论如何加电压，总有一个 PN 结处于反向阻断状态，因此正反向阻值均很大。

（1）将红表笔接晶闸管的阴极，黑表笔接晶闸管的门极观察指针摆动情况。

（2）将黑表笔接晶闸管的阴极，红表笔接晶闸管的门极观察指针摆动情况。

理论结果：当黑表笔接门极，红表笔接阴极时，阻值很小；当红表笔接门极，黑表笔接阴极时，阻值较大。

实测结果：两次测量的阻值均不大。

原因：在晶闸管内部门极与阴极之间反并联了一个二极管，对加到门极与阴极之间的反向电压进行限幅，防止晶闸管门极与阴极之间的 PN 结反向击穿。

2. 判别双向晶闸管的好坏

（1）用万用表 R×1 k 挡，黑表笔接 T1，红表笔接 T2，指针应不动或微动，调换两表笔，指针仍不动或微动为正常。

（2）将万用表量程换到 R×1 挡，黑表笔接 T1，红表笔接 T2，将触发极与 T2 短接一下后离开，万用表应保持到几欧到几十欧的读数；调换两表笔，再次将触发极与 T2 短接一下后离开，万用表指针情况同上。

经过（1）、（2）两项测量，情况与所述相符，表示元器件是好的，若情况与第（2）次结果不符，可采用（3）所示方法测量。

（3）对功率较大或功率较小但质量较差的双向晶闸管，应将万用表接 1~2 节干电池，黑表笔接干电池负极；然后再按（2）所述方法测量判断。

3. 判别单结晶体管的好坏

用万用表 R×1 k 挡，将黑表笔接发射极 e，红表笔依次接两个基极（b1 和 b2），正常时均应有几千欧至十几千欧的阻值；再将红表笔接发射极 e，黑表笔依次接两个基极，正常时阻值为无穷大。

双基极二极管两个基极（b1 和 b2）之间的正、反向阻值均在 2~10 kΩ 范围内，若测得某两极之间的阻值与上述正常值相差较大时，则说明该单结晶体管已损坏。

课后练习

一、单选题

1. 晶闸管内部有（　　）PN 结。

　　A. 一个　　　　　　B. 二个　　　　　　C. 三个　　　　　　D. 四个

2. 单结晶体管内部有（　　）PN 结。

　　A. 一个　　　　　　B. 二个　　　　　　C. 三个　　　　　　D. 四个

3. 晶闸管可控整流电路中的控制角 α 减小，则输出的电压平均值会（　　）。

　　A. 不变　　　　　　B. 增大　　　　　　C. 减小

4. 某型号为 KP100-10 的普通晶闸管工作在单相半波可控整流电路中，晶闸管能通过的电流有效值为(　　　)。

    A. 100 A　　　　　B. 157 A　　　　　C. 10 A　　　　　D. 15.7 A

5. 普通晶闸管的通态电流(额定电流)是用电流的(　　　)来表示的。

    A. 有效值　　　　B. 最大值　　　　C. 平均值

6. 双向晶闸管的通态电流(额定电流)是用电流的(　　　)来表示的。

    A. 有效值　　　　B. 最大值　　　　C. 平均值

7. 双向晶闸管是用于交流电路中的,其外部有(　　　)电极。

    A. 一个　　　　　B. 两个　　　　　C. 三个　　　　　D. 四个

8. 双向晶闸管的四种触发方式中,灵敏度最低的是(　　　)。

    A. Ⅰ+　　　　　B. Ⅰ-　　　　　C. Ⅲ+　　　　　D. Ⅲ-

9. 以下各项功能或特点,晶闸管所不具有的为(　　　)。

    A. 放大功能　　　B. 单向导电　　　C. 门极控制　　　D. 大功率

10. 单结晶体管触发电路输出的脉冲宽度主要决定于(　　　)。

    A. 单结晶体管的特性　　　　　　B. 电源电压的高低

    C. 电容的放电时间常数　　　　　D. 电容的充电时间常数

二、填空题

1. 晶闸管在其阳极与阴极之间加上_____电压的同时,门极上加上_____电压,晶闸管就导通。

2. 晶闸管的工作状态有正向_____状态,正向_____状态和反向_____状态。

3. 某半导体器件的型号为 KP50-7,其中,KP 表示该器件的名称为_____,50 表示_____,7 表示_____。

4. KP100-12G,表示该器件为_____器件,额定电流为_____A,额定电压为_____V,G 是_____参数。

5. 某半导体器件的型号为 KS50-7,其中,KS 表示该器件的名称为_____,50 表示_____,7 表示_____。

6. 只有当阳极电流小于_____电流时,晶闸管才会由导通转为截止。

7. 通常取晶闸管的断态重复峰值电压 U_{DRM} 和反向重复峰值电压 U_{RRM} 中的_____作为该器件的额定电压,选用时额定电压要留有一定的裕量,一般取额定电压为正常工作时的晶闸管所承受峰值电压的_____倍。

8. 当单结晶体管的发射极电压高于_____电压时就导通;低于_____电压时就截止。

三、简答题

1. 简述电力电子变流技术的概念。一般应用在哪些方面?

2. 简述电力电子器件的分类。

3. 晶闸管的正常导通条件是什么?关断条件是什么?

4. 如何用万用表检查晶闸管的好坏?

5. 正确使用晶闸管应该注意哪些事项?

6. 晶闸管能否和晶体管一样构成放大器?为什么?

7. 双向晶闸管的导通条件是什么？关断条件是什么？

8. 双向晶闸管有哪几种触发方式？用得最多的是哪两种？

任务 2 单结晶体管触发电路及单相半波电路的调试

学习目标

(1) 能正确调试单结晶体管触发电路。

(2) 能调试出单相半波可控整流电路在电阻性负载及电感性负载时的整流输出电压(U_d)波形。

(3) 能认识续流二极管的作用。

相关知识

一、单相半波可控整流电路

1. 电阻性负载

图 1-12 所示为单相半波可控整流电路。整流变压器(调光灯电路可直接由电网供电,不采用整流变压器)起变换电压和隔离的作用,其一次和二次电压瞬时值分别用 u_1 和 u_2 表示,二次电压 u_2 为 50 Hz 正弦波,其有效值为 U_2。当接通电源后,便可在负载两端得到脉动的直流电压,其输出电压的波形可以用示波器进行测量。

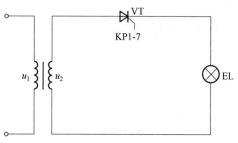

图 1-12 单相半波可控整流电路

1) 工作原理

在分析电路工作原理之前,先介绍几个名词术语和概念。

控制角 α:又称触发角或触发延迟角,是指晶闸管从承受正向电压开始到触发脉冲出现之间的电角度。

导通角 θ:指晶闸管在一周期内处于导通的电角度。

移相:指改变触发脉冲出现的时刻,即改变控制角 α 的大小。

移相范围:指一个周期内触发脉冲的移动范围,它决定了输出电压的变化范围。

(1) $\alpha=0°$ 时的波形分析。图 1-13 是 $\alpha=0°$ 时实际电路中输出电压和晶闸管两端电压的理论波形。

图 1-13(a)所示为 $\alpha=0°$ 时负载两端(输出电压)的理论波形。

从理论波形图中可以分析出,在电源电压 u_2 正半周内,在电源电压的过零点,即 $\alpha=0°$ 时刻加入触发脉冲触发晶闸管 VT 导通,负载上得到输出电压 u_d 的波形是与电源电压 u_2 相同形状的波形;当电源电压 u_2 过零时,晶闸管也同时关断,负载上得到的输出电压 u_d 为零;在电源

电压 u_2 负半周内,晶闸管承受反向电压不能导通,直到第二周期 $\alpha=0°$ 触发电路再次施加触发脉冲时,晶闸管再次导通。

图 1-13(b)所示为 $\alpha=0°$ 时晶闸管两端电压的理论波形。在晶闸管导通期间,忽略晶闸管的管压降,$u_T=0$,在晶闸管截止期间,晶闸管将承受全部反向电压。

(2)$\alpha=30°$ 时的波形分析。改变晶闸管的触发时刻,即控制角 α 的大小即可改变输出电压的波形,图 1-14(a)所示为 $\alpha=30°$ 时负载两端(输出电压)的理论波形。在 $\alpha=30°$ 时,晶闸管承受正向电压,此时加入触发脉冲晶闸管导通,负载上得到的输出电压 u_d 的波形是与电源电压 u_2 相同形状的波形;同样,当电源电压 u_2 过零时,晶闸管也同时关断,负载上得到的输出电压 u_d 为零;在电源电压过零点到 $\alpha=30°$ 之间的区间上,虽然晶闸管已经承受正向电压,但由于没有触发脉冲,晶闸管依然处于截止状态。

图 1-14(b)所示为 $\alpha=30°$ 时晶闸管两端电压的理论波形。其原理与 $\alpha=0°$ 时相同。

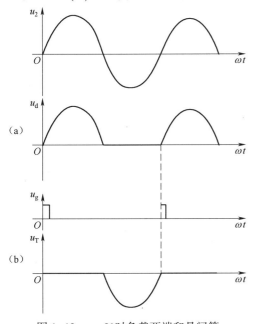

图 1-13　$\alpha=0°$ 时负载两端和晶闸管
两端电压的理论波形

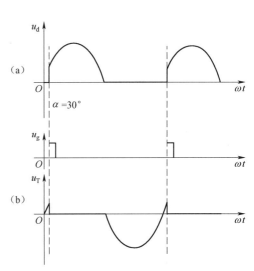

图 1-14　$\alpha=30°$ 时负载两端和晶闸管
两端电压的理论波形

由以上的分析和测试可以得出:

(1)控制角 α 和导通角 θ 的关系为 $\theta=\pi-\alpha$。

(2)在单相半波整流电路中,改变 α 的大小即改变触发脉冲在每周期内出现的时刻,则 u_d 和 i_d 的波形也随之改变,但是直流输出电压瞬时值 u_d 的极性不变,其波形只在 u_2 的正半周出现,这种通过对触发脉冲的控制来实现控制直流输出电压大小的控制方式称为相位控制方式,简称相控方式。

(3)理论上,移相范围为 $0°\sim180°$。

2)基本的物理量计算

(1)输出电压平均值与平均电流的计算:

$$U_d = \frac{1}{2\pi}\int_{\alpha}^{\pi}\sqrt{2}\,U_2\sin\omega t\,\mathrm{d}(\omega t) = 0.45U_2\frac{1+\cos\alpha}{2} \tag{1-7}$$

$$I_d = \frac{U_d}{R_d} = 0.45 \frac{U_2}{R_d} \frac{1 + \cos\alpha}{2} \tag{1-8}$$

可见,输出直流电压平均值 U_d 与整流变压器二次交流电压 U_2 和控制角 α 有关。当 U_2 给定后,U_d 仅与 α 有关,当 $\alpha = 0°$ 时,则 $U_d = 0.45U_2$,为最大输出直流平均电压;当 $\alpha = 180°$ 时,$U_d = 0$。只要控制触发脉冲送出的时刻,U_d 就可以在 $0 \sim 0.45U_2$ 之间连续可调。

(2)负载上电压有效值与电流有效值的计算:根据有效值的定义,U 应是 U_d 的均方根值,即

$$U = \sqrt{\frac{1}{2\pi}\int_{\alpha}^{\pi}(\sqrt{2}U_2\sin\omega t)^2\mathrm{d}(\omega t)} = U_2\sqrt{\frac{\pi - \alpha}{2\pi} + \frac{\sin2\alpha}{4\pi}} \tag{1-9}$$

负载电流有效值的计算:

$$I = \frac{U_2}{R_d}\sqrt{\frac{\pi - \alpha}{2\pi} + \frac{\sin2\alpha}{4\pi}} \tag{1-10}$$

(3)晶闸管电流有效值 I_T 与其两端可能承受的最大电压:在单相半波可控整流电路中,晶闸管与负载串联,所以负载电流的有效值也就是流过晶闸管电流的有效值,其关系为

$$I_T = I = \frac{U_2}{R_d}\sqrt{\frac{\pi - \alpha}{2\pi} + \frac{\sin2\alpha}{4\pi}} \tag{1-11}$$

由图 1-14 中 u_T 的波形可知,晶闸管可能承受的正反向峰值电压为

$$U_{TM} = \sqrt{2}U_2 \tag{1-12}$$

(4)功率因数 $\cos\varphi$:

$$\cos\varphi = \frac{P}{S} = \frac{UI}{U_2 I} = \sqrt{\frac{\pi - \alpha}{2\pi} + \frac{\sin2\alpha}{4\pi}} \tag{1-13}$$

例 1-2 单相半波可控整流电路,阻性负载,电源电压 U_2 为 220 V,要求的直流输出电压为 50 V,直流输出平均电流为 20 A,试计算:

(1)晶闸管的控制角 α。

(2)输出电流有效值。

(3)电路功率因数。

(4)晶闸管的额定电压和额定电流,并选择晶闸管的型号。

解 (1)由 $U_d = 0.45U_2\frac{1 + \cos\alpha}{2}$,计算输出电压为 50 V 时的晶闸管控制角 α

$$\cos\alpha = \frac{2 \times 50}{0.45 \times 220} - 1 \approx 0$$

求得 $\alpha = 90°$。

$$(2) \qquad R_d = \frac{U_d}{I_d} = \frac{50}{20}\ \Omega = 2.5\ \Omega$$

当 $\alpha = 90°$ 时,$I = \frac{U_2}{R_d}\sqrt{\frac{\pi - \alpha}{2\pi} + \frac{\sin2\alpha}{4\pi}} = 44.4$ A。

$$(3) \qquad \cos\varphi = \frac{P}{S} = \frac{UI}{U_2 I} = \sqrt{\frac{\pi - \alpha}{2\pi} + \frac{\sin2\alpha}{4\pi}} = 0.5$$

(4)根据额定电流有效值 I_T 大于或等于实际电流有效值 I 的原则，即 $I_T \geqslant I$，则 $I_{T(AV)} \geqslant (1.5 \sim 2) \dfrac{I_T}{1.57}$，取 2 倍安全裕量，晶闸管的额定电流为 $I_{T(AV)} \geqslant 42.4 \sim 56.6$ A。按电流等级可取额定电流为 50 A。

晶闸管的额定电压为 $U_{Tn} = (2 \sim 3) U_{TM} = (2 \sim 3) \sqrt{2} \times 220$ V $= 622 \sim 933$ V。

按电压等级可取额定电压 700 V，即七级。

选择晶闸管型号为 KP50-7。

2. 电感性负载

直流负载的感抗 ωL_d 和电阻 R_d 的大小相比不可忽略时，这种负载称为电感性负载。属于此类负载的有工业上电机的励磁线圈、输出串联电抗器的负载等。电感性负载与电阻性负载有很大不同。为了便于分析，在电路中把电感 L_d 与电阻 R_d 分开，如图 1-15(a)所示。

我们知道，电感线圈是储能元件，当电流 i_d 流过线圈时，该线圈就储存有磁场能量，i_d 愈大，线圈储存的磁场能量也愈大，当 i_d 减小时，电感线圈就要将所储存的磁场能量释放出来，试图维持原有的电流方向和电流大小。电感本身是不消耗能量的。众所周知，能量的存放是不能突变的，可见当流过电感线圈的电流增大时，L_d 两端就要产生感应电动势，即 $u_L = L_d \dfrac{\mathrm{d}i_d}{\mathrm{d}t}$，其方向应阻碍 i_d 的增大，如图 1-15(b)所示；反之，i_d 要减小时，L_d 两端感应的电动势方向应阻碍 i_d 的减小，如图 1-15(c)所示。

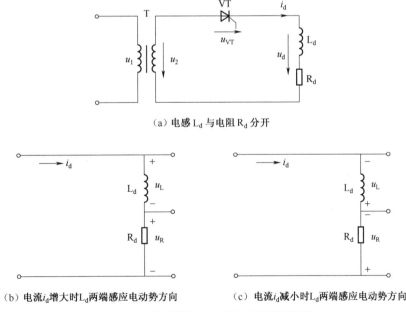

(a) 电感 L_d 与电阻 R_d 分开

(b) 电流 i_d 增大时 L_d 两端感应电动势方向　　　(c) 电流 i_d 减小时 L_d 两端感应电动势方向

图 1-15　电感线圈对电流变化的阻碍作用

1)无续流二极管时

图 1-16 所示为电感性负载无续流二极管某一控制角 α 时输出电压、电流的理论波形，从波形图上可以看出：

（1）在 0~α 期间：晶闸管阳极电压大于零，此时晶闸管门极没有触发信号，晶闸管处于正向阻断状态，输出电压和电流都等于零。

（2）在 α 时刻：门极加上触发信号，晶闸管被触发导通，电源电压 u_2 施加在负载上，输出电压 $u_d = u_2$。由于电感的存在，在 u_d 的作用下，负载电流 i_d 只能从零按指数规律逐渐上升。

（3）在 π 时刻：交流电压过零，由于电感的存在，流过晶闸管的阳极电流仍大于零，晶闸管会继续导通，此时电感储存的能量一部分释放变成电阻的热能，同时另一部分送回电网，电感的能量全部释放完后，晶闸管在电源电压 u_2 的反压作用下而截止。直到下一个周期的正半周，即 2π+α 时刻，晶闸管再次被触发导通，如此循环。

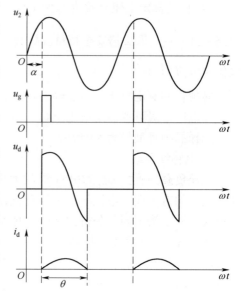

图 1-16　单相半波电感性负载时
输出电压及电流波形

结论：由于电感的存在，使得晶闸管的导通角增大，在电源电压由正到负的过零点也不会关断，使负载电压波形出现部分负值，其结果使输出电压平均值 U_d 减小。电感越大，维持导电时间越长，输出电压负值部分占的比例越大，U_d 减少越多。

当电感 L_d 非常大时（满足 $\omega L_d \gg R_d$，通常 $\omega L_d > 10 R_d$ 即可），对于不同的控制角 α，导通角 θ 将接近（2π-2α），这时负载上得到的电压波形正负面积接近相等，平均电压 $U_d \approx 0$。可见，不管如何调节控制角 α，U_d 值总是很小，电流平均值 I_d 也很小，没有实用价值。

实际的单相半波可控整流电路在带有电感性负载时，都在负载两端并联有续流二极管。

2）接续流二极管时

（1）电路结构。为了使电源电压过零变负时能及时地关断晶闸管，使 u_d 波形不出现负值，又能给电感线圈 L_d 提供续流的旁路，可以在整流输出端并联续流二极管，如图 1-17 所示。

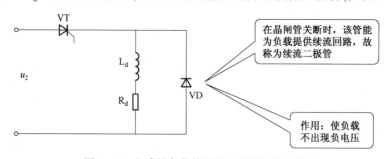

图 1-17　电感性负载接续流二极管时的电路

（2）工作原理。图 1-18 所示为电感性负载接续流二极管某一控制角 α 时输出电压、电流的理论波形。

从波形图上可以看出：

①在电源电压正半周（0~π 区间），晶闸管承受正向电压，触发脉冲在 α 时刻触发晶闸管

导通,负载上有输出电压和电流。在此期间续流二极管 VD 承受反向电压而关断。

②在电源电压负半周(π～2π 区间),电感的感应电压使续流二极管 VD 承受正向电压导通续流,此时电源电压 $u_2<0$,u_2 通过续流二极管使晶闸管承受反向电压而关断,负载两端的输出电压仅为续流二极管的管压降。如果电感足够大,续流二极管一直导通到下一周期晶闸管导通,使电流 i_d 连续,且 i_d 波形近似为一条直线。

结论:

电阻负载加续流二极管后,输出电压波形与电阻性负载波形相同,可见续流二极管的作用是为了提高输出电压。

负载电流波形连续且近似为一条直线,如果电感无穷大,则负载电流为一直线。流过晶闸管和续流二极管的电流波形是矩形波。

(3)基本的物理量计算:

①输出电压平均值 U_d 与输出电流平均值 I_d:

$$U_d = 0.45U_2 \frac{1 + \cos\alpha}{2} \qquad (1-14)$$

$$I_d = \frac{U_d}{R_d} = 0.45 \frac{U_2}{R_d} \frac{1 + \cos\alpha}{2} \qquad (1-15)$$

②流过晶闸管电流的平均值 I_{dT} 和有效值 I_T:

$$I_{dT} = \frac{\pi - \alpha}{2\pi}I_d \qquad (1-16)$$

$$I_T = \sqrt{\frac{1}{2\pi}\int_\alpha^\pi I_d^2 \mathrm{d}(\omega t)} = \sqrt{\frac{\pi - \alpha}{2\pi}}I_d \quad (1-17)$$

③流过续流二极管电流的平均值 I_{dD} 和有效值 I_D:

$$I_{dD} = \frac{\pi + \alpha}{2\pi}I_d \qquad (1-18)$$

$$I_D = \sqrt{\frac{\pi + \alpha}{2\pi}}I_d \qquad (1-19)$$

④晶闸管和续流二极管承受的最大正反向电压。晶闸管和续流二极管承受的最大正反向电压都为电源电压的峰值,即

$$U_{TM} = U_{DM} = \sqrt{2}\,U_2 \qquad (1-20)$$

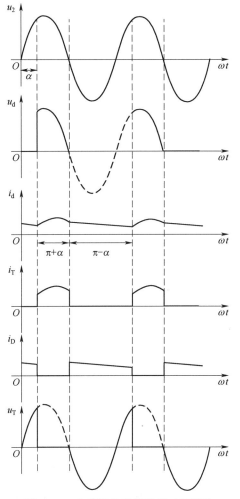

图 1-18 电感性负载接续流二极管时
输出电压及电流波形

二、单结晶体管触发电路

1. 单结晶体管自激振荡电路

利用单结晶体管的负阻特性和电容的充放电,可以组成单结晶体管自激振荡电路。单结

晶体管自激振荡电路的电路图和波形图如图 1-19 所示。

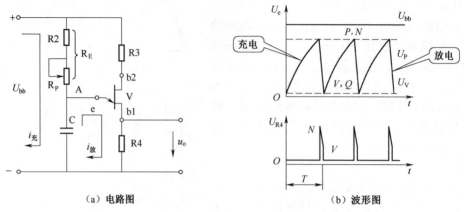

（a）电路图　　　　　　　　（b）波形图

图 1-19　单结晶体管自激振荡电路电路图和波形图

设电容初始没有电压,电路接通以后,单结晶体管是截止的,电源经电阻 R、R_P 对电容 C 进行充电,电容两端电压从零起按指数充电规律上升,充电时间常数为 $R_E C$;当电容两端电压达到单结晶体管的峰点电压 U_P 时,单结晶体管导通,电容开始放电,由于放电回路的电阻很小,因此放电很快,放电电流在电阻 R4 上产生了尖脉冲。随着电容放电,电容两端电压降低,当电容两端电压降到谷点电压 U_V 以下时,单结晶体管截止,接着电源又重新对电容进行充电,如此周而复始,在电容两端会产生一个锯齿波,在电阻 R4 两端将产生一个尖脉冲,如图 1-19 (b)所示。

2. 具有同步环节的单结晶体管触发电路

上述单结晶体管自激振荡电路输出的尖脉冲可以用来触发晶闸管,但不能直接用作触发电路,还必须解决触发脉冲与主电路的同步问题。

图 1-20 所示为单结晶体管触发电路,其触发方式采用单结晶体管同步触发电路,其中单结晶体管的型号为 BT33,电路图及参数如图 1-20 所示。

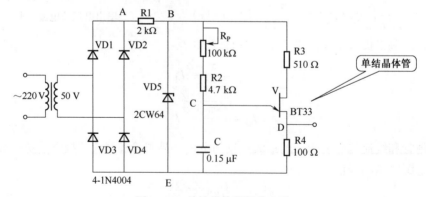

图 1-20　单结晶体管触发电路

1) 同步电路

触发信号和电源电压在频率和相位上相互协调的关系称为同步。例如,在单相半波可控整流电路中,触发脉冲应出现在电源电压正半周范围内,而且每个周期的 α 相同,确保电路输出波形不变,输出电压稳定。

同步电路由同步变压器、桥式整流电路 VD1～VD4、电阻 R1 及稳压管组成。同步变压器一次[侧]与晶闸管整流电路接在同一相电源上,交流电压经同步变压器降压、单相桥式整流电路整流后再经过稳压管稳压削波,形成一梯形波电压,作为触发电路的供电电压。梯形波电压零点与晶闸管阳极电压过零点一致,从而实现触发电路与整流主电路的同步。

单结晶体管触发电路的调试以及在今后的使用过程中的检修主要是通过几个点的典型波形来判断各元器件是否正常,下面进行理论波形分析。

(1)桥式整流后脉动电压的波形(图 1-20 中 A 点)。由电子技术的知识可知,A 点的电压波形为由 VD1～VD4 四个二极管构成的桥式整流电路输出的电压波形,图 1-21 为理论波形。

(2)削波后梯形波电压波形(图 1-20 中 B 点)。B 点的波形如图 1-22 所示,该点波形是经稳压管削波后得到的梯形波。

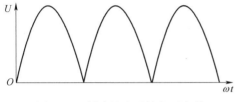

图 1-21　桥式整流后的电压波形

图 1-22　削波后电压波形

2)脉冲移相与形成电路

脉冲移相与形成电路实际上就是上述的自激振荡电路。脉冲移相电路由电阻 R_E 和电容 C 组成;脉冲形成电路由单结晶体管、温补电阻 R3、输出电阻 R4 组成。改变自激振荡电路中电容 C 的充电电阻的阻值,就可以改变充电的时间常数 τ_C,图 1-20 中用电位器 R_P 来实现这一变化,例如:$R_P \uparrow \rightarrow \tau_C \uparrow \rightarrow$ 出现第一个脉冲的时间后移 $\rightarrow \alpha \uparrow \rightarrow U_d \downarrow$。

(1)电容电压的波形(图 1-20 中 C 点)。C 点的波形如图 1-23 所示。由于电容每半个周期在电源电压过零点从零开始充电,当电容两端的电压上升到单结晶体管峰点电压时,单结晶体管导通,触发电路送出脉冲,电容的容量和充电电阻 R_E 的大小决定了电容两端的电压从零上升到单结晶体管峰点电压的时间,因此在本任务中的触发电路无法实现在电源电压过零点,即 $\alpha = 0°$ 时送出触发脉冲。

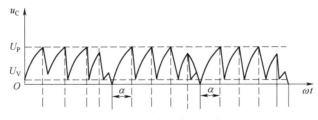

图 1-23　电容两端电压波形

调节电位器 R_P,C 点的波形会有所变化。

(2)输出脉冲的波形(图 1-20 中 D 点)。D 点的波形如图 1-24 所示。单结晶体管导通后,电容通过单结晶体管的 eb1 迅速向输出电阻 R4 放电,在 R4 上得到很窄的尖脉冲。

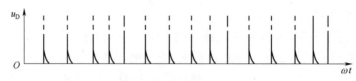

图 1-24　输出脉冲的波形

3）触发电路各元件的选择

（1）充电电阻 R_E 的选择。改变充电电阻 R_E 的大小，就可以改变自激振荡电路的频率，但是频率的调节有一定的范围，如果充电电阻 R_E 选择不当，将使单结晶体管自激振荡电路无法形成振荡。

充电电阻 R_E 的取值范围为

$$\frac{U - U_V}{I_V} < R_E < \frac{U - U_P}{I_P} \tag{1-21}$$

式中，U 为加于图 1-20 中 B-E 两端的触发电路电源电压。

（2）电阻 R3 的选择。电阻 R3 是用来补偿温度对峰点电压 U_P 的影响，通常取值范围为 200～600 Ω。

（3）输出电阻 R4 的选择。输出电阻 R4 的大小将影响输出脉冲的宽度与幅值，通常取值范围为 50～100 Ω。

（4）电容 C 的选择。电容 C 的大小与脉冲宽窄和 R_E 的大小有关，通常取值范围为 0.1～1 μF。

任务要求

（1）单结晶体管触发电路的认识与调试。
（2）单相半波可控整流电路的调试。

任务分析

晶闸管的导通条件有两个：$U_{GK} > 0$ 和 $U_{AK} > 0$；单结晶体管触发电路就是实现 $U_{GK} > 0$ 的电路。单相半波可控整流电路的核心器件是晶闸管。

任务实施

1. 单结晶体管触发电路的认识与调试

图 1-25 中 V6 为单结晶体管，其常用的型号有 BT33 和 BT35 两种，由等效电阻 R5 和 C1 组成 RC 充电回路，由 C1、V6 和脉冲变压器组成电容放电回路，调节 R_{P1} 即可改变 C1 充电回路中的等效电阻。电位器 R_{P1} 已装在面板上，同步信号已在内部接好，所有的测试信号都在面板上引出，图 1-25 中 TP1～TP6 为测试孔。

按图 1-26 接线，按下"启动"按钮，用双踪示波器观察单结晶体管触发电路 1、2、3、4、5 点的触发脉冲波形，记录波形的类型、幅值和频率；最后观测输出的"G、K"触发电压波形，看其能否在 30°～170° 范围内移相。

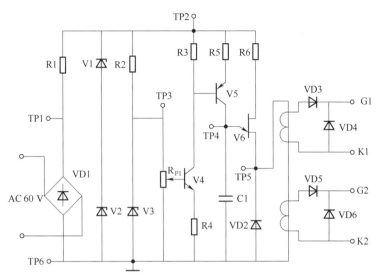

图 1-25 单结晶体管触发电路原理图

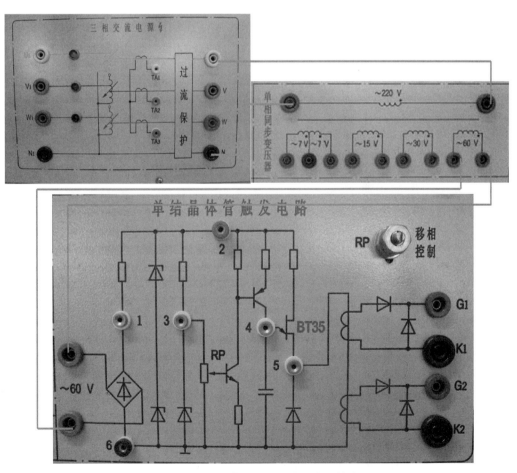

图 1-26 单结晶体管触发电路的实际接线图

2. 单相半波可控整流电路的调试

（1）单相半波可控整流电路接电阻性负载。触发电路调试正常后，按图 1-27 接线，图 1-28 为关键部件图。将可调电阻调在最大阻值位置，按下"启动"按钮，用示波器观察负载电压 U_d、

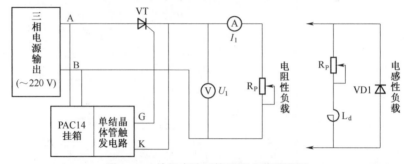

图 1-27　单相半波可控整流电路原理图

图 1-28　单相半波可控整流电路关键部件图

晶闸管 VT 两端电压 U_{VT} 的波形,调节电位器 R_P,观察 $\alpha = 30°、60°、90°、120°、150°$ 时 U_d、U_{VT} 的波形,并记录电源电压 U_2、直流输出电压 U_d 和直流输出电流 I_d。

(2)单相半波可控整流电路接电感性负载。将负载电阻 R 改成电感性负载(由电阻 R 与平波电抗器 L_D 串联而成)。暂不接续流二极管 VD1,在不同阻抗角 $\left[\text{阻抗角 } \varphi = \arctan\left(\dfrac{\omega L}{R}\right)\right]$,保持电感量不变,改变 R 的值,注意电流不要超过 1 A 情况下,观察并记录 $\alpha = 30°、60°、90°、120°$ 时的直流输出电压值 U_d 及 U_{VT} 的波形,并记录电源电压 U_2、直流输出电压 U_d 和直流输出电流 I_d。

接入续流二极管 VD1,重复上述操作观察续流二极管的作用,以及 U_{VD1} 波形的变化。

课后练习

一、单选题

1. 晶闸管可控整流电路中的控制角 α 减小,则输出的电压平均值会( )。
   A. 不变 　　　　　 B. 增大 　　　　　 C. 减小

2. 单相半波可控整流电路输出直流电压的平均值等于整流前交流电压的( )倍。
   A. 1 　　　　 B. 0.5 　　　　 C. 0.45 　　　　 D. 0.9

3. 为了让晶闸管可控整流电感性负载电路正常工作,应在电路中接入( )。
   A. 晶体管 　　　　 B. 续流二极管 　　　　 C. 熔丝

4. 晶闸管可整流电路中直流端的蓄电池或直流电动机应该属于( )负载。
   A. 电阻性 　　　　 B. 电感性 　　　　 C. 反电动势

5. 单结晶体管触发电路输出的脉冲宽度主要决定于( )。
   A. 单结晶体管的特性 　　　　　　 B. 电源电压的高低
   C. 电容的放电时间常数 　　　　　 D. 电容的充电时间常数

6. 晶闸管整流电路中"同步"的概念是指( )。
   A. 触发脉冲与主回路电源电压同时到来,同时消失
   B. 触发脉冲与电源电压频率相同
   C. 触发脉冲与主回路电压频率在相位上具有相互协调配合关系
   D. 触发脉冲与主回路电压频率相同

7. 图1-29中,改变( )就能达到改变控制角 α 的目的。
   A. R_W 　　　　 B. R2 　　　　 C. R3 　　　　 D. D_W

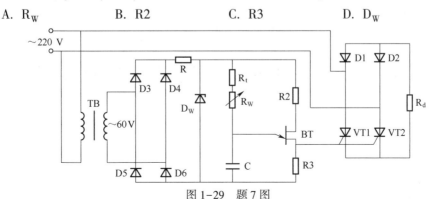

图 1-29　题 7 图

二、填空题

1. 当增大晶闸管可控整流电路的控制角 α 时,负载上得到的直流电压平均值会_____。

2. 在单相半波可控整流带电感性负载并联续流二极管的电路中,晶闸管控制角 α 的最大移相范围是_____,其承受的最大正反向电压均为_____,续流二极管承受的最大反向电压为_____(设 U_2 为相电压有效值)。

3. 按负载的性质不同,晶闸管可控整流电路的负载分为_____性负载、_____性负载和_____性负载三大类。

三、分析题

1. 单相半波可控整流电路,如门极不加触发脉冲;晶闸管内部短路;晶闸管内部断开,试分析上述三种情况下晶闸管两端电压和负载两端电压波形。

2. 单相半波相控整流电路电阻性负载,要求输出电压 $U_d = 60$ V,电流 $I_d = 20$ A,电源电压为 220 V,试计算导通角 θ_T 并选择 VT。

3. 单相半波可控整流电路,电阻性负载。要求输出的直流平均电压在 50~92 V 之间连续可调,最大输出直流电流为 30 A,由交流 220 V 供电,试求:(1)晶闸管控制角应有的调整范围为多少?(2)选择晶闸管的型号规格(安全裕量取 2 倍, $\dfrac{I_T}{I_d} = 1.66$)。

4. 由图 1-30 所示单结晶体管的触发电路图画出各点波形。

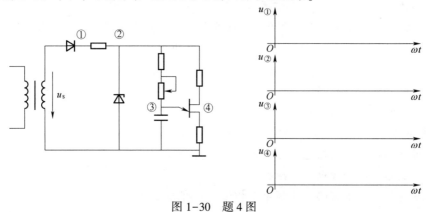

图 1-30 题 4 图

四、问答题

1. 晶闸管的控制角和导通角是何含义?

2. 什么叫"同步"?单结晶体管触发电路中如何实现"同步"?

任务 3　集成触发电路及单相桥式整流电路的调试

学习目标

(1)能调试 KC05 集成触发电路。

（2）能调试单相桥式半控整流电路。

（3）能分析与处理单相桥式全控、半控整流电路故障。

相关知识

一、单相桥式全控整流电路

单相桥式全控整流电路输出的直流电压、电流脉冲程度比单相半波整流电路输出的直流电压、电流小,且可以改善变压器存在直流磁化的现象。

1. 电阻性负载

单相桥式全控整流电路带电阻性负载的电路图及工作波形图如图 1-31 所示。

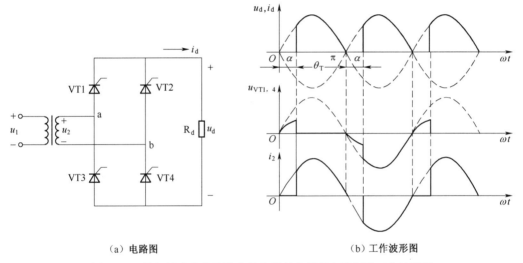

（a）电路图　　　　　　　　　（b）工作波形图

图 1-31　单相桥式全控整流电路电阻性负载的电路图及工作波形图

晶闸管 VT1 和 VT4 组成一组桥臂,而 VT2 和 VT4 组成另一组桥臂。在交流电源的正半周,即 a 端为正,b 端为负,晶闸管 VT1 和 VT4 会承受正向阳极电压,在相当于控制角 α 的时刻给 VT1 和 VT4 同时加脉冲,则 VT1 和 VT4 被触发导通。此时,电流 i_d 从电源 a 端经 VT1、负载 R_d 及 VT4 回电源 b 端,负载上得到电压 u_d 为电源电压 u_2(忽略了 VT1 和 VT4 的导通电压降),方向为上正下负,VT2 和 VT3 则因为 VT1 和 VT4 的导通而承受反向的电源电压 u_2 不会导通。因为是电阻性负载,所以电流 i_d 也跟随电压的变化而变化。当电源电压 u_2 过零时,电流 i_d 也降低为零,即两只晶闸管的阳极电流降低为零,故 VT1 和 VT4 会因电流小于维持电流而关断。而在交流电源的负半周,即 a 端为负,b 端为正,晶闸管 VT2 和 VT3 会承受正向阳极电压,在相当于控制角 α 的时刻给 VT2 和 VT3 同时加脉冲,则 VT2 和 VT3 被触发导通。电流 i_d 从电源 b 端经 VT2、负载 R_d 及 VT3 回电源 a 端,负载上得到的电压 u_d 仍为电源电压 u_2,方向也还为上正下负,与正半周一致。此时,VT1 和 VT4 则因为 VT2 和 VT3 的导通而承受反向的电源电压 u_2 而处于截止状态。直到电源电压负半周结束,电源电压 u_2 过零时,电流 i_d 也过零,使得 VT2 和 VT3 关断。下一周期重复上述过程。

从图 1-31 中可看出,负载上的直流电压输出波形比单相半波时多了一倍,晶闸管的控制角变化范围为 $0° \sim 180°$,导通角 θ_T 为 $\pi-\alpha$。晶闸管承受的最大反向电压为 $\sqrt{2}\,U_2$,而其承受的最大正向电压为 $\dfrac{\sqrt{2}}{2}U_2$。

单相桥式全控整流电路带电阻性负载电路参数的计算:

(1)输出电压平均值:

$$U_d = \frac{1}{\pi}\int_\alpha^\pi \sqrt{2}\,U_2\sin\omega t \mathrm{d}(\omega t) = 0.9U_2\frac{1+\cos\alpha}{2} \tag{1-22}$$

(2)负载电流平均值:

$$I_d = \frac{U_d}{R_d} = 0.9\frac{U_2}{R_d}\frac{1+\cos\alpha}{2} \tag{1-23}$$

(3)输出电压有效值:

$$U = \sqrt{\frac{1}{\pi}\int_\alpha^\pi (\sqrt{2}\,U_2\sin\omega t)^2 \mathrm{d}(\omega t)} = U_2\sqrt{\frac{1}{2\pi}\sin2\alpha + \frac{\pi-\alpha}{\pi}} \tag{1-24}$$

(4)负载电流有效值:

$$I = \frac{U_2}{R_d}\sqrt{\frac{1}{2\pi}\sin2\alpha + \frac{\pi-\alpha}{\pi}} \tag{1-25}$$

(5)流过每只晶闸管的电流平均值:

$$I_{dT} = \frac{1}{2}I_d = 0.45\frac{U_2}{R_d}\frac{1+\cos\alpha}{2} \tag{1-26}$$

(6)流过每只晶闸管的电流有效值:

$$I_T = \sqrt{\frac{1}{2\pi}\int_\alpha^\pi \left(\frac{\sqrt{2}\,U_2}{R_d}\sin\omega t\right)^2 \mathrm{d}(\omega t)} = \frac{U_2}{R_d}\sqrt{\frac{1}{4\pi}\sin2\alpha + \frac{\pi-\alpha}{2\pi}} = \frac{1}{\sqrt{2}}I \tag{1-27}$$

(7)晶闸管可能承受的最大电压:

$$U_{TM} = \sqrt{2}\,U_2 \tag{1-28}$$

(8)变压器二次电流有效值:

$$I_2 = I \tag{1-29}$$

例 1-3 单相桥式全控整流电路接电阻性负载,要求输出电压在 $0 \sim 100\ \text{V}$ 范围内连续可调,输出电压平均值为 30 V 时,负载电流平均值达到 20 A。系统采用 220 V 的交流电压通过降压变压器供电,且晶闸管的最小控制角 $\alpha_{\min} = 30°$(设降压变压器为理想变压器)。

(1)试求变压器二次电流有效值 I_2。

(2)考虑安全裕量,选择晶闸管电压、额定电流。

(3)画出 $\alpha = 60°$ 时 u_d、i_d 和变压器二次电流 i_2 的波形。

解 (1)由题意可知,负载电阻为

$$R = \frac{U_d}{I_d} = \frac{30}{20}\ \Omega = 1.5\ \Omega$$

单相桥式全控整流电路的直流输出电压为

$$U_d = \frac{\sqrt{2}}{\pi} U_2 (1 + \cos\alpha)$$

直流输出电压最大平均值为 100 V，且最小控制角为 $\alpha_{min} = 30°$，代入上式可得

$$U_2 = \frac{100\pi}{\sqrt{2} \times 1.866} \text{ V} \approx 119 \text{ V}$$

$$I_2 = \frac{U}{R} = \sqrt{\frac{1}{\pi} \int_{\alpha}^{\pi} \left(\frac{\sqrt{2}\,U_2 \sin\omega t}{R}\right)^2 d(\omega t)} = \frac{U_2}{R} \sqrt{\frac{\pi - \alpha}{\pi} + \frac{\sin 2\alpha}{2\pi}} = 79.33 \sqrt{\frac{\pi - \alpha}{\pi} + \frac{\sin 2\alpha}{2\pi}}$$

$\alpha_{min} = 30°$ 时，

$$I_{2max} = 79.33 \sqrt{\frac{\pi - \dfrac{\pi}{6}}{\pi} + \frac{\sin \dfrac{\pi}{3}}{2\pi}} \text{ A} = 78.18 \text{ A}$$

（2）晶闸管的电流有效值和承受电压峰值分别为

$$I_{VT} = \frac{I_{2max}}{\sqrt{2}} = \frac{78.18}{\sqrt{2}} \text{ A} = 55.28 \text{ A}$$

$$U_{VT} = \sqrt{2}\,U_2 = 168.29 \text{ V}$$

考虑 3 倍安全裕量，选器件耐压为 168×3＝500 V。

考虑 2 倍裕量，额定电流为

$$I_{T(AV)} = 2 \times \frac{I_{Tm}}{1.57} (55.28/1.57) \times 2 = 70 \text{ A}$$

（3）$\alpha = 60°$ 时，u_d、i_d 和 i_2 的波形图略。

2. 电感性负载

1）不带续流二极管

图 1-32 所示为单相桥式全控整流电路带电感性负载的电路图及工作波形图。假设电路电感很大，输出电流连续，电路处于稳态。

在电源 u_2 正半周时，在相当于 α 的时刻给 VT1 和 VT4 同时加触发脉冲，则 VT1 和 VT4 会导通，输出电压为 $u_d = u_2$；至电源电压过零变负时，由于电感产生的自感电动势会使 VT1 和 VT4 继续导通，而输出电压仍为 $u_d = u_2$，所以出现了负电压的输出。此时，可关断晶闸管 VT2 和 VT3 虽然已承受正向电压，但还没有触发脉冲，所以不会导通。直到在负半周相当于 α 的时刻，给 VT2 和 VT3 同时加触发脉冲，则因 VT2 的阳极电位比 VT1 高，VT3 的阴极电位比 VT4 低，故 VT2 和 VT3 被触发导通，分别替换了 VT1 和 VT4，而 VT1 和 VT4 将由于 VT2 和 VT3 的导通承受反压而关断，负载电流也改为经过 VT2 和 VT3 了。

由图 1-32（b）的输出负载电压 u_d、负载电流 i_d 的波形可以看出，与电阻性负载相比，u_d 的波形出现了负半周部分，i_d 的波形则是连续的、近似的一条直线，这是由于电感中的电流不能突变，电感起到了平波的作用，电感越大则电流越平稳。

两组晶闸管轮流导通，每只晶闸管的导通时间较电阻性负载延长了，导通角 $\theta_T = \pi$，与 α 无关。

单相桥式全控整流电路带电感性负载电路参数的计算：

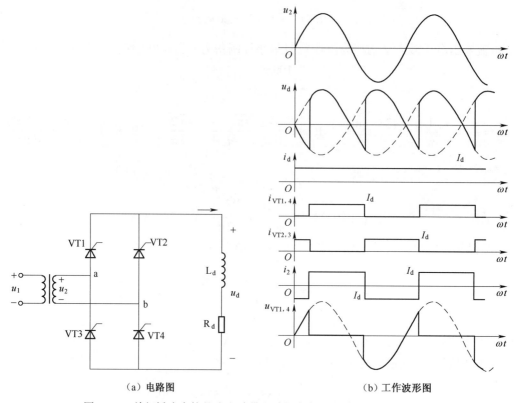

图1-32 单相桥式全控整流电路带电感性负载的电路图及工作波形图

（1）输出电压平均值：

$$U_d = 0.9 U_2 \cos\alpha \qquad (1-30)$$

在 $\alpha=0°$ 时,输出电压 U_d 最大, $U_{d0}=0.9U_2$;在 $\alpha=90°$ 时,输出电压 U_d 最小,等于零。因此 α 的移相范围是 $0°\sim90°$ 。

（2）负载电流平均值：

$$I_d = \frac{U_d}{R_d} = 0.9\frac{U_2}{R_d}\cos\alpha \qquad (1-31)$$

（3）流过一只晶闸管的电流平均值和有效值：

$$I_{dT} = \frac{1}{2}I_d \qquad (1-32)$$

$$I_T = \frac{1}{\sqrt{2}}I_d \qquad (1-33)$$

（4）晶闸管可能承受的最大电压：

$$U_{TM} = \sqrt{2}\,U_2 \qquad (1-34)$$

2）带续流二极管

为了扩大移相范围,去掉输出电压的负值,提高 U_d 的值,可以在负载两端并联续流二极管,如图1-33所示。接了续流二极管以后, α 的移相范围可以扩大到 $0°\sim180°$ 。

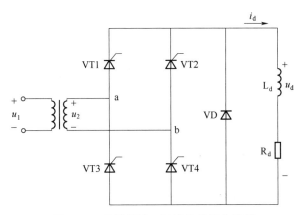

图 1-33　并接续流二极管的单相全控桥

单相桥式全控整流电路电感性负载(带续流二极管)电路参数的计算:

(1)输出电压平均值:

$$U_{d} = \frac{1}{\pi} \int_{\alpha}^{\pi} \sqrt{2} U_{2} \sin\omega t d(\omega t) = 0.9 U_{2} \frac{1 + \cos\alpha}{2} \tag{1-35}$$

(2)负载电流平均值:

$$I_{d} = \frac{U_{d}}{R_{d}} = 0.9 \frac{U_{2}}{R_{d}} \frac{1 + \cos\alpha}{2} \tag{1-36}$$

(3)流过每只晶闸管的电流有效值:

$$I_{T} = \sqrt{\frac{\pi - \alpha}{2\pi}} I_{d} \tag{1-37}$$

(4)流过续流二极管的电流有效值:

$$I_{D} = \sqrt{\frac{\alpha}{\pi}} I_{d} \tag{1-38}$$

(5)流过每只晶闸管的电流平均值:

$$I_{dT} = \frac{\pi - \alpha}{2\pi} I_{d} \tag{1-39}$$

(6)流过续流二极管的电流平均值:

$$I_{dD} = \frac{\alpha}{\pi} I_{d} \tag{1-40}$$

(7)晶闸管可能承受的最大电压:

$$U_{TM} = \sqrt{2} U_{2} \tag{1-41}$$

(8)变压器二次电流有效值:

$$I_{2} = I \tag{1-42}$$

二、单相桥式半控整流电路

在单相桥式全控整流电路中,由于每次都要同时触发两只晶闸管,因此线路较为复杂。为了简化电路,实际上可以采用一只晶闸管来控制导电回路,然后用一只整流二极管来代替另一只晶闸管。所以,把图 1-31 中的 VT3 和 VT4 换成二极管 VD3 和 VD4,就形成了单相桥式半控整流电路,如图 1-34(a)所示。

单相桥式半控整流电路带电阻性负载时的电路如图 1-34(a)所示。工作情况与单相桥式全控整流电路相似,两只晶闸管仍是共阳极连接,即使同时触发两只晶闸管,也只能是阳极电位高的晶闸管导通。而两只二极管是共阳极连接,总是阴极电位低的二极管导通,因此,在电源 u_2 正半周一定是 VD4 正偏,在 u_2 负半周一定是 VD3 正偏。所以,在电源正半周时,触发晶闸管 VT1 导通,二极管 VD4 正偏导通,电流由电源 a 端经 VT1 和负载 R_d 及 VD4,回电源 b 端,若忽略两管的正向导通压降,则负载上得到的直流输出电压就是电源电压 u_2,即 $u_d = u_2$;在电源负半周时,触发晶闸管 VT2 导通,电流由电源 b 端经 VT2 和负载 R_d 及 VD3,回电源 a 端,输出仍是 $u_d = u_2$,只不过在负载上的方向没变。在负载上得到的输出波形[见图 1-34(b)]与单相桥式全控整流电路带电阻性负载时是一样的。

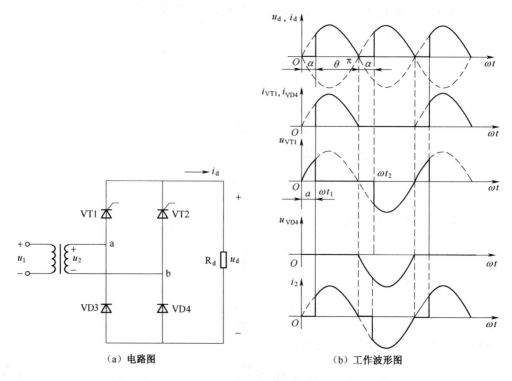

(a) 电路图　　　　　　　　(b) 工作波形图

图 1-34　单相桥式半控整流电路带电阻性负载电路图及工作波形图

单相桥式半控整流电路带电阻性负载电路参数的计算:

(1)输出电压平均值:

$$U_d = 0.9 U_2 \frac{1 + \cos\alpha}{2} \tag{1-43}$$

α 的移相范围是 $0° \sim 180°$。

(2)负载电流平均值:

$$I_\mathrm{d} = \frac{U_\mathrm{d}}{R_\mathrm{d}} = 0.9\frac{U_2}{R_\mathrm{d}}\frac{1 + \cos\alpha}{2} \tag{1-44}$$

（3）流过一只晶闸管和整流二极管的电流平均值和有效值：

$$I_\mathrm{dT} = I_\mathrm{dD} = \frac{1}{2}I_\mathrm{d} \tag{1-45}$$

$$I_\mathrm{T} = \frac{1}{\sqrt{2}}I \tag{1-46}$$

（4）晶闸管可能承受的最大电压：

$$U_\mathrm{TM} = \sqrt{2}\,U_2 \tag{1-47}$$

📋 任务要求

（1）KC05 集成触发器的调试。
（2）单相桥式半控整流电路的调试。

📝 任务分析

KC05 集成触发器适用于单相桥式半控整流电路，内部的同步波形是锯齿波。调试时需要注意锯齿波的斜率和移相控制角分别由哪些元器件决定。

🔧 任务实施

1. KC05 集成触发器的调试

KC05 集成触发器适用于触发双向晶闸管或两个反向并联晶闸管组成的交流调压电路，也适用于单相桥式半控整流电路。具有锯齿波线性好、移相范围宽、控制方式简单、易于集中控制、有失效保护、输出电流大等优点，是交流调压的理想触发电路。其应用电路实物图如图 1-35 所示。

同步电压由 KC05 的 15、16 引脚输入，在测试白色圆孔 2 可以观测到锯齿波，锯齿波的斜率由 5 引脚的外接电位器 R_P1 调节。锯齿波与 6 引脚引入的移相控制电压进行比较放大。触发脉冲由 9 引脚输出，能够得到 200 mA 的输出负载能力。当来自比较放大器的单稳微分触发脉冲没有触发晶闸管时，从 2 引脚得到的检测信号通过 12 引脚的连接，使 9 引脚又输出脉冲给晶闸管，这样对电感性负载是非常有利的，此外，也能起到锯齿波与移相控制电压失交保护的作用。R_P2 电位器调节移相角度，触发脉冲从 9 引脚，经脉冲变压器输出。

按照单结管触发电路电源的接法，接入 30 V 交流电源；再将 ±15 V 直流电源接到 PAC14 的双 15 V 输入端即可观察 1~5 点的波形。调节电位器 R_P1，观察锯齿波斜率是否变化，调节 R_P2，观察输出脉冲的移相范围如何变化，移相能否达到 170°，记录上述过程中观察到的各点电压波形。各点参考电压波形如图 1-36 所示。

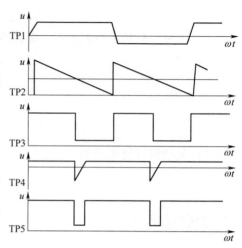

图 1-35　KC05 集式触发器实物图　　　图 1-36　触发电路各点波形图（α=90°时）

2. 单相桥式半控整流电路的调试

电路接线如图 1-37 所示，按下"启动"按钮，用示波器观察负载电压 U_d、晶闸管两端电压 U_{VT1} 和整流二极管两端电压 U_{VD2} 的波形，调节 KC05 集成触发电路上的移相控制电位器 R_{P2}（见图 1-35），观察并记录 α 为 30°、90°、120°时 U_d、U_{VT1}、U_{VD2} 的波形，记录相应交流电源电压 U_2、直流负载电压 U_d 和电流 I_d 的数值。

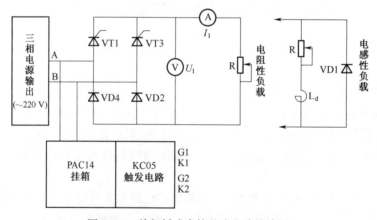

图 1-37　单相桥式半控整流电路接线图

✳️ 课后练习

一、选择题

1. 普通的单相桥式全控整流电路中一共用了（　　）晶闸管。

　　A. 一只　　　　　B. 二只　　　　　C. 三只　　　　　D. 四只

2. 普通的单相桥式半控整流电路中一共用了（　　）晶闸管。

　　A. 一只　　　　　B. 二只　　　　　C. 三只　　　　　D. 四只

3. 单相桥式全控整流带电感性负载电路中,晶闸管可能承受的最大正向电压为(　　)。

A. $\dfrac{\sqrt{2}}{2}U_2$　　　　B. $\sqrt{2}U_2$　　　　C. $2\sqrt{2}U_2$　　　　D. $\sqrt{6}U_2$

4. 单相桥式全控整流带电阻性负载电路中,晶闸管可能承受的最大正向电压为(　　)。

A. $\sqrt{2}U_2$　　　　B. $2\sqrt{2}U_2$　　　　C. $\dfrac{\sqrt{2}}{2}U_2$　　　　D. $\sqrt{6}U_2$

5. 单相桥式全控整流带电感性负载电路中,控制角 α 的移相范围是(　　)。
A. $0°\sim90°$　　　B. $0°\sim180°$　　　C. $90°\sim180°$　　　D. $180°\sim360°$

6. 单相桥式全控整流电路带电阻性负载与电感性负载($\omega L\gg R$)情况下,晶闸管触发角的移相范围分别为(　　)。
A. $90°,90°$　　　B. $90°,180°$　　　C. $180°,90°$　　　D. $180°,180°$

7. 在单相桥式半控整流电路中,电阻性负载,流过每个晶闸管的电流有效值 $I_T=$(　　)。

A. I　　　　B. $0.5I$　　　　C. $\dfrac{1}{\sqrt{2}}I$　　　　D. $\sqrt{2}I$

8. 单相桥式半控整流带电感性负载电路中,为了避免出现一个晶闸管一直导通,另两个整流二极管交替换相导通的失控现象发生,应采取的措施是在负载两端并联一个(　　)。
A. 电容　　　　B. 电感　　　　C. 电阻　　　　D. 二极管

二、填空题

1. 晶闸管整流装置的功率因数定义为＿＿＿＿＿＿＿［侧］＿＿＿＿＿＿＿与＿＿＿＿＿＿＿之比。

2. 单相桥式全控整流电路中,带纯电阻负载时,α 移相范围为＿＿＿＿＿＿＿,单个晶闸管所承受的最大正向电压和反向电压分别为＿＿＿＿＿＿＿和＿＿＿＿＿＿＿;带电感性负载时,α 移相范围为＿＿＿＿＿＿＿,单个晶闸管所承受的最大正向电压和反向电压分别为＿＿＿＿＿＿＿和＿＿＿＿＿＿＿;带反电动势负载时,欲使电阻上的电流不出现断续现象,可在主电路中直流输出端串联一个＿＿＿＿＿＿＿。

3. 单相桥式全控整流电路,其输出电压的脉动频率是＿＿＿＿＿＿＿。

三、分析题

1. 某电阻负载的单相桥式半控整流电路,若其中一只晶闸管的阳极、阴极之间被烧断,试画出整流二极管、晶闸管和负载电阻两端的电压波形。

2. 某感性负载采用带续流二极管的单相半控桥整流电路,已知电感线圈的内电阻 $R_d=5\ \Omega$,输入交流电压 $U_2=220\ V$,控制角 $\alpha=60°$。试求:晶闸管与续流二极管的电流平均值和有效值。

3. 单相桥式半控整流电路对恒温电炉供电,电炉电热丝电阻为 $34\ \Omega$,直接由 $220\ V$ 输入,计算电炉功率并选用晶闸管型号。

四、简答题

1. 整流电路中续流二极管有何作用?为什么?若不注意把它的极性接反了会产生什么后果?

2. 在可控整流电路的负载为纯电阻的情况下,电阻上的平均电流与平均电压之乘积,是否等于负载功率?为什么?

任务4 三相集成触发电路及三相整流电路的调试

学习目标

(1)能正确调试三相集成触发电路。
(2)能正确调试三相半波、三相桥式整流电路。
(3)能对三相半波、三相桥式整流电路的故障进行分析与排除。

相关知识

一、三相半波整流电路

1. 三相半波不可控整流电路

为了更好地理解三相半波可控整流电路,先来看一下由二极管组成的三相半波不可控整流电路,如图1-38(a)所示。此电路可由三相变压器供电,也可直接接到三相四线制的交流电源上。变压器二次电压有效值为U_2,线电压为U_{2L}。其接法是三个整流管的阳极分别接到变压器二次[侧]的三相电源上,而三个阴极接在一起,接到负载的一端,负载的另一端接到整流变压器的中性线上,形成回路。此种接法称为共阴极接法。

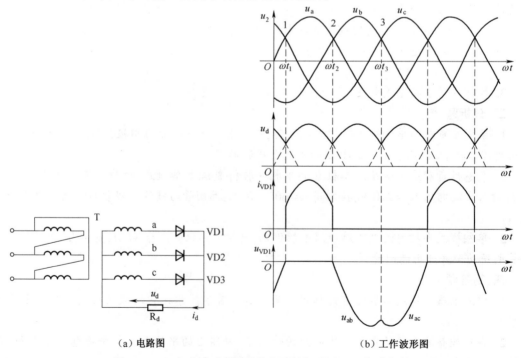

（a）电路图   （b）工作波形图

图1-38 三相半波不可控整流电路的电路图及工作波形图

图 1-38 (b) 为三相交流电 u_a、u_b 和 u_c 的波形图。u_d 是输出电压的波形，u_{VD} 是二极管承受电压的波形。由于整流二极管导通的唯一条件就是阳极电位高于阴极电位，而三只二极管又是共阴极连接的，且阳极所接的三相电源的相电压是不断变化的，所以哪一相的二极管导通就要看其阳极所接的相电压 u_a、u_b 和 u_c 中哪一相的瞬时值最高，则与该相相连的二极管就会导通；其余两只二极管就会因承受反向电压而关断。例如，在图 1-38 (b) 中，$\omega t_1 \sim \omega t_2$ 区间，a 相的瞬时电压值 u_a 最高，因此与 a 相相连的二极管 VD1 优先导通，所以与 b 相、c 相相连的二极管 VD2 和 VD3 则分别承受反向线电压 u_{ba}、u_{ca} 关断。若忽略二极管的导通压降，此时，输出电压 u_d 就等于 a 相的电源电压 u_a。同理，当 ωt_2 时，由于 b 相的电压 u_b 开始高于 a 相的电压 u_a 而变为最高，因此，电流就要由 VD1 换流给 VD2，VD1 和 VD3 又会承受反向线电压而处于阻断状态，输出电压 $u_d = u_b$。同样在 ωt_3 以后，因 c 相电压 u_c 最高，所以 VD3 导通，VD1 和 VD2 受反压而关断，输出电压 $u_d = u_c$。以后又重复上述过程。

可以看出，三相半波不可控整流电路中三个二极管轮流导通，导通角均为 120°，输出电压 u_d 是脉动的三相交流相电压波形的正向包络线，负载电流波形形状与 u_d 相同。

其输出直流电压的平均值 U_d 为

$$U_d = \frac{3}{2\pi} \int_{\frac{\pi}{6}}^{\frac{5\pi}{6}} \sqrt{2} U_2 \sin\omega t \mathrm{d}\omega t = \frac{3\sqrt{6}}{2\pi} U_2 = 1.17 U_2 \tag{1-48}$$

整流二极管承受的电压的波形如图 1-38(b) 所示。以 VD1 为例，在 $\omega t_1 \sim \omega t_2$ 区间，由于 VD1 导通，所以 u_{D1} 为零；在 $\omega t_2 \sim \omega t_3$ 区间，VD2 导通，则 VD1 承受反向电压 u_{ab}，即 $u_{VD1} = u_{ab}$；在 $\omega t_3 \sim \omega t_4$ 区间，VD3 导通，则 VD1 承受反向电压 u_{ac}，即 $u_{VD1} = u_{ac}$。从图 1-38(b) 中还可看出，整流二极管承受的最大的反向电压就是三相电压的峰值，即

$$U_{DM} = \sqrt{6} U_2 \tag{1-49}$$

从图 1-38(b) 中还可看到，1、2、3 这三个点分别是二极管 VD1、VD2 和 VD3 的导通起始点，即每经过其中一点，电流就会自动从前一相换流至后一相，这种换相是利用三相电源电压的变化自然进行的，因此把 1、2、3 这三个点称为自然换相点。

2. 三相半波可控整流电路

三相半波可控整流电路有两种接线方式，分别为共阴极接法和共阳极接法。由于共阴极接法触发脉冲有共用线，使用调试方便，所以三相半波共阴极接法常被采用。

1）电阻性负载

将图 1-39(a) 中三个二极管换成晶闸管就组成了共阴极接法的三相半波可控整流电路。电路中，整流变压器的一次[侧]采用三角形联结，防止三次谐波进入电网；二次[侧]采用星形联结，可以引出中性线。三个晶闸管的阴极短接在一起，阳极分别接到三相电源上。

电路工作原理分析如下：

(1) 0° ≤ α ≤ 30°。α = 0° 时，三个晶闸管相当于三个整流二极管，负载两端的电流电压波形与图 1-38 所示(b) 相同，晶闸管两端的电压波形，由三段组成：第一段，VT1 导通期间，为一管压降，可近似为 $u_{VT1} = 0$；第二段，在 VT1 关断后，VT2 导通期间，$u_{VT1} = u_a - u_b = u_{ab}$，为一段线电压；第三段，在 VT3 导通期间，$u_{VT1} = u_a - u_c = u_{ac}$，为另一段线电压。如果增大控制角 α，将脉冲后移，整流电路的工作情况相应地发生变化，假设电路已在工作，c 相所接的晶闸管 VT3 导通，经过自然换相点"1"时，由于 a 相所接晶闸管 VT1 的触发脉冲尚未送到，VT1 无法导通。于是

VT3 仍承受正向电压继续导通，直到过 a 相自然换相点"1"点 30°，晶闸管 VT1 被触发导通，输出直流电压由 c 相换到 a 相，如图 1-39(b)所示，为 $\alpha=30°$ 时的输出电压和电流波形以及晶闸管两端电压波形。

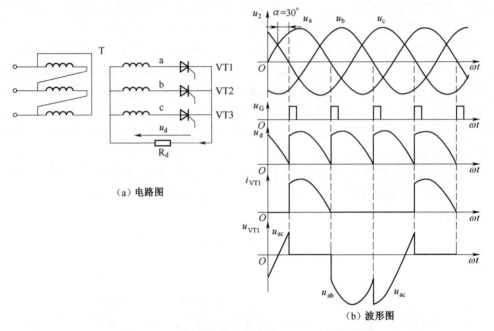

（a）电路图

图 1-39　三相半波整流电路及 $\alpha=30°$ 时的波形图

（2）$30°\leqslant\alpha\leqslant150°$。当控制角 $\alpha\geqslant30°$ 时，此时的电压和电流波形断续，各个晶闸管的导通角小于 $120°$。$\alpha=60°$ 的波形如图 1-40 所示。

三相半波可控整流电路基本物理量计算如下：

（1）整流输出电压的平均值：当 $0°\leqslant\alpha\leqslant30°$ 时，电流波形连续，通过分析可得

$$U_d = \frac{1}{\frac{2\pi}{3}}\int_{\frac{\pi}{6}+\alpha}^{\frac{5\pi}{6}+\alpha}\sqrt{2}U_2\sin\omega t\,d(\omega t)$$

$$= \frac{3\sqrt{6}}{2\pi}U_2\cos\alpha = 1.17U_2\cos\alpha \quad (1-50)$$

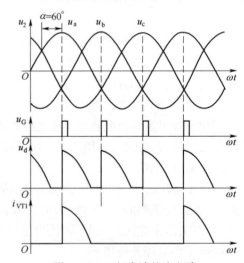

图 1-40　三相半波整流电路 $\alpha=60°$ 时的波形图

当 $30°\leqslant\alpha\leqslant150°$ 时，电流波形断续，通过分析可得

$$U_d = \frac{1}{\frac{2\pi}{3}}\int_{\frac{\pi}{6}+\alpha}^{\pi}\sqrt{2}U_2\sin\omega t\,d(\omega t) = \frac{3\sqrt{2}}{2\pi}U_2\left[1+\cos\left(\frac{\pi}{6}+\alpha\right)\right] = 0.675\left[1+\cos\left(\frac{\pi}{6}+\alpha\right)\right]$$

$$(1-51)$$

（2）负载输出的平均电流。对于电阻性负载，电流与电压波形是一致的，数量关系为

$$I_{d} = \frac{U_{d}}{R_{d}} \tag{1-52}$$

（3）晶闸管承受的电压和控制角的移相范围。由前面的波形分析可知，晶闸管承受的最大反向电压为变压器二次电压的峰值。电流断续时，晶闸管承受的是电源的相电压，所以晶闸管承受的最大正向电压为相电压的峰值。

最大反向电压为

$$U_{RM} = \sqrt{2} \times \sqrt{3} U_{2} = \sqrt{6} U_{2} = 2.45 U_{2} \tag{1-53}$$

最大正向电压为

$$U_{FM} = \sqrt{2} U_{2} \tag{1-54}$$

由前面的波形分析还可知，当触发脉冲后移到 $\alpha = 150°$ 时，正好为电源相电压的过零点，后面晶闸管不再承受正向电压，也就是说，晶闸管无法导通。因此，三相半波可控整流电路在电阻性负载时，控制角的移相范围是 $0 \sim 150°$。

2）电感性负载

电感性负载，当 L 值很大时，i_{d} 波形基本平直。

$\alpha \leqslant 30°$ 时，整流电压波形与电阻性负载时相同。

$\alpha > 30°$ 时（如 $\alpha = 60°$ 时的波形图如图 1-41 所示），u_{a} 过零时，VT1 不关断，直到 VT2 的脉冲到来，才换流，由 VT2 导通向负载供电，同时向 VT1 施加反向电压使其关断，u_{d} 波形中出现负的部分。电感性负载时的移相范围为 90°。

（1）整流输出电压的平均值：

$$U_{d} = 1.17 U_{2} \cos\alpha \tag{1-55}$$

（2）负载输出的平均电流：

$$I_{d} = \frac{U_{d}}{R_{d}} \tag{1-56}$$

（3）变压器二次电流，即晶闸管电流有效值：

$$I_{2} = I_{T} = \frac{1}{\sqrt{3}} I_{d} = 0.577 I_{d} \tag{1-57}$$

（4）晶闸管的额定电流：

$$I_{T(AV)} = (1.5 \sim 2) \frac{I_{T}}{1.57} \tag{1-58}$$

（5）晶闸管最大正反向电压峰值均为变压器二次线电压峰值，即

$$U_{FM} = U_{RM} = 2.45 U_{2} \tag{1-59}$$

图 1-41 中 i_{d} 波形有一定的脉动，但为简化分析及定量计算，可将 i_{d} 近似为一条水平线。三相半波整流电路的主要缺点在于其变压器二次电流中含有直流分量，因此其应用较少。

例 1-4 三相半波相控整流电路，大电感负载，电源电压 $U_{2} = 220$ V，$R_{d} = 2$ Ω，$\alpha = 45°$，试计算：U_{d}、I_{d}，画出 u_{d} 波形并选择 VT 型号。

解
$$U_{d} = 1.17 U_{2} \cos\alpha = 182 \text{ V}$$

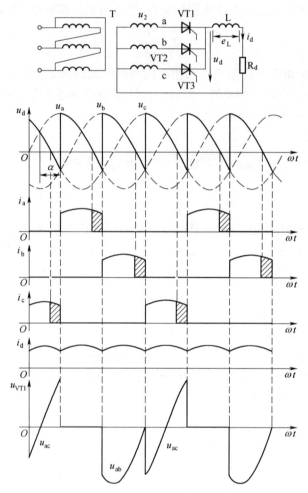

图 1-41 电感性负载 $\alpha=60°$ 时的波形图

$$I_d = U_d / I_d = 91 \text{ A}$$

$$I = I_d \ , \ I_T = \sqrt{1/3} I = 53 \text{ A}$$

$$I_{T(AV)} = (1.5 \sim 2) \times \frac{I_{Tm}}{1.57} = 50.6 \sim 67.5 \text{ A} ，取 50 \text{ A}。$$

$U_{Tm} = \sqrt{6} U_2 = 539 \text{ V}, U_{Tn} = (2 \sim 3) U_{Tm} = 1\,078 \sim 1\,617 \text{ V}$ ，取 $1\,600$（或 $1\,400$、$1\,200$ V）选择型号为 KP50-16（或 KP50-14、KP50-12）。

3. 三相半波共阳极可控整流电路

把三只晶闸管的阳极接成公共端连在一起就构成了共阳极接法的三相半波可控整流电路。由于阴极不同电位，要求三相的触发电路必须彼此绝缘。由于晶闸管只有在阳极电位高于阴极电位时才能导通，因此晶闸管只在相电压负半周被触发导通，换相总是换到阴极更负的那一相。输出电压的平均值为

$$U_d = -1.17 U_2 \cos\alpha \qquad\qquad (1-60)$$

二、三相桥式全控整流电路

1. 电阻性负载

1）电路组成

三相桥式全控整流电路实质上是一组共阴极半波可控整流电路与共阳极半波可控整流电路的串联,在上一节的内容中,共阴极半波可控整流电路实际上只利用电源变压器的正半周,共阳极半波可控整流电路只利用电源变压器的负半周,如果两种电路的负载电流一样大小,可以利用同一电源变压器,即两种电路串联,便可得到三相桥式全控整流电路,电路组成如图1-42所示。

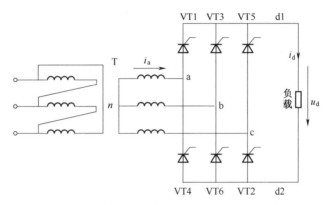

图 1-42　三相桥式全控整流电路的电路组成

2）工作原理（以电阻性负载,$\alpha = 0°$分析）

在共阴极组的自然换相点分别触发 VT1、VT3、VT5 晶闸管,共阳极组的自然换相点分别触发 VT2、VT4、VT6 晶闸管,两组的自然换相点对应相差 60°,电路各自在本组内换流,即 VT1→VT3→VT5→ VT1,VT2→VT4→VT6→VT2,每个晶闸管轮流导通 120°。由于中性线断开,要使电流流通,负载端有输出电压,必须在共阴极组和共阳极组中各有一个晶闸管同时导通。

$\omega t_1 \sim \omega t_2$ 期间,a 相电压最高,b 相电压最低,在触发脉冲作用下,VT6、VT1 同时导通,电流从 a 相流出,经 VT1、负载、VT6 流回 b 相,负载上得到 a、b 线电压 u_{ab}。从 ωt_2 开始,a 相电压仍保持电位最高,VT1 继续导通,但 c 相电压开始比 b 相更低,此时触发脉冲触发 VT2 导通,迫使 VT6 承受反压而关断,负载电流从 VT6 中换到 VT2,以此类推,负载两端的波形图如图 1-43 所示。各期间导通晶闸管及负载电压情况见表 1-6。

3）三相桥式全控整流电路的特点

（1）必须有两个晶闸管同时导通才可能形成供电回路,其中共阴极组和共阳极组各一个,且不能为同一相的器件。

（2）对触发脉冲的要求:按 VT1、VT2、VT3、VT4、VT5、VT6 的顺序,相位依次差 60°。共阴极组 VT1、VT3、VT5 的脉冲依次差 120°,共阳极组 VT4、VT6、VT2 的脉冲也依次差 120°。同一相的上下两个晶闸管,即 VT1 与 VT4,VT3 与 VT6,VT5 与 VT2,脉冲相差 180°。

触发脉冲要有足够的宽度,通常采用单宽脉冲触发或采用双窄脉冲触发。但实际应用中,

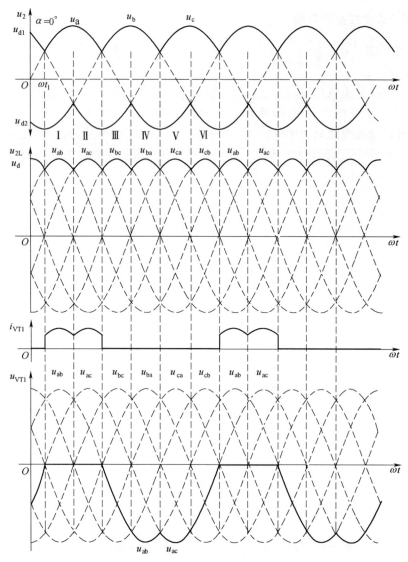

图 1-43　三相桥式电阻性负载 $\alpha = 0°$ 的波形图

为了减少脉冲变压器的铁芯损耗,大多采用双窄脉冲触发。

表 1-6　导通晶闸管及负载电压

导通期间	$\omega t_1 \sim \omega t_2$	$\omega t_2 \sim \omega t_3$	$\omega t_3 \sim \omega t_4$	$\omega t_4 \sim \omega t_5$	$\omega t_5 \sim \omega t_6$	$\omega t_6 \sim \omega t_7$
导通晶闸管	VT1,VT6	VT1,VT2	VT3,VT2	VT3,VT4	VT5,VT4	VT5,VT6
共阴电压	a 相	a 相	b 相	b 相	c 相	c 相
共阳电压	b 相	c 相	c 相	a 相	a 相	b 相
负载电压	ab 线电压 u_{ab}	ac 线电压 u_{ac}	bc 线电压 u_{bc}	ba 线电压 u_{ba}	ca 线电压 u_{ca}	cb 线电压 u_{cb}

4)不同控制角时的波形分析

（1）α＝30°时的工作情况，波形图如图 1-44 所示。

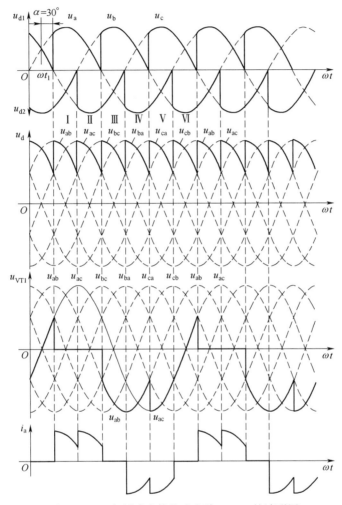

图 1-44　三相桥式全控整流电路 α＝30°的波形图

　　这种情况与 α＝0°时的区别在于：晶闸管起始导通时刻推迟了 30°，组成 u_d 的每一段线电压因此推迟 30°，从 ωt_1 开始把一周期等分为六段，u_d 波形仍由六段线电压构成，每一段导通晶闸管的编号等仍符合表 1-6 的规律。变压器二次电流 i_a 波形的特点：在 VT1 处于通态的 120°期间，i_a 为正，i_a 波形的形状与同时段的 u_d 波形相同；在 VT4 处于通态期间，i_a 波形的形状也与同时段的 u_d 波形相同，但为负值。

　　（2）α＝60°时的工作情况，波形图如图 1-45 所示。

　　此时 u_d 的波形中每段线电压的波形继续后移，u_d 平均值继续降低。α＝60°时，u_d 出现为零的点，这种情况即为输出电压 u_d 连续和断续的分界点。

　　（3）α＝90°时的工作情况，波形图如图 1-46 所示。

　　此时 u_d 的波形中每段线电压的波形继续后移，u_d 平均值继续降低。α＝90°时，u_d 波形断续，每个晶闸管的导通角小于 120°。

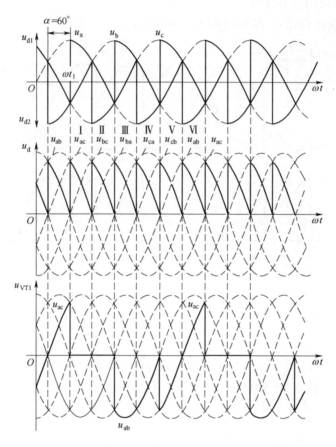

图 1-45　三相桥式全控整流电路 $\alpha=60°$ 的波形图

小结：

（1）当 $\alpha\leqslant60°$ 时，u_d 波形均连续，对于电阻性负载，i_d 波形与 u_d 波形形状一样，也连续。

（2）当 $\alpha>60°$ 时，u_d 波形每 $60°$ 中有一段为零，u_d 波形不能出现负值，带电阻性负载时三相桥式全控整流电路 α 的移相范围是 $0°\sim120°$。

2. 电感性负载

1）工作原理

（1）$\alpha\leqslant60°$ 时，u_d 波形连续，工作情况与带电阻性负载时十分相似，各晶闸管的通断情况、输出整流电压 u_d 波形、晶闸管承受的电压波形等都一样。

两种负载的区别在于：由于负载不同，同样的整流输出电压加到负载上，得到的负载电流 i_d 波形不同。电感性负载时，由于电感的作用，使得负载电流波形变得平直，当电感足够大的时候，负载电流的波形可近似为一条水平线。$\alpha=30°$ 的波形图如图 1-47 所示。

（2）$\alpha>60°$ 时，电感性负载时的工作情况与电阻性负载时不同，电阻性负载时 u_d 波形不会出现负的部分，而电感性负载时，由于电感 L 的作用，u_d 波形会出现负的部分，$\alpha=90°$ 的波形图如图 1-48 所示。可见，带电感性负载时，三相桥式全控整流电路的 α 移相范围为 $0°\sim90°$。

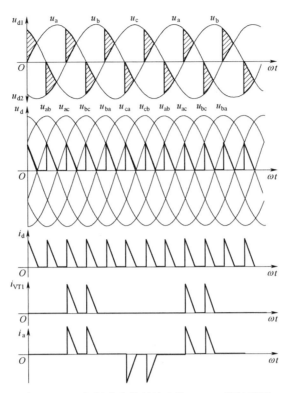

图 1-46 三相桥式全控整流电路 $\alpha=90°$ 的波形图

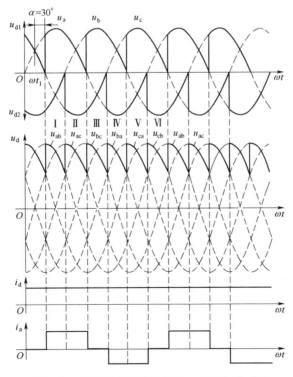

图 1-47 三相桥式电感性负载 $\alpha=30°$ 的波形图

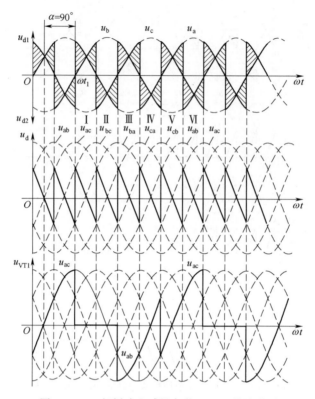

图 1-48 三相桥式电感性负载 $\alpha = 90°$ 的波形图

2）基本的物理量计算

（1）整流电路输出直流平均电压：

当整流输出电压连续时（即带电感性负载时，或带电阻性负载且 $\alpha \le 60°$ 时）的平均值为

$$U_d = \frac{1}{\frac{\pi}{3}} \int_{\frac{\pi}{3}+\alpha}^{\frac{2\pi}{3}+\alpha} \sqrt{6} U_2 \sin\omega t d(\omega t) = 2.34 U_2 \cos\alpha \tag{1-61}$$

带电阻性负载且 $\alpha > 60°$ 时，整流电压平均值为

$$U_d = \frac{3}{\pi} \int_{\frac{\pi}{3}+\alpha}^{\pi} \sqrt{6} U_2 \sin\omega t d(\omega t) = 2.34 U_2 \left[1 + \cos\left(\frac{\pi}{3} + \alpha\right) \right] \tag{1-62}$$

（2）输出电流平均值：

$$I_d = U_d / R \tag{1-63}$$

（3）变压器二次电流有效值。当整流变压器采用星形接法，带电感性负载时，变压器二次电流为正负半周各宽 120°、上升沿相差 180°的矩形波，其有效值为

$$I_2 = \sqrt{\frac{1}{2\pi}\left[I_d^2 \times \frac{2}{3}\pi + (-I_d)^2 \times \frac{2}{3}\pi \right]} = \sqrt{\frac{2\pi}{3}} I_d = 0.816 I_d \tag{1-64}$$

晶闸管电压、电流等的定量分析与三相半波时一致。

（1）三相集成触发电路的调试。

（2）三相半波整流电路的调试。

（3）三相桥式整流电路的调试。

任务分析

三相集成触发电路适用于三相半波整流电路和三相桥式整流电路。三相集成触发电路由 TC787 扩展而成，移相触发角的改变是随给定电压改变的。

任务实施

1. 三相集成触发电路的调试

三相集成触发电路由 TC787 扩展而成，主要包括电压给定、TC787 及外围电路、功率放大电路组成。三相集成触发电路接线图如图 1-49 所示，实物图如图 1-50 所示。

按图 1-49 接线。将给定开关 S2 拨到停止位置（即 $U_{ct}=0$），调节 PAC13-2 上的偏移电压电位器，用双踪示波器观察 A 相同步电压信号和"双脉冲观察孔"VT1 的输出波形，使 $\alpha=180°$。

将 S1 拨到正给定、S2 拨到运行，适当增加给定 U_g 的正电压输出，观测 PAC13-2 上 VT1~VT6 的波形，用 20 芯的扁平电缆，将 PAC13-2 功放电路的"触发脉冲输出"端和 PAC10"触发脉冲输入"端相连，观察 VT1~VT6 晶闸管门极和阴极之间的触发脉冲是否正常，此步骤结束后按下电源控制屏上的"停止"按钮。

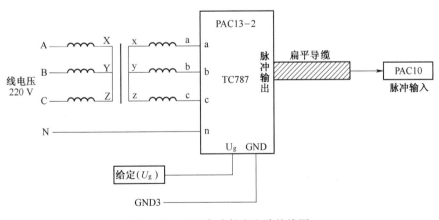

图 1-49　三相集成触发电路接线图

2. 三相半波可控整流电路的调试

图 1-51 中晶闸管用 PAC10 中的三个，电阻 R 用 450 Ω 可调电阻（将两个 900 Ω 接成并

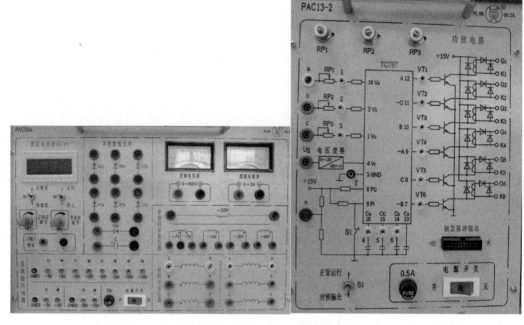

图 1-50　三相集成触发电路实物图

联形式),电感 L_d 用 PAC10 面板上的 200 mH 电感,其三相触发信号由 PAC13-2 内部提供,只需在其外加一个给定电压接到 U_{ct} 端即可,给定电压在 PAC09A 挂箱上。

按图 1-51 接线,将可调电阻调制最大阻值处,按下 MEC01 电源控制屏上的"启动"按钮,打开 PAC09A、PAC13-2 上的电源开关,PAC09A 上的"给定"从零开始,慢慢增加移相电压,使 α 能在 30°~170° 范围内调节,用示波器观察并记录 $\alpha=30°$、60°、90°、120°、150° 时,整流输出电压 u_d 和晶闸管两端电压 u_T 的波形,记录相应交流电源电压 U_2、直流负载电压 U_d 和电流 I_d 的数值。

将 PAC10 上 200 mH 的电抗器与负载电阻 R 串联后接入主电路,观察并记录 $\alpha=30°$、60°、90° 时 u_d、i_d 的输出波形,并记录相应的电源电压 U_2 及 U_d、I_d 值。

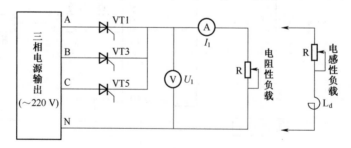

图 1-51　三相半波可控整流电路接线图

3. 三相桥式可控整流电路的调试

三相桥式可控整流电路原理图如图 1-52 所示。

三相集成触发电路的调试同之前内容。

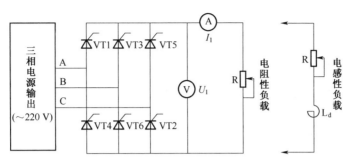

图 1-52　三相桥式可控整流电路原理图

图 1-52 中,三个晶闸管和电抗器在 PAC10 面板上,三相触发电路在 PAC13-2 上,二极管和给定电压信号在 PAC09A 上,直流电压表、电流表从 MEC21 上获得,电阻 R 用 450 Ω(将 MEC42 上的两个 900 Ω 接成并联形式)。

按图 1-52 接线,将"给定"输出调到零(逆时针旋到底),使可调电阻在最大阻值处,按下"启动"按钮,调节给定电位器,增加移相电压,使 α 在 30°~120° 范围内调节,同时,根据需要不断调整负载电阻 R,使得负载电流 I_d 保持在 0.6 A 左右(注意 I_d 不得超过 0.65 A)。用示波器观察并记录 α=30°、60° 及 90°时的整流电压 u_d 和晶闸管两端电压 u_T 的波形,记录相应交流电源电压 U_2、直流负载电压 U_d 和电流 I_d 的数值。

课后练习

一、选择题

1. 三相可控整流电路与单相可控整流电路相比,输出直流电压的纹波系数(　　)。
   　　A. 三相的大　　　　　　B. 单相的大　　　　　C. 一样大

2. 三相桥式全控整流装置中一共用了(　　)晶闸管。
   　　A. 三只　　　　　　　B. 六只　　　　　　　C. 九只

3. 若可控整流电路的功率大于 4 kW,宜采用(　　)整流电路。
   　　A. 单相半波可控　　B. 单相全波可控　　　C. 三相可控

4. 三相半波可控整流电路,电阻性负载,当控制角 α 为(　　)时,整流输出电压与电流波形断续。
   　　A. 0°<α≤30°　　　　　　　　　　　B. 30°<α≤150°
   　　C. 60°<α<180°　　　　　　　　　　D. 90°<α<180°

5. 三相桥式全控整流电路,大电感负载,当 α 为(　　)时,整流平均电压 U_d=0。
   　　A. 30°　　　　　B. 60°　　　　　C. 90°　　　　　D. 120°

6. 三相桥式全控整流电路,电阻性负载时的移相范围为(　　)。
   　　A. 0~180°　　　B. 0~150°　　　C. 0~120°　　　D. 0~90°

7. 已知三相桥式不控整流电路交流侧线电压 u_{AB} 的表达式为 $u_{AB} = \sqrt{6}\,U_2 \sin\left(\omega t + \dfrac{\pi}{6}\right)$,则 u_{CA} 的表达式为(　　)。

A. $u_{CA} = \sqrt{6} U_2 \sin\left(\omega t + \dfrac{5\pi}{6}\right)$ B. $u_{CA} = \sqrt{3} U_2 \sin\left(\omega t + \dfrac{5\pi}{6}\right)$

C. $u_{CA} = \sqrt{6} U_2 \sin\left(\omega t - \dfrac{2\pi}{3}\right)$ D. $u_{CA} = \sqrt{6} U_2 \sin\left(\omega t - \dfrac{5\pi}{6}\right)$

8. 三相全控桥式整流电路中晶闸管可能承受的最大反向电压峰值为( )。

    A. $\sqrt{3} U_2$ B. $\sqrt{6} U_2$ C. $2\sqrt{3} U_2$ D. $2\sqrt{2} U_2$

9. 大电感负载三相全控桥式整流电路输出电流平均值表达式为( )。

    A. $I_d = \dfrac{2\sqrt{6}}{\pi R} U_2 \cos\alpha$ B. $I_d = \dfrac{\sqrt{6}}{\pi R} U_2 \cos\alpha$

    C. $I_d = \dfrac{3\sqrt{6}}{\pi R} U_2 \cos\alpha$ D. $I_d = \dfrac{3\sqrt{3}}{\pi R} U_2 \cos\alpha$

10. 三相桥式全控整流电路在宽脉冲触发方式下一个周期内所需要的触发脉冲共有六个,它们在相位上依次相差( )。

    A. 60°   B. 120°   C. 90°   D. 180°

11. 电阻性负载三相半波可控整流电路,相电压的有效值为 U_2,当控制角 $\alpha = 0°$ 时,整流输出电压平均值等于( )。

    A. $1.41 U_2$ B. $2.18 U_2$ C. $1.73 U_2$ D. $1.17 U_2$

12. 三相半波可控整流电路中的三个晶闸管的触发脉冲相位互差( )。

    A. 150°   B. 60°   C. 120°   D. 90°

二、填空题

1. 三相半波可控整流电路,带大电感负载时的移相范围为_____。

2. 触发脉冲可采取宽脉冲触发与双窄脉冲触发两种方法,目前采用较多的是_____触发方法。

3. 由于电路中共阴极组与共阳极组换流点相隔60°,所以每隔60°有一次_____。

4. 从三相桥式整流电路控制角 α 的起算点,如 $\alpha = 30°$,在对应的线电压波形上脉冲距波形原点为_____。

5. 在三相可控整流电路中,$\alpha = 0°$ 的位置(自然换相点)为相邻线电压的交点,它距对应线电压波形的原点为_____。

6. 在三相半波可控整流电路中,电阻性负载,当控制角_____时,电流连续。

7. 在三相半波可控整流电路中,电感性负载,当控制角_____时,输出电压波形出现负值,因而常加续流二极管。

8. 三相桥式全控整流电路,电阻性负载,当控制角_____时,电流连续。

9. 三相桥式可控整流电路适宜在_____电压而电流不太大的场合使用。

10. 双窄脉冲触发是在触发某一个晶闸管时,触发电路同时给_____晶闸管补发一个脉冲。

三、分析题

1. 三相半波相控整流电路,大电感负载,电源电压 $U_2 = 220$ V,$R_d = 4\ \Omega$,$\alpha = 30°$,试计算 U_d、I_d,并画出 u_d 波形并选择 VT 型号。

2. 三相半波整流电路,大电感负载,直流输出功率 $P_d = U_{dmax}I_d = 100\text{ V} \times 100\text{ A} = 10\text{ kV} \cdot \text{A}$。试求:

(1)绘出整流变压器二次电流波形;

(2)计算整流变压器二次[侧]容量 S_2,一次[侧]容量 S_1 及容量 S_T;

(3)分别写出该电路在无续流二极管及有续流二极管两种情况下,晶闸管最大正向电压 U_{SM};晶闸管最大反向电压 U_{RM};整流输出 $U_d = f(\alpha)$;脉冲最大移相范围;晶闸管最大导通角。

3. 三相桥式全控整流电路,$U_d = 230\text{ V}$,试求:

(1)确定变压器二次电压。

(2)选择晶闸管电压等级。

4. 图 1-53 所示为三相桥式全控整流电路,试分析在控制角 $\alpha = 60°$ 时发生如下故障的输出电压 U_d 的波形。

(1)熔断器 1FU 熔断。

(2)熔断器 2FU 熔断。

(3)熔断器 2FU、3FU 熔断。

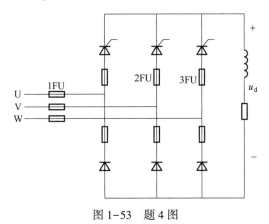

图 1-53　题 4 图

5. 三相桥式全控整流电路,L_d 极大,$R_d = 4\ \Omega$,要求 U_d 从 $0 \sim 220\text{ V}$ 之间变化。试求:

(1)不考虑控制角裕量时,整流变压器二次相电压。

(2)晶闸管电压、电流平均值;如电压、电流裕量取 2 倍,请选择晶闸管型号。

(3)变压器二次电流有效值 I_2。

(4)整流变压器二次[侧]容量 S_2。

四、简答题

1. 三相桥式全控整流电路中,当一只晶闸管短路时,电路会发生什么情况?

2. 画出三相半波可控整流电路主电路图。

3. 画出三相桥式可控整流电路主电路图。

拓展应用

单相交流调压电路

交流调压是将一种幅值的交流电能转化为同频率的另一种幅值的交流电能。单相交流调压电路线路简单、成本低,在工业加热、灯光控制、小容量感应电动机调速等场合得到了广泛应用。

1. 电阻性负载

图 1-54(a)所示为一双向晶闸管与负载电阻 R_L 组成的交流调压主电路,图中双向晶闸管也可改用两只反并联的普通晶闸管,但需要两组独立的触发电路分别控制两只晶闸管。

在电源正半周 $\omega t = \alpha$ 时触发 VT 导通,有正向电流流过 R_L,负载端电压 u_R 为正值,电流过零时 VT 自行关断;在电源负半周 $\omega t = \pi + \alpha$ 时,再触发 VT 导通,有反向电流流过 R_L,其端电压 u_R 为负值,到电流过零时 VT 再次自行关断;然后重复上述过程。改变 α 即可调节负载两端的输出电压有效值,达到交流调压的目的。电阻负载上交流电压有效值为

$$U_R = \sqrt{\frac{1}{\pi}\int_\alpha^\pi (\sqrt{2}\,U_2\sin\omega t)^2 \mathrm{d}(\omega t)} = U_2\sqrt{\frac{1}{2\pi}\sin2\alpha + \frac{\pi - \alpha}{\pi}} \qquad (1-65)$$

电流有效值为

$$I = \frac{U_R}{R} = \frac{U_2}{R}\sqrt{\frac{1}{2\pi}\sin2\alpha + \frac{\pi - \alpha}{\pi}} \qquad (1-66)$$

功率因数为

$$\cos\varphi = \frac{P}{S} = \frac{U_R I}{U_2 I} = \sqrt{\frac{1}{2\pi}\sin2\alpha + \frac{\pi - \alpha}{\pi}} \qquad (1-67)$$

电路的移相范围为 $0 \sim \pi$。

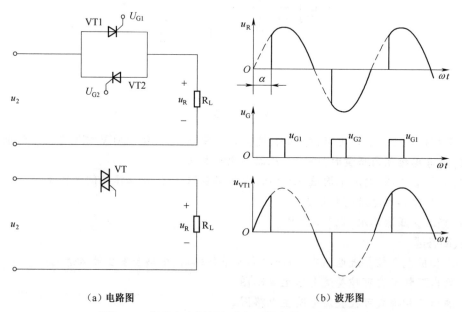

(a)电路图　　　　　　　　　　　　　(b)波形图

图 1-54　单相交流调压电路电阻性负载电路及波形

通过改变 α 可得到不同的输出电压有效值,从而达到交流调压的目的。由双向晶闸管组成的电路,只要在正负半周对称的相应时刻(α、$\pi+\alpha$)给触发脉冲,则和反并联电路一样可得到同样的可调交流电压。

交流调压电路的触发电路完全可以套用整流移相触发电路,但是脉冲的输出必须通过脉

冲变压器,其两个二次线圈之间要有足够的绝缘。

2. 电感性负载

图 1-55 所示为电感性负载的交流调压电路。由于电感的作用,在电源电压由正向负过零时,负载中电流要滞后一定 φ 角度才能到零,即晶闸管要继续导通到电源电压的负半周才能关断。晶闸管的导通角 θ 不仅与控制角 α 有关,而且与负载的功率因数角 φ 有关。控制角越小则导通角越大;负载的功率因数角 φ 越大,表明负载感抗大,自感电动势使电流过零的时间越长,因而导通角 θ 越大。

下面分三种情况加以讨论:

(1) $\alpha > \varphi$。由图 1-56 可见,当 $\alpha > \varphi$ 时,$\theta < 180°$,即正负半周电流断续,且 α 越大,θ 越小。可见,α 在 $\varphi \sim 180°$ 范围内,交流电压连续可调,电流电压波形如图 1-56(a) 所示。

(2) $\alpha = \varphi$。由图 1-56 可见,当 $\alpha = \varphi$ 时,$\theta = 180°$,即正负半周电流临界连续。相当于晶闸管失去控制,电流电压波形如图 1-56(b) 所示。

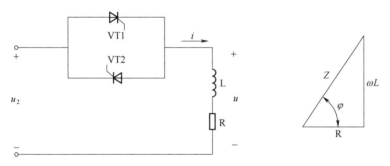

图 1-55　单相交流调压电感性负载电路图

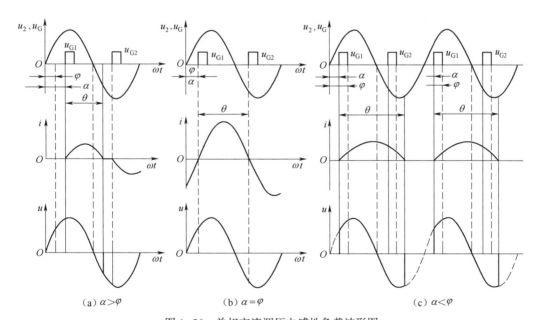

(a) $\alpha > \varphi$　　　　　(b) $\alpha = \varphi$　　　　　(c) $\alpha < \varphi$

图 1-56　单相交流调压电感性负载波形图

(3) $\alpha < \varphi$。此种情况若开始给 VT1 以触发脉冲,则 VT1 导通,而且 $\theta > 180°$。如果触发脉冲

为窄脉冲,当 u_{G2} 出现时,VT1 的电流还未到零,VT1 不关断,VT2 不能导通。当 VT1 电流到零关断时,u_{G2} 脉冲已消失,此时 VT2 虽已受正压,但也无法导通。到第三个半波时,u_{G1} 又触发 VT1 导通。这样负载电流只有正半波部分,出现很大直流分量,电路不能正常工作。因而电感性负载时,晶闸管不能用窄脉冲触发,可采用宽脉冲或脉冲列触发。电流、电压波形图如图 1-56 (c)所示。

综上所述,单相交流调压电路有如下特点:

(1)电阻负载时,负载电流波形与单相桥式可控整流交流侧电流一致。改变控制角 α 可以连续改变负载电压有效值,达到交流调压的目的。

(2)电感性负载时,不能用窄脉冲触发;否则,当 $\alpha < \varphi$ 时,会出现一个晶闸管无法导通,产生很大直流分量电流,烧毁熔断器或晶闸管。

(3)电感性负载时,最小控制角 $\alpha_{min} = \varphi$(阻抗角)。

所以,电感性负载时 α 的移相范围为 $\varphi \sim 180°$;电阻性负载时 α 的移相范围为 $0 \sim 180°$。

例 1-5　一单相交流调压器,电源为工频 220 V,电感串联作为负载,其中 $R = 0.5\ \Omega$,$L = 2\ mH$。试求:

(1)控制角 α 的变化范围。

(2)负载电流的最大有效值。

(3)最大输出功率及此时电源侧的功率因数。

解　(1)负载抗阻角为

$$\varphi = \arctan\left(\frac{\omega L}{R}\right) = \arctan\left(\frac{2\pi \times 50 \times 2 \times 10^{-3}}{0.5}\right) = \arctan(0.898\ 64) = 51.49°$$

控制角 α 的变化范围为 $\varphi \leqslant \alpha \leqslant \pi$,即 $51.49° \leqslant \alpha \leqslant \pi$。

(2)当 $\alpha = \varphi$ 时,输出电压最大,负载电流也为最大,此时输出功率最大,即

$$P_{omax} = I_{omax}^2 R = \left(\frac{220}{\sqrt{R^2 + (\omega t)^2}}\right)^2 R = 37.532\ kW$$

(3)功率因数为

$$\lambda = \frac{P_{omax}}{U_i I_0} = \frac{37\ 532}{220 \times 273.98} = 0.622\ 7$$

实际上,此时的功率因数也就是负载阻抗角的余弦,即

$$\lambda = \cos\varphi = 0.622\ 7$$

项目 ② 开关电源的分析与调试

📖 项目描述

由高压直流到低压多路直流的电路称为直流斩波(又称 DC/DC 变换)电路,是开关电源的核心技术。开关电源是一种高效率、高可靠性、小型化、轻型化的稳压电源,广泛应用于生活、生产、军事等各个领域。各种计算机设备、彩色电视机等家用电器等都大量采用了开关电源。

台式计算机开关电源,是目前所有台式计算机的重要组成部分,用以给计算机的主板、硬盘、外围设备、风扇等提供电源。该类开关电源的特点是多路输出。计算机开关电源的发展经过了 AT、ATX、ATX12V 三个发展阶段。图 2-1(a)为外形图,图 2-1(b)为拆解图。

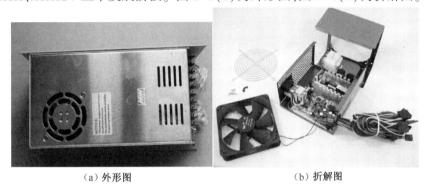

(a)外形图　　　　　　　　(b)折解图

图 2-1　开关电源外形图及拆解图

计算机开关电源电路按其组成功能分为:交流输入整流滤波电路、主变换电路、整流稳压电路、脉宽调制控制电路(如 EST7502B)、PS-ON 和 PW-OK 产生电路、自动稳压与保护控制电路、多路直流稳压输出电路。图 2-2 为典型的开关电源原理框图。

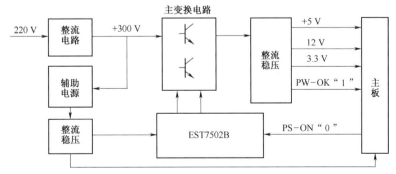

图 2-2　典型的开关电源原理框图

图 2-3 是 IBM PC/XT 系列主机的开关电源电路,它是自激式开关稳压电源,主要由交流

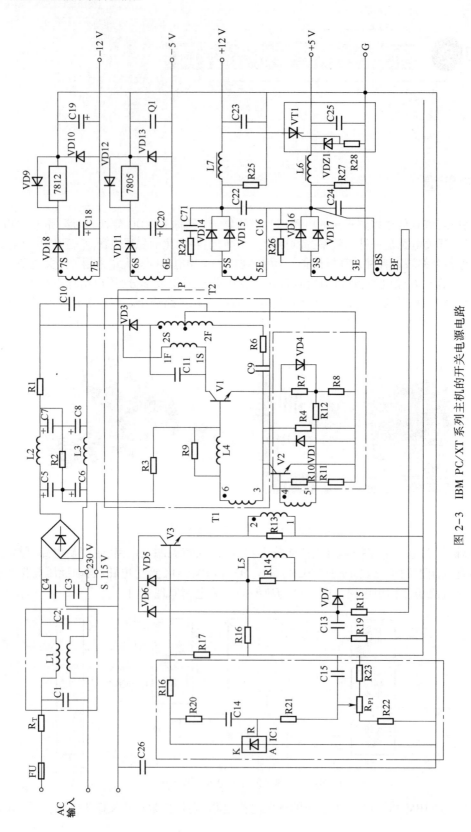

图 2-3　IBM PC/XT 系列主机的开关电源电路

输入与整流滤波、自激开关振荡、稳压调控及自动保护电路等部分组成。

本项目通过对开关管、DC/DC 变换电路的分析使读者理解开关电源的工作原理,进而掌握开关器件和 DC/DC 变换电路的原理及其在其他方面的应用。

任务 1   认识 GTR、MOSFET、IGBT

学习目标

(1)能用万用表判断 GTR、MOSFET、IGBT 的好坏。
(2)能测试 GTR、MOSFET、IGBT 的工作特性。

相关知识

开关器件是 DC/DC 变换电路中的核心器件。开关器件有许多,经常使用的是场效应晶体管 MOSFET、绝缘栅双极晶体管 IGBT,在小功率开关电源上也使用电力晶体管 GTR。

一、电力晶体管(GTR)

电力晶体管(Giant Transistor, GTR, 直译为巨型晶体管),又称双极结型晶体管(Bipolar Junction Transistor, BJT),英文有时候也称为 Power BJT。在电力电子技术的范围内,GTR 与 BJT 这两个名称等效。

1. GTR 的图形符号、外形

通常把集电极最大允许耗散功率在 1 W 以上,或最大集电极电流在 1 A 以上的三极管称为电力晶体管,其结构和工作原理都和小晶体管非常相似。由三层半导体、两个 PN 结组成,有 PNP 和 NPN 两种结构,其电流由两种载流子(电子和空穴)的运动形成,所以称为双极型晶体管。NPN 型电力晶体管的图形符号如图 2-4 所示。

图 2-4   NPN 型电力晶体管的图形符号

一些常见大功率电力晶体管的外形如图 2-5 所示。由图 2-5 可见,大功率晶体管的外形除体积比较大外,其外壳上都有安装孔或安装螺钉,便于将晶体管安装在外加的散热器上。因为对大功率晶体管来讲,单靠外壳散热是远远不够的。例如,50 W 的硅低频大功率电力晶体管,如果不加散热器工作,其最大允许耗散功率仅为 2~3 W。

2. GTR 的工作原理

在电力电子技术中,GTR 主要工作在开关状态。晶体管通常连接为共发射极电路,如图 2-6 所示,分为截止区、放大区和饱和区。NPN 型 GTR 通常工作在正偏($I_b>0$)时大电流导通;反偏($I_b<0$)时处于截止状态。因此,给 GTR 的基极施加幅度足够大的脉冲驱动信号,它将工作于导通和截止的开关工作状态。

3. GTR 的主要参数

这里主要讲述 GTR 的极限参数,即最高工作电压、集电极最大允许电流、集电极最大耗散

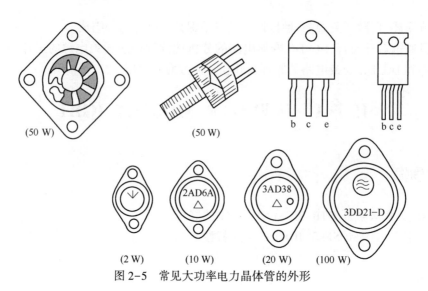

图 2-5　常见大功率电力晶体管的外形

功率和最高工作结温等。

（1）最高工作电压。GTR 上所施加的电压超过规定值时，就会发生击穿。击穿电压不仅和 GTR 本身特性有关，还与外电路接法有关。

BU_{cbo}：发射极开路时，集电极和基极之间的反向击穿电压。

BU_{ceo}：基极开路时，集电极和发射极之间的击穿电压。

（2）集电极最大允许电流。GTR 流过的电流过大，会使 GTR 参数劣化，性能将变得不稳定，尤其是发射极的集边效应可能导致 GTR 损坏。因此，必须规定集电极最大允许电流值。通常规定共发射极电流放大系数下降到规定值的 $1/2\sim1/3$ 时，所对应的电流 I_c 为集电极最大允许电流，用 I_{cM} 表示。实际使用时，还要留有较大的安全裕量，一般只能用到 I_{cM} 值的一半或稍多些。

（3）集电极最大耗散功率。集电极最大耗散功率是在最高工作温度下允许的耗散功率，用 P_{cM} 表示。它是 GTR 容量的重要标志。电力晶体管功耗的大小主要由集电极工作电压和工作电流的乘积来决定，它将转化为热能使晶体管升温，晶体管会因温度过高而损坏。实际使用时，集电极最大耗散功率和散热条件与工作环境温度有关。所以，在使用中应特别注意值 I_C 不能过大，散热条件要好。

（4）最高工作结温。最高工作结温是 GTR 正常工作允许的最高结温，用 T_{JM} 表示。GTR 结温过高时，会导致热击穿而烧坏 GTR。

4. GTR 的二次击穿和安全工作区

1）二次击穿

实践表明，GTR 即使工作在最大耗散功率范围内，仍有可能突然损坏，这一般是由二次击穿引起的，二次击穿是影响 GTR 安全可靠工作的一个重要因素。

二次击穿是由于集电极电压升高到一定值（未达到极限值）时，发生雪崩效应造成的。理论上，只要功耗不超过极限，GTR 是可以承受的，但是在实际使用中，会出现负阻效应，使 I_e 进一步剧增。由于 GTR 结面的缺陷、结构参数的不均匀，使局部电流密度剧增，形成恶性循环，使 GTR 损坏。

二次击穿的持续时间在纳秒到微秒之间完成,由于 GTR 的材料、工艺等因素的分散性,二次击穿难以计算和预测。防止二次击穿的办法是:

(1)应使实际使用的工作电压比反向击穿电压低得多。

(2)必须有电压、电流缓冲保护措施。

2)安全工作区

以直流极限参数 I_{cM}、P_{cM}、U_{ceM} 构成的工作区为一次击穿工作区,如图 2-7 所示。以 U_{SB}(二次击穿电压)与 I_{SB}(二次击穿电流)组成的 P_{SB}(二次击穿功率)如图 2-7 中虚线所示,它是一个不等功率曲线。以 3DD8E 晶体管测试数据为例,其 $P_{cM}=100$ W,$BU_{ceo} \geq 200$ V,但由于受到击穿的限制,当 $U_{ce}=100$ V 时,P_{SB} 为 60 W;当 $U_{ce}=200$ V 时,P_{SB} 仅为 28 W。所以,为了防止二次击穿,要选用足够大功率的 GTR,实际使用的最高电压通常比 GTR 的极限电压低很多。

安全工作区是在一定的温度条件下得出的。例如,环境温度 25 ℃ 或壳温 75 ℃ 等,使用时若超过上述指定温度值,允许功耗和二次击穿耐量都必须降额。

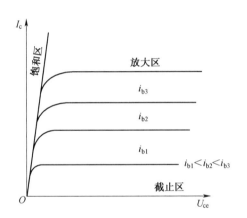

图 2-6　GTR 共发射极接法的输出特性

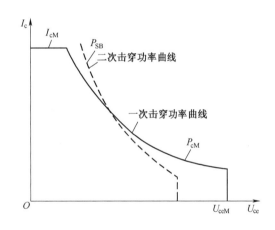

图 2-7　GTR 的安全工作区

二、电力场效应晶体管(MOSFET)

电力场效应晶体管(Metal Oxide Semiconductor Field Effect Transistor,MOSFET)与 GTR 相比,具有开关速度快、损耗低、驱动电流小、无二次击穿等优点。

1. MOSFET 的结构、外形

MOSFET 是压控型器件,其门极控制信号是电压。它的三个极分别是:栅极(G)、源极(S)、漏极(D)。MOSFET 有 N 沟道和 P 沟道两种。N 沟道中载流子是电子,P 沟道中载流子是空穴,都是多数载流子。其中,每一类又可分为耗尽型和增强型两种。耗尽型就是当栅-源间电压 $U_{GS}=0$ 时存在导电沟道,漏极电流 $I_D \neq 0$;增强型就是当 $U_{GS}=0$ 时没有导电沟道,$I_D=0$,只有当 $U_{GS}>0$(N 沟道)或 $U_{GS}<0$(P 沟道)时才开始有 I_D。MOSFET 绝大多数是 N 沟道增强型,这是因为电子作用比空穴大得多。MOSFET 的结构和图形符号如图 2-8 所示。

MOSFET 与小电力场效应晶体管原理基本相同,但是为了提高电流容量和耐压能力,在芯

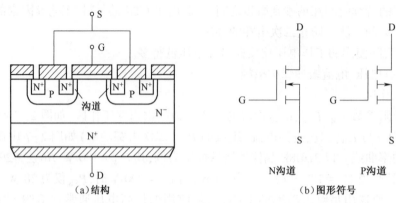

（a）结构　　　　　　　　　（b）图形符号

图 2-8　MOSFET 的结构和图形符号

片结构上却有很大不同：MOSFET 采用小单元集成结构来提高电流容量和耐压能力，并且采用垂直导电排列来提高耐压能力。

几种电力场效应晶体管的外形如图 2-9 所示。

2. MOSFET 的工作原理

当栅-源极间的电压 $U_{GS} \leq 0$ 或 $0 < U_{GS} \leq U_T$（电压 U_T 称为开启电压或阈值电压，典型值为 2~4 V）时，即使加上漏-源极电压 U_{DS}，也没有漏极电流 I_D 出现，器件处于截止状态。

当 $U_{GS} > U_T$ 且 $U_{DS} > 0$ 时，会产生漏极电流 I_D，器件处于导通状态，且 U_{DS} 越大，I_D 越大。另外，在相同的 U_{DS} 下，U_{GS} 越大，I_D 越大。

3. MOSFET 的主要参数

（1）漏极电压 U_{DS}。它就是 MOSFET 的额定电压，选用时必须留有较大的安全裕量。

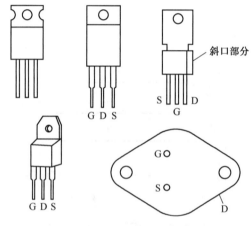

图 2-9　几种电力场效应晶体管的外形

（2）漏极最大允许电流 I_{DM}。它就是 MOSFET 的额定电流，其大小主要受 MOSFET 的温升限制。

（3）栅-源电压 U_{GS}（不得超过 20 V）。栅极与源极之间的绝缘层很薄，承受电压很低，一般不得超过 20 V；否则，绝缘层可能被击穿而损坏，使用中应加以注意。

总之，为了安全可靠，在选用 MOSFET 时，对电压、电流的额定等级都应留有较大裕量。

三、绝缘栅双极晶体管（IGBT）

绝缘栅双极晶体管（Insulated Gate Bipolar Transistor，IGBT）又称绝缘栅极双极型晶体管，是一种新发展起来的复合型电力电子器件。由于它结合了 MOSFET 和 GTR 的特点，既具有输入阻抗高、速度快、热稳定性好和驱动电路简单的优点，又具有输入通态电压低、耐压高和承受电流大的优点，这些都使 IGBT 比 GTR 有更大的吸引力。在变频器驱动电动机，中频和开关电源以及要求快速、低损耗的领域，IGBT 有着主导地位。

1. IGBT 的结构

IGBT 也是三端器件,它的三个极为漏极(D)、栅极(G)和源极(S)。有时也将 IGBT 的漏极称为集电极(C),源极称为发射极(E)。图 2-10(a)是一种由 N 沟道功率 MOSFET 与晶体管复合而成的 IGBT 的基本结构。IGBT 比 MOSFET 多一层 P^+ 注入区,因而形成了一个大面积的 P^+N^+ 结 J1,这样使得 IGBT 导通时由 P^+ 注入区向 N 基区发射少数载流子,从而对漂移区电导率进行调制,使得 IGBT 具有很强的通流能力。其简化等效电路如图 2-10(b)所示。可见,IGBT 是以 GTR 为主导器件,MOSFET 为驱动器件的复合管,图 2-10(b)中 R_N 为晶体管基区内的调制电阻。图 2-10(c)为 IGBT 的图形符号。

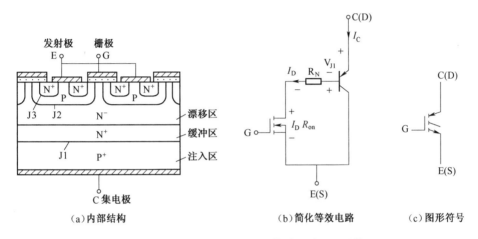

图 2-10 IGBT 的内部结构、简化等效电路和图形符号

2. IGBT 的工作原理

IGBT 的驱动原理与 MOSFET 基本相同,它是一种压控型器件。其开通和关断是由栅极和发射极间的电压 U_{GE} 决定的,当 U_{GE} 为正且大于开启电压 $U_{GE(th)}$ 时,MOSFET 内形成沟道,并为晶体管提供基极电流使其导通。当栅极与发射极之间加反向电压或不加电压时,MOSFET 内的沟道消失,晶体管无基极电流,IGBT 关断。

上面介绍的 PNP 型电力晶体管与 N 沟道 MOSFET 组合而成的 IGBT 称为 N 沟道 IGBT,记为 N-IGBT,其图形符号如图 2-10(c)所示。对应的还有 P 沟道 IGBT,记为 P-IGBT。N-IGBT 和 P-IGBT 统称为 IGBT。由于实际应用中以 N 沟道 IGBT 为多,因此,下面以 N 沟道 IGBT 为例进行介绍。

3. IGBT 的主要参数

(1)集-射极额定电压 U_{CES}:这个电压值是厂家根据器件的雪崩击穿电压而规定的,是栅-射极短路时 IGBT 能承受的耐压值,即 U_{CES} 值小于或等于雪崩击穿电压。

(2)栅-射极额定电压 U_{GES}:IGBT 是电压控制器件,靠加到栅极的电压信号控制 IGBT 的导通和关断,而 U_{GES} 就是栅极控制信号的电压额定值。目前,IGBT 的 U_{GES} 值大部分为+20 V,使用时不能超过该值。

(3)额定集电极电流 I_C:该参数给出了 IGBT 在导通时能流过 IGBT 的持续最大电流。

📓 **任务要求**

(1)判别 GTR 的好坏。

(2)判别功率 MOSFET 的好坏。

(3)判别 IGBT 的好坏。

👉 **任务分析**

GTR、MOSFET、IGBT 是全控型器件。其中,GTR 是电流控制型,MOSFET、IGBT 是电压控制型。判别器件好坏的方法,与晶闸管相比有难度,但有章可循。

✒️ **任务实施**

1. 判别 GTR 的好坏

(1)用指针式万用表进行判断:将指针式万用表拨至 R×1 或 R×10 挡,测量 GTR 任意两引脚间的电阻,仅当黑表笔接 B 极,红表笔分别接 C 极和 E 极时,电阻呈低阻值;对其他情况,电阻值均为无穷大。由此可迅速判定 GTR 的好坏。

(2)用数字万用表进行判断:将数字万用表拨至 200 Ω 挡,测量 GTR 任意两引脚间的电阻,仅当红表笔接 B 极,黑表笔分别接 C 极和 E 极时,电阻呈低阻值;对其他情况,电阻值均为无穷大。由此可迅速判定 GTR 的好坏和 B 极,剩下的就是 C 极和 E 极。

(3)采用上述方法中的一种,对 GTR1 和 GTR2 进行测试,分别记录其 R_{BC}、R_{CB}、R_{BE}、R_{EB}、R_{EC}、R_{CE} 的值,并鉴别 GTR 的好坏。

实测几种 GTR 极间电阻见表 2-1(可参考)。

表 2-1　实测几种 GTR 极间电阻

型号	接法	R_{EB}/Ω	R_{EB}/Ω	R_{EB}/Ω	万用表型号	挡位
3AD6B	正	24	22	∞	108-1T	R×10
	反	∞	∞	∞		
3AD6C	正	26	26	1 400	500	R×10
	反	∞	∞	∞		
3AD30C	正	19	18	30 000	108-1T	R×10
	反	∞	∞	∞		

2. 判别 MOSFET 的好坏

对于内部无保护二极管的 MOSFET,可由万用表的 R×10 k 挡,测量 G 与 D 间、G 与 S 间的电阻,应均为无穷大;否则,说明被测 MOSFET 性能不合格,甚至已经损坏。

给出两个功率 MOSFET,测极间电阻,判断好坏。

下述检测方法则不论内部有无保护二极管的 MOSFET 均适用。具体操作(以 N 沟道场效应晶体管为例)如下：

第一，将万用表置于 R×1 k 挡，再将被测管 G 与 S 短接一下，然后红表笔接被测管的 D，黑表笔接 S，此时所测电阻应为数千欧，如图 2-11 所示。如果阻值为 0 或 ∞，说明 MOSFET 已坏。

第二，将万用表置于 R×10 k 挡，再将被测管 G 与 S 用导线短接好，然后红表笔接被测管的 S，黑表笔接 D，此时万用表指示应接近无穷大，如图 2-12 所示；否则，说明被测 MOSFET 内部 PN 结的反向特性比较差。如果阻值为 0，说明被测管已经损坏。

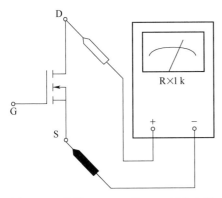

图 2-11　检测 MOSFET 的 S、D 正向电阻

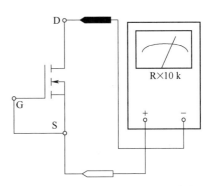

图 2-12　检测 MOSFET 的 S、D 反向电阻

3. 判别 IGBT 的好坏

将万用表拨在 R×10 k 挡，用黑表笔接 IGBT 的集电极(C)，红表笔接 IGBT 的发射极(E)，此时万用表的指针在零位。用手指同时触及一下栅极(G)和集电极(C)，这时 IGBT 被触发导通，万用表的指针摆向阻值较小的方向，并能固定指示在某一位置。然后再用手指同时触及一下栅极(G)和发射极(E)，这时 IGBT 被阻断，万用表的指针回零。此时即可判断 IGBT 是好的。

注意，判断 IGBT 好坏时，一定要将万用表拨在 R×10 k 挡，因 R×1 k 挡以下各挡万用表内部电池电压太低，检测好坏时不能使 IGBT 导通，而无法判断 IGBT 的好坏。此方法同样也可以用于检测电力场效应晶体管(P-MOSFET)的好坏。

给出两个 IGBT，按上述方法用万用表分别测试并记录 R_{CE}、IGBT 触发后 R_{CE} 和 IGBT 阻断后 R_{CE}，并判断被测 IGBT 的好坏。

课后练习

一、选择题

1. 下列器件中，(　　)最适合用在小功率、高开关频率的变换电路中。

　　A. GTR　　　　　　B. IGBT　　　　　　C. MOSFET　　　　　　D. GTO

2. 下列半导体器件中属于电流型控制器件的是(　　)。

　　A. GTR　　　　　　B. MOSFET　　　　　　C. IGBT

3. 比较而言，下列半导体器件中输入阻抗最大的是(　　)。

　　A. GTR　　　　　　B. MOSFET　　　　　　C. IGBT

4. 比较而言,下列半导体器件中输入阻抗最小的是( )。

    A. GTR   B. MOSFET   C. IGBT

5. 电力电子器件一般工作在( )状态。

    A. 开关   B. 线性   C. 直流

6. 下列器件中属于电压驱动的全控型器件是( )。

    A. 电力二极管(power diode)   B. 晶闸管(SCR)

    C. 门极可关断晶闸管(GTO)   D. 电力场效应晶体管(MOSFET)

7. 下列器件中不属于全控型器件的是( )。

    A. 绝缘栅双极晶体管(IGBT)   B. 晶闸管(SCR)

    C. 门极可关断晶闸管(GTO)   D. 电力场效应晶体管(MOSFET)

8. 下列器件中不属于电流驱动型器件的是( )。

    A. 绝缘栅双极晶体管(IGBT)   B. 晶闸管(SCR)

    C. 门极可关断晶闸管(GTO)   D. 电力晶体管(GTR)

9. 具有自关断能力的电力半导体器件称为( )。

    A. 全控型器件   B. 半控型器件   C. 不控型器件   D. 触发型器件

二、填空题

1. GTO 的全称是_____,图形符号为_____;GTR 的全称是_____,图形符号为_____;P-MOSFET 的全称是_____,图形符号为_____;IGBT 的全称是_____,图形符号为_____。

2. GTO 的关断是靠门极加_____出现门极_____来实现的。

3. 电力晶体管简称_____,通常指耗散功率_____以上的晶体管。

4. 在 GTR 和 IGBT 两种自关断器件中,属于电压驱动的器件是_____,属于电流驱动的器件是_____。

5. 按照驱动电路加在电力电子器件控制端和公共端之间的性质,可将电力电子器件分为_____和_____两类。

三、简答题

1. 写出 GTO、GTR、P-MOSFET、IGBT 的中文名称、图形符号及三个极的中英文名称。

2. 与 GTR、MOSFET 相比,IGBT 有何特点?

3. 绝缘栅门极晶体管的特点有哪些?

4. 试简述电力场效应晶体管在应用中的注意事项。

任务 2   直流斩波(DC/DC 变换)电路的调试

学习目标

(1)能正确调试 PWM 控制与驱动电路。

(2)能正确调试各种直流斩波电路。

相关知识

开关电源的核心技术就是 DC/DC 变换电路。DC/DC 变换电路就是将直流电压变换成固定的或可调的直流电压。DC/DC 变换电路广泛应用于开关电源、无轨电车、地铁列车、蓄电池供电的机车车辆的无级变速以及 20 世纪 80 年代兴起的电动汽车的调速及控制。

最基本的直流斩波电路图如图 2-13（a）所示，输入电压为 U_d，负载为纯电阻 R。当开关 S 闭合时，负载电压 $u_o = U_d$，并持续时间 t_{on}；当开关 S 断开时，负载上电压 $u_o = 0$ V，并持续时间 t_{off}，则 $T_s = t_{on} + t_{off}$ 为斩波电路的工作周期，直流斩波电路的输出电压波形如图 2-13（b）所示。若定义直流斩波器的占空比 $D = \dfrac{t_{on}}{T_s}$，则由波形图上可得输出电压的平均值为

$$U_0 = \frac{t_{on}}{t_{on} + t_{off}} U_d = \frac{t_{on}}{T_s} U_d = D U_d \tag{2-1}$$

只要调节 D，即可调节负载的平均电压。

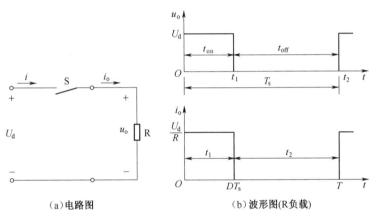

（a）电路图　　　　　　　　　　（b）波形图(R负载)

图 2-13　最基本的直流斩波电路图及其波形

常见的 DC/DC 变换电路有非隔离型（又称直接型）电路、隔离型（又称间接型）电路。非隔离型电路即各种直流斩波电路，根据电路形式的不同可以分为降压式（Buck）电路、升压式（Boost）电路、升降压式（Boost-Buck）电路、库克式（Cuk）斩波电路。其中，降压式斩波电路、升压式斩波电路是基本的形式，升降压式和库克式是它们的组合。

一、降压式斩波电路

1. 电路的结构

降压式斩波电路是一种输出电压的平均值低于输入直流电压的电路。它主要用于直流稳压电源和直流电动机的调速。降压式斩波电路的原理图及工作波形图如图 2-14 所示。图 2-14 中，U_d 为固定电压的输入直流电源，S 为晶体管开关管（可以是电力晶体管，也可以是电力场效应晶体管，图中以开关符号代替），R 为负载，为在 S 关断时给负载中的电感电流提供通道，还设置了续流二极管 VD。

2. 电路的工作原理

$t=0$ 时刻，驱动 S 导通，电源 U_d 向负载供电，忽略 S 的导通压降，负载电压 $U_o = U_d$，负载电流按指数规律上升。

$t=t_1$ 时刻，撤去 S 的驱动使其关断，因感性负载电流不能突变，负载电流通过续流二极管 VD 续流，忽略 VD 导通压降，负载电压 $U_o = 0$ V，负载电流按指数规律下降。为使负载电流连续且脉动小，一般需串联较大的电感 L，L 又称平波电感。

$t=t_2$ 时刻，再次驱动 S 导通，重复上述工作过程。

由于电感电压在稳态时为 0，即一个周期内的平均值必须为 0，因此可推导出：

$$\frac{1}{T_s}\int_0^{T_s} u_L(t)\,dt = 0 \Rightarrow \frac{1}{T_s}\left[(U_d - U_o)DT_s + (-U_o)(1-D)T_s\right] = 0 \tag{2-2}$$

可得

$$U_o = DU_d \tag{2-3}$$

只要调节 D，即可调节负载的平均电压。

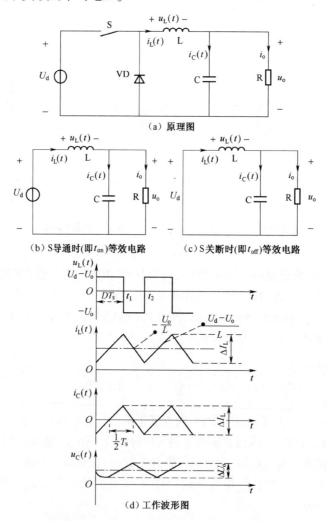

图 2-14　降压式斩波电路的原理图及工作波形图

二、升压式斩波电路

1. 电路的结构

升压式斩波电路的输出电压总是高于输入电压。升压式斩波电路与降压式斩波电路最大的不同点是,斩波控制开关 S 与负载呈并联形式连接,储能电感 L 与负载呈串联形式连接,升压式斩波电路的原理图及工作波形图如图 2-15 所示。

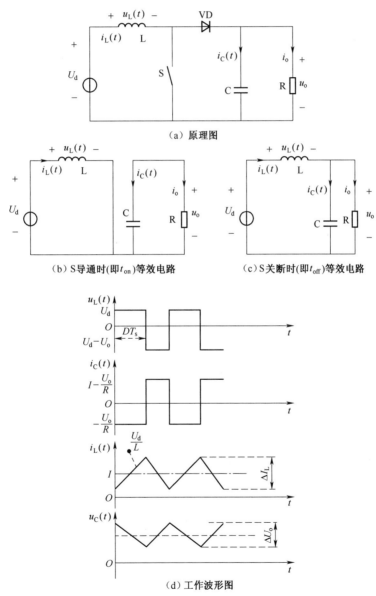

（a）原理图

（b）S 导通时(即 t_{on})等效电路   （c）S 关断时(即 t_{off})等效电路

（d）工作波形图

图 2-15　升压式斩波电路的原理图及工作波形图

2. 电路的工作原理

当 S 导通时(t_{on}),能量储存在 L 中。由于 VD 截止,所以 t_{on} 期间负载电流由 C 供给。在

t_{off}期间,S 截止,储存在 L 中的能量通过 VD 传送到负载和 C,其电压的极性与 U_d 相同,且与 U_d 相串联,提供一种升压作用。

由于电感电压在稳态时为 0,即一个周期内的平均值必须为 0,因此可推导出:

$$\frac{1}{T_s}\int_0^{T_s} u_L(t)\,dt = 0 \Rightarrow \frac{1}{T_s}[U_d D T_s + (U_d - U_o)(1 - D)T_s] = 0 \tag{2-4}$$

可得

$$U_o = \frac{1}{1 - D}U_d \tag{2-5}$$

式(2-5)中输出电压高于电源电压,故称该电路为升压斩波电路。调节 D 的大小,即可改变输出电压 U_o 的大小。

同理,由于电容电流在稳态时为 0,即一个周期内的平均值必须为 0,因此可推导出:

$$\frac{1}{T_s}\int_0^{T_s} i_C(t)\,dt = 0 \Rightarrow \frac{1}{T_s}\left[-\frac{U_o}{R}DT_s + \left(I - \frac{U_o}{R}\right)(1 - D)T_s\right] = 0 \tag{2-6}$$

可得

$$I = \frac{U_o}{(1 - D)R} = \frac{I_o}{1 - D} \tag{2-7}$$

即输入电流与输出电流的关系。

三、升降压式斩波电路

1. 电路的结构

升降压式斩波电路可以得到高于或低于输入电压的输出电压。电路原理图及工作波形图如图 2-16 所示,该电路的结构特征是储能电感与负载并联,续流二极管 VD 反向串联接在储能电感与负载之间。电路分析前可先假设电路中电感 L 很大,使电感电流 i_L 和电容电压及负载电压 u_o 基本稳定。

2. 电路的工作原理

电路的基本工作原理是:S 导通时,电源 U_d 经 S 向 L 供电使其储能,此时二极管 VD 反偏,流过 S 的电流为 i_1。由于 S 反偏截止,电容 C 向负载 R 提供能量并维持输出电压基本稳定,负载 R 及电容 C 上的电压实际极性为上负下正,与电源电压极性相反,如图 2-16(b)所示。

S 关断时,电感 L 极性变反,VD 正偏导通,L 中储存的能量通过 VD 向负载释放,电流为 i_2,同时电容 C 被充电储能。负载电压极性为上负下正,与电源电压极性相反,该电路又称反极性斩波电路,如图 2-16(c)所示。电流工作波形如图 2-16(d)所示。

稳态时,一个周期 T_s 内,电感 L 两端电压 u_L 对时间的积分为零,即

$$\int_0^{T_s} u_L\,dt = 0 \tag{2-8}$$

当 S 处于导通期间,$u_L = U_d$;而当 VT 处于关断态期间,$u_L = -u_o$。于是有

$$U_d t_{on} = U_o t_{off} \tag{2-9}$$

所以,输出电压为

$$U_o = \frac{t_{on}}{t_{off}}U_d = \frac{t_{on}}{T_s - t_{on}}U_d = \frac{D}{1 - D}U_d \tag{2-10}$$

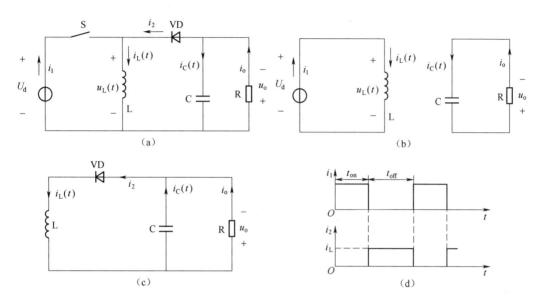

图 2-16　升降压式斩波电路的原理图及工作波形图

式(2-10)中,若改变占空比 D,则输出电压既可高于电源电压,也可能低于电源电压。

由此可知,当 $0<D<1/2$ 时,斩波器输出电压低于直流电源输入,此时为降压斩波器;当 $1/2<D<1$ 时,斩波器输出电压高于直流电源输入,此时为升压斩波器。

四、库克式(Cuk)斩波电路

图 2-17 所示为 Cuk 斩波电路的原理图及等效电路。

S 导通时,E—L1—S 回路和 R—L2—C—S 回路分别流过电流;

S 关断时,E—L1—C—VD 回路和 R—L2—VD 回路分别流过电流;输出电压的极性与电源电压极性相反。等效电路如图 2-17(b)所示。

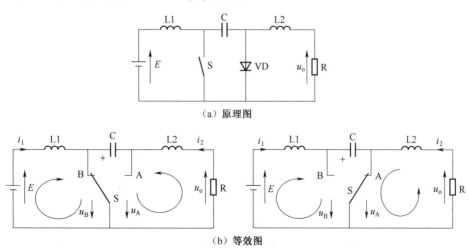

图 2-17　Cuk 斩波电路的原理图及等效电路

输出电压为

$$U_o = \frac{t_{on}}{t_{off}}U = \frac{t_{on}}{T_s - t_{on}}U = \frac{D}{1-D}U \qquad (2-11)$$

若改变占空比 D，则输出电压可以比电源电压高，也可以比电源电压低。当 $0<D<1/2$ 时为降压，当 $1/2<D<1$ 时为升压。这一输入输出关系与升降压斩波电路时的情况相同。但与升降压斩波电路相比，输入电源电流和输出负载电流都是连续的，且脉动很小，有利于对输入/输出进行滤波。

任务要求

（1）SG3525 控制与驱动电路的调试。
（2）Buck 直流斩波电路的调试。

任务分析

SG3525 是典型的 PWM 控制与驱动电路，调试时需要注意观察 11 和 14 引脚的波形，以及二者叠加的波形，并分析以上波形的形状、频率、占空比有何不同。

任务实施

1. SG3525 控制与驱动电路的调试

控制电路以 SG3525 为核心构成，SG3525 为美国 Silicon General 公司生产的专用 PWM 控制集成电路。图 2-18 为 SG3525 控制与驱动电路原理接线图，图 2-19 为实物接线图。11 和 14 引脚输出两路互补的方波。

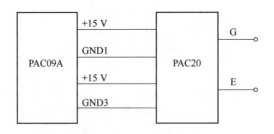

图 2-18　SG3525 控制与驱动电路原理接线图

（1）按图 2-19 接线。
（2）调节 PWM 脉宽调节电位器改变 1 点和 6 点间的电压 U_r（1.4 V、2.0 V、2.5 V），用双踪示波器分别观测 SG3525 的第 11 脚与第 14 脚的波形，观测输出 PWM 信号的变化情况。
（3）用示波器分别观测 A、B 和 PWM 信号的波形，记录其波形类型、频率和幅值。
（4）用双踪示波器的两个探头同时观测 11 引脚和 14 引脚的输出波形，调节 PWM 脉宽调节电位器,观测两路输出的 PWM 信号,测出两路信号的相位差,并测出两路 PWM 信号之间最小的"死区"时间。

2. Buck 直流斩波电路的调试

以 Buck 电路为主电路,进行直流斩波电路的接线。图 2-20 为 Buck 直流斩波电路的原理图和实物部件图。

(1)按图 2-20 接线。检查无误后按"启动"按钮。

(2)用示波器观测 PWM 信号的波形、U_{GE} 的电压波形、U_{CE} 的电压波形及输出电压 U_o 和二极管两端电压 U_D 的波形,注意各波形间的相位关系。

(3)调节 PWM 脉宽调节电位器改变 U_r(1.4 V、2.0 V、2.5 V),观测在不同占空比(D)时,U_i、U_o 和 D 的数值,并画出 $U_o = f(D)$ 的关系曲线。

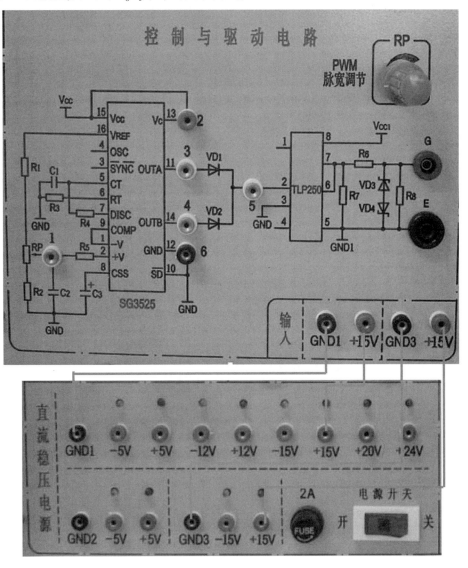

图 2-19　实物接线图

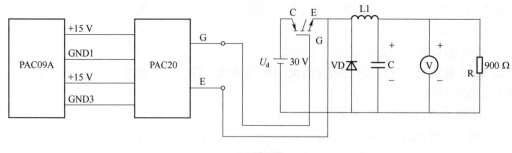

（a）原理图

主电路元件

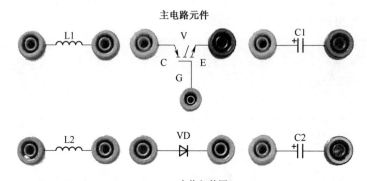

（b）实物部件图

图 2-20　Buck 直流斩波电路的原理图和实物部件图

课后练习

一、单选题

1. 变更斩波器占空比(D)最常用的一种方法是(　　)。

　　A. 既改变斩波周期，又改变开关关断时间

　　B. 保持斩波周期不变，改变开关导通时间

　　C. 保持开关导通时间不变，改变斩波周期

　　D. 保持开关断开时间不变，改变斩波周期

2. 对于升降压式直流斩波器，当其输出电压小于其电源电压时，则有(　　)。

　　A. 占空比 D 无法确定　　B. 0.5<D<1　　C. 0<D<0.5　　D. 以上说法均是错误的

二、填空题

1. 由普通晶闸管组成的直流斩波器通常有_____式，_____式和_____式三种工作方式。

2. 直流斩波器的工作方式中，保持开关周期 T 不变，调节开关导通时间 t_{on}，称为_____控制方式。

3. 开关型 DC/DC 变换电路的三个基本元件是_____、_____和_____。

4. 常见的非隔离型 DC/DC 变换电路有_____、_____、_____、_____和_____。

5. 占空比等于_____与_____之比。

6. 直流斩波电路中开关频率表示为_____,截止频率表示为_____。

三、分析题

1. 降压式斩波电路,已知$E=200$ V,$R=10$ Ω,L值极大。采用脉宽调制控制方式,当控制周期$T=50$ μs,全控开关S的导通时间$t_{on}=20$μs,试完成:

(1)画出降压式斩波电路图。

(2)计算稳态时输出电压的平均值U_o、输出电流的平均值I_o。

2. 降压式斩波电路,输入电压为$27×(1±10\%)$V,输出电压为15 V,求占空比变化范围。

3. 如图2-14(a)所示降压斩波电路,直流电源电压$E=100$ V,斩波频率$f=1$ kHz。若要求输出电压u_d的平均值在25~75 V范围内可调,试计算斩波电路的占空比D的变化范围以及相应的斩波电路的导通时间t_{on}的变化范围。

4. 升压式斩波电路,输入电压为$27×(1±10\%)$V,输出电压为45 V,输出功率为750 W,效率为95%,若等效电阻$R=0.05$ Ω。

(1)求最大占空比;

(2)如果要求输出60 V,是否可能?为什么?

四、简答题

1. 试说明直流斩波器主要有哪几种电路结构?并写出各自的输入/输出电压关系表达式。

2. 画出Buck电路的暂态分解图(分为t_{on}和t_{off}两种状态)。

3. 画出Boost电路的暂态分解图(分为t_{on}和t_{off}两种状态)。

任务3 半桥型开关稳压电源电路的调试

学习目标

(1)能正确调试半桥型开关稳压电源电路。

(2)能正确使用PWM控制方法。

(3)能测试反馈控制对电源稳压性能的影响。

相关知识

直流斩波电路分为隔离与非隔离两种。非隔离的直流斩波电路在任务2中已介绍,下面介绍隔离型直流斩波电路。

一、正激电路

正激电路包含多种不同结构,典型的单开关正激电路原理图及工作波形图如图2-21所示。

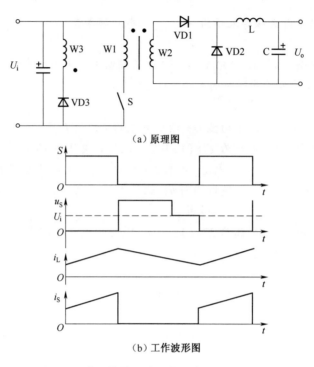

（a）原理图

（b）工作波形图

图 2-21　典型的单开关正激电路原理图及波形图

电路的简单工作过程：开关 S 闭合后，变压器绕组 W1 两端的电压为上正下负，与其耦合的绕组 W2 两端的电压也是上正下负。因此 VD1 处于通态，VD2 为断态，电感上的电流逐渐增加；S 断开后，电感 L 通过 VD2 续流，VD1 关断，L 的电流逐渐下降。S 断开后变压器的励磁电流经绕组 W3 和 VD3 流回电源，所以 S 断开后承受的电压为

$$u_S = \left(1 + \frac{N_1}{N_3}\right) U_i \tag{2-12}$$

式中：N_1——变压器绕组 W1 的匝数；

　　　N_3——变压器绕组 W3 的匝数。

变压器中各物理量的变化过程如图 2-22 所示。

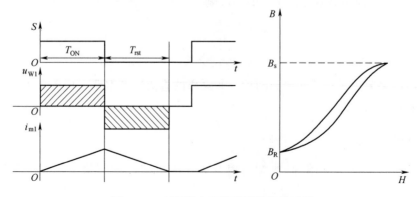

图 2-22　变压器中各物理量的变化过程

开关 S 导通后,变压器的励磁电流 i_{m1} 由零开始,随着时间的增加而线性地增长,直到 S 断开。S 断开后到下一次再导通的一段时间内,必须设法使励磁电流降回零,否则下一个开关周期中,励磁电流将在本周期结束时的剩余值基础上继续增加,并在以后的开关周期中依次累积起来,变得越来越大,从而导致变压器的励磁电感饱和。励磁电感饱和后,励磁电流会更加迅速地增加,最终损坏电路中的开关器件。因此,在 S 断开后使励磁电流降回零是非常重要的,这一过程称为变压器的磁芯复位。

在正激电路中,变压器的绕组 W3 和二极管 VD3 组成复位电路。下面简单分析其工作原理。

开关 S 断开后,变压器励磁电流通过绕组 W3 和 VD3 流回电源,并逐渐线性地下降为零。从 S 断开到绕组 W3 的电流下降到零所需的时间为

$$T_{rst} = \frac{N_3}{N_1} T_{ON} \tag{2-13}$$

S 处于断开的时间必须大于 T_{rst},以保证 S 下次闭合前励磁电流能够降为零,使变压器磁芯可靠复位。

在输出滤波电感电流连续的情况下,即 S 闭合时,电感 L 的电流不为零,输出电压与输入电压的比为

$$\frac{U_o}{U_i} = \frac{N_2}{N_1} \frac{T_{ON}}{T} \tag{2-14}$$

如果输出滤波电感电流不连续,输出电压 U_o 将高于式(2-14)的计算值,并随负载减小而升高,在负载为零的极限情况下,有

$$U_o = \frac{N_2}{N_1} U_i \tag{2-15}$$

二、反激电路

反激电路原理图及工作波形图如图 2-23 所示。

与正激电路不同,反激电路中的变压器起着储能元件的作用,可以看作是一对相互耦合的电感。

S 闭合后,VD 处于断态,绕组 W1 的电流线性增长,电感储能增加;S 断开后,绕组 W1 的电流被切断,变压器中的磁场能量通过绕组 W2 和 VD 向输出端释放。S 断开后承受的电压为

$$u_S = \left(U_i + \frac{N_1}{N_2} \right) U_o \tag{2-16}$$

反激电路可以工作在电流断续和电流连续两种模式:

(1)如果当 S 闭合时,绕组 W2 中的电流尚未下降到零,则称电路工作于电流连续模式。

(2)如果 S 闭合前,绕组 W2 中的电流已经下降到零,则称电路工作于电流断续模式。

当工作于电流连续模式时:

$$\frac{U_o}{U_i} = \frac{N_2}{N_1} \frac{T_{on}}{T_{off}} \tag{2-17}$$

当工作于电流断续模式时,输出电压高于式(2-17)的计算值,并随负载减小而升高,在负载电流为零的极限情况下,$U_o \to \infty$,这将损坏电路中的器件,因此反激电路不应工作于负载开路状态。

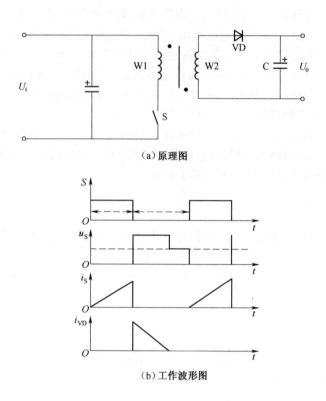

（a）原理图

（b）工作波形图

图 2-23　反激电路原理图及工作波形图

三、推挽电路

推挽电路的原理图及工作波形图如图 2-24 所示。

推挽电路中两个开关 S1 和 S2 交替导通，在绕组 W1 和 W2 两端分别形成相位相反的交流电压。S1 导通时，二极管 VD1 处于通态；S2 导通时，二极管 VD2 处于通态，当两个开关都关断时，VD1 和 VD2 都处于通态，各分担一半的电流，S1 或 S2 导通时电感 L 的电流逐渐上升；当两个开关都关断时，电感 L 的电流逐渐下降。S1 和 S2 断态时承受的峰值电压均为 2 倍 U_i。

如果 S1 和 S2 同时导通，就相当于变压器一次绕组短路，因此应避免两个开关同时导通，每个开关各自的占空比不能超过 50%，还要留有死区。

当滤波电感 L 的电流连续时，有

$$\frac{U_o}{U_i} = \frac{N_2}{N_1}\frac{2T_{ON}}{T}$$ （2-18）

如果输出电感电流不连续，输出电压 U_o 将高于式（2-18）中的计算值，并随负载减小而升高，在负载电流为零的极限情况下，有

$$U_o = \frac{N_2}{N_1}U_i$$ （2-19）

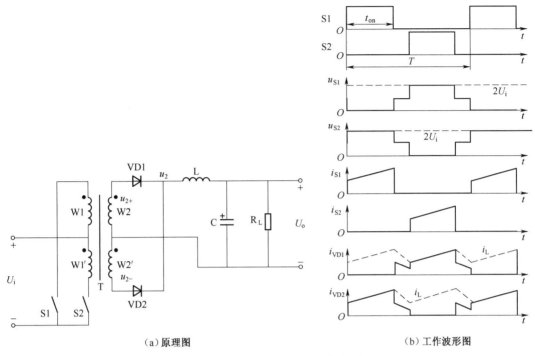

（a）原理图　　　　　　　　　　　　　（b）工作波形图

图 2-24　推挽电路原理图及工作波形图

四、半桥电路

半桥电路的原理图及工作波形图如图 2-25 所示。

在半桥电路中，变压器一次绕组两端分别连接在电容 C1、C2 的中点和开关 S1、S2 的中点。电容 C1、C2 的中点电压为 $U_i/2$。S1 与 S2 交替导通，使变压器一次[侧]形成幅值为 $U_i/2$ 的交流电压。改变开关的占空比，就可改变二次整流电压 U_d 的平均值，也就改变了输出电压 U_o。

S1 导通时，二极管 VD1 处于通态，S2 导通时，二极管 VD2 处于通态，当两个开关都关断时，变压器绕组 W1 中的电流为零，根据变压器的磁动势平衡方程，绕组 W2 和 W3 中的电流大小相等、方向相反，所以 VD1 和 VD2 都处于通态，各分担一半的电流。S1 或 S2 导通时电感上的电流逐渐上升，两个开关都关断时，电感上的电流逐渐下降。S1 和 S2 断态时承受的峰值电压均为 U_i。

由于电容的隔直作用，半桥电路对由于两个开关导通时间不对称而造成的变压器一次电压的直流分量有自动平衡作用，因此不容易发生变压器的偏磁和直流磁饱和。

为了避免上下两开关在换流的过程中发生短暂的同时导通现象而造成短路，损坏开关器件，每个开关各自的占空比不能超过 50%，并应留有裕量。

当滤波电感 L 的电流连续时，有

$$\frac{U_o}{U_i} = \frac{N_2}{N_1}\frac{T_{ON}}{T} \tag{2-20}$$

当滤波电感的电流不连续时,输出电压 U_o 将高于式(2-20)中的计算值,并随负载减小而升高,在负载电流为零的极限情况下,有

$$U_o = \frac{N_2}{N_1} \frac{U_i}{2} \tag{2-21}$$

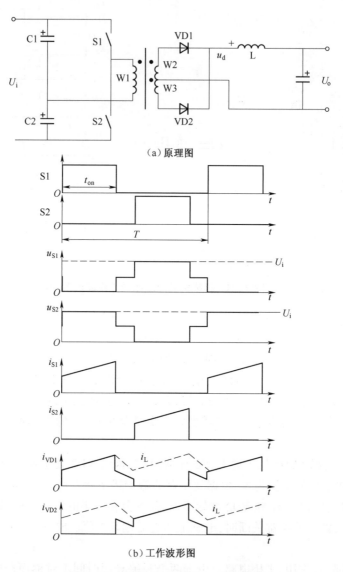

（a）原理图

（b）工作波形图

图 2-25 半桥电路原理图及工作波形图

五、全桥电路

全桥电路原理图及工作波形图如图 2-26 所示。

全桥电路中互为对角的两个开关同时导通,而同一侧半桥上下两开关交替导通,将直流电压变成幅值为 U_i 的交流电压,加在变压器一次[侧]。改变开关的占空比,就可以改变 U_d 的平

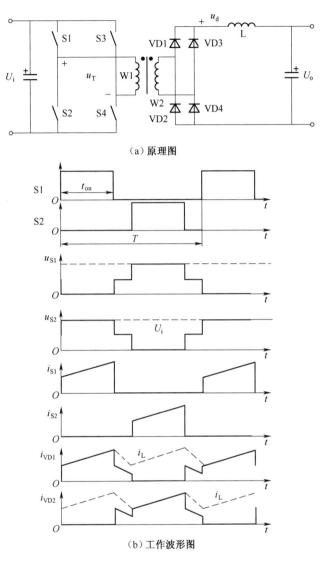

（a）原理图

（b）工作波形图

图 2-26　全桥电路原理图及工作波形图

均值,也就改变了输出电压 U_o。

当 S1 与 S4 导通后,二极管 VD1 和 VD4 处于通态,电感 L 的电流逐渐上升;当 S2 与 S3 开通后,二极管 VD2 和 VD3 处于通态,电感 L 的电流也上升。当四个开关都关断时,四个二极管都处于通态,各分担一半的电感电流,电感 L 的电流逐渐下降。S1 和 S4 断态时承受的峰值电压均为 U_i。

若 S1、S4 与 S2、S3 的导通时间不对称,则交流电压 u_T 中将含有直流分量,会在变压器一次电流中产生很大的直流分量,并可能造成磁路饱和,因此全桥电路应注意避免电压直流分量的产生,也可以在一次回路电路中串联一个电容,以阻断直流电流。

为了避免同一侧半桥中上、下两开关在换流的过程中发生短暂的同时导通现象而损坏开关,每个开关各自的占空比不能超过 50% ,并应留有一定裕量。

当滤波电感 L 的电流连续时,有

$$\frac{U_o}{U_i} = \frac{N_2}{N_1} \frac{2T_{ON}}{T} \tag{2-22}$$

当滤波电感的电流不连续时,输出电压 U_o 将高于式(2-22)中的计算值,并随负载减小而升高,在负载电流为零的极限情况下,有

$$U_o = \frac{N_2}{N_1} U_i \tag{2-23}$$

任务要求

(1)控制与驱动电路的调试。
(2)半桥型开关直流稳压电源的调试。

任务分析

SG3525 控制与驱动电路也适用于隔离型直流斩波电路。线性电源中,核心器件是晶体管,工作在线性区;而开关电源中,核心器件是全控型器件,工作在饱和区和截止区,类似于"开通"和"关断",开关频率可以很高,所以称为开关电源。

任务实施

半桥型开关直流稳压电源的电路结构原理和各元器件均已画在 PAC23 挂箱的面板上,并有相应的输入与输出接口和必要的测试点。电路的结构框图如图 2-27 所示。

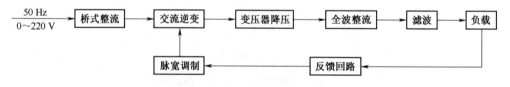

图 2-27 电路的结构框图

1. 控制与驱动电路的调试

图 2-28 是控制与驱动电路实物图。调节 U_r 的大小,在 OUTA、OUTB 两端可输出两个幅度相等、频率相等、相位相互错开 180°、占空比可调的矩形波(即 PWM 信号)。

(1)接通 PAC23 电源。
(2)将 SG3525 的第 1 引脚与第 9 引脚短接(接通开关 K),使系统处于开环状态。
(3)SG3525 各引出脚信号的观测:调节 PWM 脉宽调节电位器,用示波器观测 5、11、14 测试点信号的变化规律,然后调定在一个较典型的位置上,记录各测试点的波形参数(包括波形类型、幅度 A、频率 f、占空比和脉宽 t)。

(4)用双踪示波器的两个探头同时观测 11 引脚和 14 引脚的输出波形,调节 PWM 脉宽调

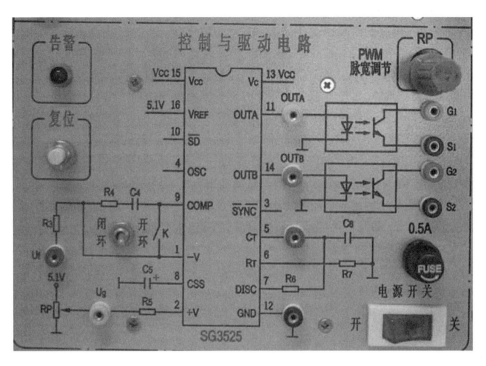

图 2-28　控制与驱动电路实物图

节电位器,观测两路输出的 PWM 信号,找出占空比随 U_g 的变化规律,并测量两路 PWM 信号之间的"死区时间" $t_{dead}=$ _____。

2. 半桥型开关直流稳压电源的调试

半桥型开关直流稳压电源实物图如图 2-29 所示。

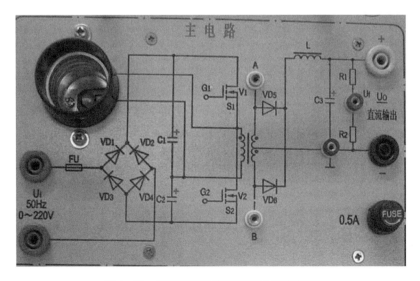

图 2-29　半桥型开关直流稳压电源实物图

（1）主电路开环特性测试：

①按面板上主电路的要求在逆变输出端装入 220 V/15 W 的白炽灯,在直流输出两端接入负载电阻,并将主电路接至 MEC01 的一相交流可调电压（0~250 V）输出端。

②逐渐将输入电压 U_i 从 0 调到约 50 V,使白炽灯有一定的亮度。调节 u_g（1.3 V、2.0 V、3.0 V）,即调节占空比,用示波器的一个探头分别观测两只 MOSFET 的栅-源电压和直流输出电压的波形。用双踪示波器的两个探头同时观测变压器二次[侧]及两个二极管两端的波形,改变脉宽,观察这些波形的变化规律。记录相应的占空比、U_{t2}、U_o 的值。

③将输入交流电压 U_i 调到 200 V,用示波器的一个探头分别观测逆变桥的输出变压器二次[侧]和直流输出的波形,记录波形参数及直流输出电压 U_o 中的纹波。

④在直流电压输出侧接入直流电压表和电流表。在 U_i = 200 V 时,在一定的脉宽下,进行电源的负载特性测试,即调节可调电阻负载 R,测定直流电源输出端的伏安特性：$U_o = f(I)$；令 U_g = _____ V（参考值为 2.2 V）。

⑤在一定的脉宽下,保持负载不变,使输入电压 U_i 在 200 V 左右调节（100 V、120 V、140 V、160 V、180 V、200 V、220 V、240 V、250 V）,测量占空比、直流输出电压 U_o 和电流 I,测定电源电压变化对输出的影响。

⑥上述各调试步骤完毕后,将输入电压 U_i 调回零位。

（2）主电路闭环特性测试：

①准备工作：

a. 断开控制与驱动电路中的开关 K；

b. 将主电路的反馈信号 U_f 接至控制电路的 U_f 端,使系统处于闭环控制状态。

② 重复主电路开环特性测试的各步骤。

课后练习

一、填空题

1. 常见的隔离型 DC/DC 变换电路有 _____、_____、_____、_____ 和 _____。

2. 正激电路是由 _____ 电路演化而来的,反激电路是由 _____ 电路演化而来的。

3. 正激电路的输入/输出表达式为 _____,反激电路的输入/输出表达式为 _____。

4. 反激电路不应工作在 _____ 状态,否则会损坏电路器件。

5. _____ 电路需要磁芯复位。（正激、反激）

二、简答题

1. 常见的非隔离型斩波电路有哪几种？写出它们的中英文名称。

2. 画出典型的正激电路主电路图。

3. 画出典型的反激电路主电路图。

4. 画出典型的半桥电路主电路图。

5. 画出典型的全桥电路主电路图。

一、开关电源

开关电源就是通过电路控制开关管进行高速的导通与截止。将直流电转化为高频率的交流电提供给变压器进行变压,从而产生所需要的一组或多组电压。转化为高频交流电的原因是高频交流在变压器变压电路中的效率要比 50 Hz 高很多。所以,开关变压器可以做得很小,而且工作时不是很热,成本也很低。开关电源大体可以分为隔离型和非隔离型两种,隔离型的必定有开关变压器,而非隔离型的未必一定有。简单地说,开关电源的工作原理如下:

(1)交流电源输入经整流滤波成直流,交流电源输入时一般要经过扼流圈等,过滤掉电网上的干扰,同时也过滤掉电源对电网的干扰。

(2)通过高频 PWM(脉冲宽度调制)信号控制开关管,将那个直流加到开关变压器一次[侧]上,在功率相同时,开关频率越高,开关变压器的体积就越小,但对开关管的要求就越高。

(3)开关变压器二次[侧]感应出高频电压,经整流滤波供给负载,开关变压器的二次[侧]可以有多个绕组或一个绕组有多个抽头,以得到需要的输出。

(4)输出部分通过一定的电路反馈给控制电路,控制 PWM 占空比,以达到稳定输出的目的,一般还应该增加一些保护电路,比如空载、短路等保护,否则可能会烧毁开关电源。

计算机开关电源的发展经过了 AT、ATX、ATX12V 三个发展阶段。开关电源电路按其组成功能分为:交流输入整流滤波电路、脉冲半桥功率变换电路、辅助电源电路、脉宽调制控制电路、PS-ON 和 PW-OK 产生电路、自动稳压与保护控制电路、多路直流稳压输出电路。ATX 电源电路原理图如图 2-30 所示。

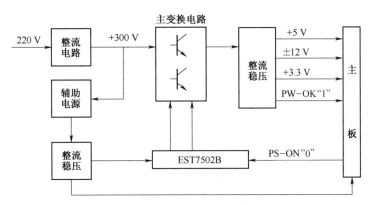

图 2-30 ATX 电源电路原理图

二、电力电子整流电路的保护

整流电路的保护主要是晶闸管的保护,因为晶闸管元件有许多优点,但与其他电气设备相比,过电压、过电流能力差,短时间的过电流、过电压都可能造成元件损坏。为使晶闸管装置能正常工作而不损坏,只靠合理选择元件还不行,还要设计完善的保护环节,以防不测。具体保护电路主要有以下这些：

1. 过电压保护

过电压保护有交流侧保护、直流侧保护和器件保护。过电压保护设置如图 2-31 所示。

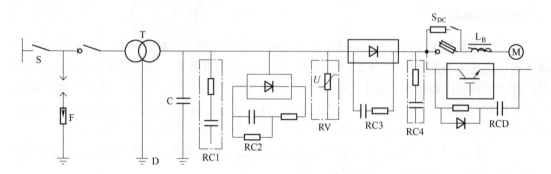

图 2-31　过电压保护设置

F—避雷器；D—变压器静电屏蔽层；C—静电感应过电压抑制电容；

RC1—阀侧浪涌过电压抑制用 RC 电路；RC2—阀侧浪涌过电压抑制用反向阻断式 RC 电路；RV—压敏电阻过电压抑制器；

RC3—阀器件换相过电压抑制用 RC 电路；RC4—直流侧 RC 抑制电路；RCD—阀器件关断过电压抑制用 RCD 电路

电力电子装置可视具体情况只采用其中的几种。其中，RC3 和 RCD 为抑制内因过电压的措施，属于缓冲电路范畴。外因过电压抑制措施中，RC 过电压抑制电路最为常见。RC 过电压抑制电路可接于供电变压器的两侧（供电网一侧称为网侧，电力电子电路一侧称为阀侧），或电力电子电路的直流侧。下面分类介绍过电压保护。

1）RC 吸收回路（操作过电压、换相过电压、关断过电压）

（1）器件侧。晶闸管关断引起的过电压，可达工作电压峰值的 5~6 倍，由线路电感（主要是变压器漏感）释放能量而产生。一般情况采用的保护方法是在晶闸管的两端并联 RC 吸收电路，如图 2-32 所示。

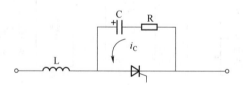

图 2-32　用阻容吸收抑止晶闸管关断过电压

阻容保护的数值一般根据经验选定，见表 2-2。

表 2-2　阻容保护的经验数据

晶闸管额定电流/A	10	20	50	100	200	500	1 000
电容/μF	0.1	0.15	0.2	0.25	0.5	1	2
电阻/Ω	100	8	40	20	10	5	2

电容耐压可选加在晶闸管两端工作电压峰值 U_m 的 1.1~1.5 倍。

电阻功率 P_R 为

$$P_R = fCU_m^2 \times 10^{-6} \tag{2-24}$$

式中　　f——电源频率,Hz;

　　　　C——与电阻串联电容值,mF;

　　　　U_m——晶闸管工作电压峰值,V。

目前阻容保护参数计算还没有一个比较理想的公式,因此在选用阻容保护元件时,在根据上述介绍公式计算出数据后,还要参照以往用得较好且相近的装置中的阻容保护元件参数进行确定。

(2)网侧(变压器前)。

(3)交流侧或阀侧(变压器后)。

(4)直流侧(整流后)。

网侧、交流侧、直流侧的位置如图2-33所示。

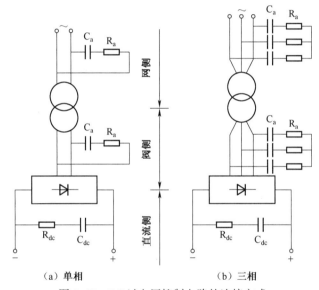

图2-33　RC过电压抑制电路的连接方式

其中,交流侧RC吸收回路的接法有以下几种,如图2-34所示。网侧RC吸收回路的接法类似。

阻容吸收保护简单可靠,应用较广泛,但会发生雷击或从电网侵入很大的浪涌电压,对于能量较大的过电压不能完全抑制。根据稳压管的稳压原理,目前较多采用非线性元件吸收装置,接入整流变压器二次[侧],以吸收较大的过电压能量。常用的非线性元件有硒堆和压敏电阻等。

2)硒堆(吸收浪涌过电压)

常用的硒堆就是成组串联的硒整流片。单相时,用两组对接后再与电源并联;三相时,用三组对接成星形(丫)或用六组接成三角形(△),如图2-35所示。

采用硒堆保护的优点是它能吸收较大的浪涌能量,缺点是硒堆的体积大,反向伏安特性不陡,并且长期放置不用会产生"储存老化",即正向电阻增大,反向电阻降低,性能变坏,失去效用。使用前必须先经过"化成",才能复原。"化成"的方法是:先加50%的额定交流电压10 min,再加额定交流电压2 h。由此可见,硒堆并不是一种理想的保护元件。

（a）单相连接　（b）三相星形连接　（c）三相三角形连接　（d）三相整流连接

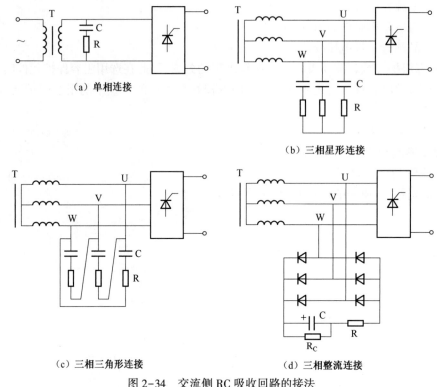

图 2-34　交流侧 RC 吸收回路的接法

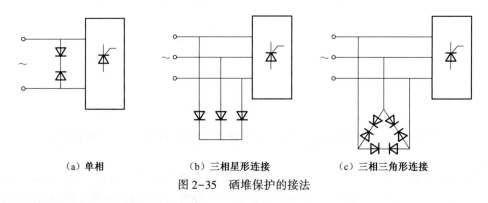

（a）单相　（b）三相星形连接　（c）三相三角形连接

图 2-35　硒堆保护的接法

3）压敏电阻（吸收浪涌过电压）

金属氧化物压敏电阻是近几年发展的一种新型过电压保护元件。它在电路中用文字符号 RV 或 R 表示，图 2-36 是其图形符号。它是由氧化锌、氧化铋等烧结制成的非线性电阻元件，在每一颗氧化锌晶粒外面裹着一层薄的氧化铋，构成类似硅稳压管的半导体结构，具有正反向都很陡的稳压特性。

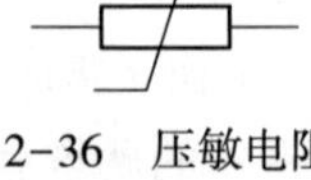

图 2-36　压敏电阻的图形符号

正常工作时，压敏电阻没有击穿，漏电流极小（微安级），故损耗小；遇到尖峰过电压时，可通过高达数千安的放电电流，因此抑制过电压的能力强。此外，还具有反应快、体积小、价格便宜等优点，是一种较理想的保护元件，目前已逐步取代硒堆保护。

由于压敏电阻正反向特性对称,因此在单相电路中用一个压敏电阻,而在三相电路中用三个压敏电阻接成星形或三角形,常用的几种接法如图 2-37 所示。压敏电阻的主要缺点是平均功率太小,仅有数瓦,一旦工作电压超过它的额定电压,很短时间内就会被烧毁。

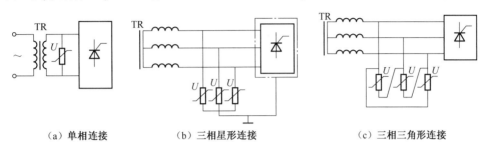

（a）单相连接　　　　　（b）三相星形连接　　　　　（c）三相三角形连接

图 2-37　压敏电阻保护的接法

需要注意的是,直流侧保护可采用阻容保护和压敏电阻保护。但采用阻容保护易影响系统的快速性,并且会造成 $\mathrm{d}i/\mathrm{d}t$ 加大。因此,一般不采用阻容保护,而只用压敏电阻作为过电压保护,如图 2-38 所示。

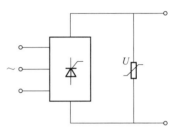

图 2-38　直流侧压敏电阻保护电路的接法

2. 过电流保护

由于电力电子器件管芯体积小,热容量小,特别在高电压、大电流应用时,结温必须受到严格控制。当器件中流过大于额定值的电流时,热量来不及散发,使得器件温度迅速升高,最终烧坏器件。通常采用的保护措施如图 2-39 所示。

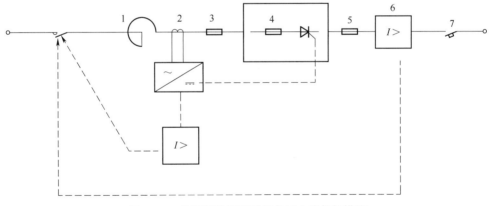

图 2-39　晶闸管装置可采用的过电流保护措施

1—进线电抗限流;2—电流检测和过电流继电器;
3,4,5—快速熔断器;6—过电流继电器;7—直流快速开关

1）电抗器保护

在交流进线中串联电抗器（称为交流进线电抗）或采用漏抗较大的变压器是限制短路电流以保护晶闸管的有效办法,缺点是在有负载时要损失较大的电压降。

2）灵敏过电流继电器保护

继电器可装在交流侧或直流侧,在发生过电流故障时动作,使交流侧自动开关或直流侧接触器跳闸。由于过电流继电器和自动开关或接触器动作需要几百毫秒,故只能保护由于机械过载引起的过电流,或在短路电流不大时,才能对晶闸管起保护作用。

3)直流快速开关保护

在大容量、要求高、经常容易短路的场合,可采用装在直流侧的直流快速开关作为直流侧的过载与短路保护。这种直流快速开关经特殊设计,它的开关动作时间只有 2 ms,全部断弧时间仅 25~30 ms,目前国内生产的直流快速开关为 DS 系列。从保护角度看,直流快速开关的动作时间和切断整定电流值应该和限流电抗器的电感相协调。

4)快速熔断器保护

熔断器是最简单有效的保护元件,针对晶闸管、硅整流元件过电流能力差,专门制造了快速熔断器,简称快熔。与普通熔断器相比,它具有快速熔断特性,通常能做到当电流为 5 倍额定电流时,熔断时间小于 0.02 s,在流过通常的短路电流时,快熔能保证在晶闸管损坏之前,切断短路电流,故适用于短路保护场合。快熔可以安装在直流侧、交流侧和直接与晶闸管串联,如图 2-40 所示。

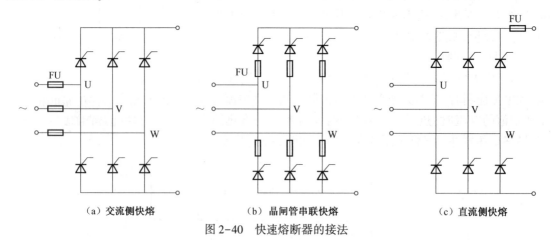

（a）交流侧快熔　　　　　　　　　（b）晶闸管串联快熔　　　　　　　　（c）直流侧快熔

图 2-40　快速熔断器的接法

其中,以图 2-40(b)接法时保护晶闸管最为有效;图 2-40(c)只能在直流侧过载、短路时起作用,图 2-40(a)对交流、直流侧过电流均起作用,但正常运行时通过快熔的有效值电流往往大于流过晶闸管中的有效值电流,故在产生过电流时对晶闸管的保护作用就差一些,使用时可根据实际情况选用其中的一两种甚至三种全用上。

3.电压与电流上升率的限制

(1)电压上升率 du/dt 的限制。正向电压上升率 du/dt 较大时,会使晶闸管误导通。因此,作用于晶闸管的正向电压上升率应有一定的限制。

造成电压上升率 du/dt 过大的原因,一般有两点:

①由电网侵入的过电压。

②由于晶闸管换相时相当于线电压短路,换相结束后线电压又升高,每一次换相都可能造成 du/dt 过大。

限制 du/dt 过大可在电源输入端串联电感或在晶闸管每个桥臂上串联电感,利用电感的滤波特性,使 du/dt 降低。串联电感后的电路如图 2-41、图 2-42 所示。

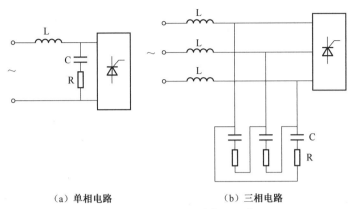

（a）单相电路　　　　　　　　（b）三相电路

图 2-41　电源输入端串联电感

（2）电流上升率 di/dt 的限制。导通时电流上升率 di/dt 太大，则可能引起门极附近过热，造成晶闸管损坏。因此，对晶闸管的电流上升率 di/dt 必须有所限制。

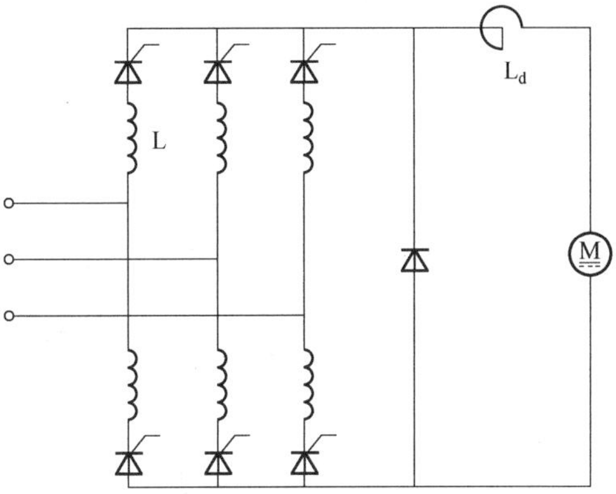

造成电流上升率 di/dt 过大的原因，一般有三点：

①晶闸管导通时，与晶闸管并联的阻容保护元件中的电容突然向晶闸管放电。

②交流电源通过晶闸管向直流侧保护电容充电。

③直流侧负载突然短路。

限制 di/dt，除在阻容保护元件中选择合适的电阻外，也可采用与限制 du/dt 相同的措施，即在每个桥臂上串联一个电感。

图 2-42　晶闸管每个桥臂上串联电感

限制 du/dt 和 di/dt 的电感，可采用空心电抗器，要求 $L \geqslant 20 \sim 30 \mu H$；也可采用铁芯电抗器，$L$ 值可偏大一些。在容量较小的系统中，也可把接晶闸管的导线绕上一定圈数，或在导线上套一个或几个磁环来代替桥臂电抗器。

项目❸ 龙门刨工作台直流调速系统的分析与调试

龙门刨床主要用来加工各种平面、斜面、槽,更适于加工大型而狭长的工件,如机床床身、横梁、导轨和箱体等。龙门刨床在进行刨削加工时,主运动是工作台的往复运动,如图3-1所示,常采用晶闸管组成的直流调速系统来控制。

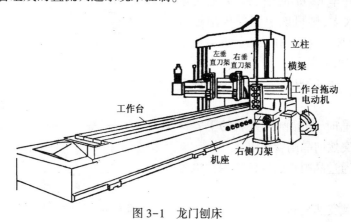

图3-1 龙门刨床

在本项目中,将介绍晶闸管直流调速系统,分析其工作原理;连接并测试其性能。

任务1 认识直流调速系统

🔲 学习目标

(1)认识直流调速系统的组成。
(2)会用功能框图来描述直流调速系统。
(3)会分析直流调速系统的工作原理。

📖 相关知识

一、自动控制系统基本概念

系统是由一些部件组成,用以完成一定的任务。自动控制系统是指一些相关部件组合在一起,在人不直接参与的情况下,使机器、设备等自动地按照预定的规律运行或变化。

1. 自动控制系统的框图表示及常用术语

自动控制系统功能可用框图表示,如图 3-2 所示,表达了控制系统各组成功能部件之间的相互关系。每个功能部件(如调节器、执行器、被控对象、检测元件)用一个方框表示,箭头表示信号的输入/输出通道,"⊗"表示比较环节,对指向该环节的所有输入信号进行代数运算后输出一路信号,最右边的方框习惯于表示被控对象,其输出信号即为被控量,而系统的总输入量包括给定值、测量值及扰动。

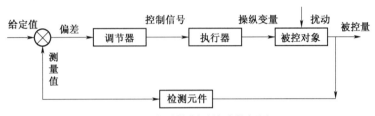

图 3-2 自动控制系统功能框图

自动控制系统常用术语:

(1)环节:是系统的一个组成部分,它由控制系统中的一个或多个部件组成,其任务是完成系统工作过程中的部分功能。例如,图 3-2 中的调节器、执行器、被控对象、检测元件等。

(2)被控对象:由一些器件组合而成的设备,即被控制物体。

(3)被控量:与被控对象相关的工艺参数。

(4)给定值:由给定装置提供的被控变量的预设值。

(5)测量值:由检测元件对被控量进行检测后反馈到输入端的值。

(6)偏差:给定值与测量值比较后的差值。

(7)调节器:将测量值和给定值进行比较,得出偏差之后,根据一定的调节规律,对偏差信号进行放大、积分等运算处理,输出控制信号,推动执行机构动作。

(8)执行元件:驱动被控对象的环节。

(9)操纵变量:受执行器操纵,使被控变量保持设定值。

(10)扰动:给定信号以外,作用在控制系统上一切会引起被控量变化的因素,如果扰动产生于系统内部,称为内扰;如果扰动来自于系统外部,称为外扰。

(11)负反馈控制:在有扰动作用等的情况下,减小系统输出量与给定输入量之间产生偏差的控制作用称为负反馈控制。

(12)开环控制系统:系统的输出量对系统的控制作用没有直接影响。在开环控制系统中,由于不存在输出对输入的反馈,因此没有任何闭合回路。

(13)闭环控制系统:系统的输出量对系统的控制作用有直接影响。在闭环控制系统中,系统的输出量经测量后反馈到输入端,形成了闭合回路。

2. 自动控制系统的性能指标

自动控制系统基本要求是:稳、快、准。通过系统的稳定性、动态性能和稳态性能体现。

(1)系统的稳定性:控制系统的输出量在 $0\sim t_1$ 间处于某一稳定值,如图 3-3 所示,当施加某扰动作用(或给定值发生变化)时,输出量将会偏离原来的稳定值(或跟随给定值),但由于反馈环节的作用,系统回到(或接近)原来的稳定值而稳定下来,如图 3-3(a)所示,该系统称为稳定系统;反之,使系统输出量出现发散,则为不稳定系统,如图 3-3(b)所示。还可能出现一种情况,即系统最终既不能返回原来的平衡状态,也不是无限地偏离原来的状态,如输出为等幅振荡成为某一常量,这种情况系统是处在稳定边界。对任何自动控制系统,首要的条件是系统能稳定运行。稳定性的判别方法较多,通常可以采用劳斯判据来判定系统稳定性。

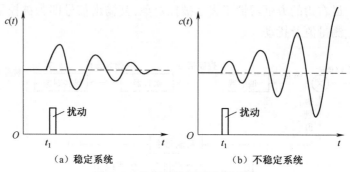

（a）稳定系统　　　　　　　（b）不稳定系统

图 3-3　稳定系统和不稳定系统

（2）系统的动态性能:当系统突加给定信号(或系统输入量发生变化)时,系统的输出量随时间变化的规律。图 3-4 所示为系统突加给定信号的动态响应曲线。

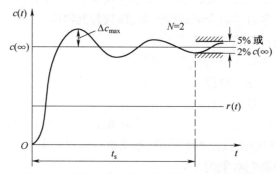

图 3-4　系统对突加给定信号的动态响应曲线

表征这个动态性能的指标通常有:最大超调量(σ)、调整时间(t_s)和振荡次数(N)。

①最大超调量(σ)。最大超调量是输出量 $c(t)$ 与稳态值 $c(\infty)$ 的最大偏差 Δc_{max} 与稳态值 $c(\infty)$ 之比,即 $\sigma = \dfrac{\Delta c_{max}}{c(\infty)} \times 100\%$,反映系统动态稳定性能。最大超调量越小,则说明系统瞬态过程进行得越平稳。不同的控制系统,对最大超调量的要求也不同,例如,对一般调速系统,可允许 σ 为 10% ~35% ;轧钢机的初轧机要求 σ 小于 10% ;连轧机则要求 σ 小于 2% ~5% ;张力控制的卷绕机和造纸机等,则不允许有超调量。

②调整时间(t_s)。调整时间 t_s 是指系统输出响应进入并一直保持在离稳态值 $c(\infty)$ 允许误差带内所需要的最短时间。在实际应用中,允许误差带 $\delta_c(\infty)$ 通常取 2% $c(\infty)$ 或 5% $c(\infty)$,如图 3-4 所示。调整时间用来表征系统的瞬态过程时间,反映系统的快速性。调整时间 t_s 越小,系统快速性越好,如连轧机 t_s 为 0.2~0.5 s ,造纸机为 0.3 s 。

③振荡次数(N)。振荡次数是指在调整时间 t_s 内,输出量在稳态值上下摆动的次数。如

图 3-4 所示的系统,振荡次数为 2 次。振荡次数越少,表明系统动态稳定性能好。例如,普通机床一般可允许振荡 2~3 次,龙门刨床与轧钢机允许振荡 1 次,而造纸机则不允许有振荡。

(3)系统的稳态性能:表征稳态性能的指标是稳态误差 e_{ss}。当系统进入稳定运行状态后,系统的实际输出与期望输出的接近程度可表示为 $t \to \infty$ 时,$e(t)$ 的值,e_{ss} 可采用相关文献所提的静态误差系数法计算。e_{ss} 用来反映系统的稳态精度。稳态误差 e_{ss} 越小,则系统的稳态精度越高。当 $e_{ss} = 0$ 时,系统为无静差系统,如图 3-5(a)所示;当 $e_{ss} \neq 0$ 时,系统为有静差系统,如图 3-5(b)所示。

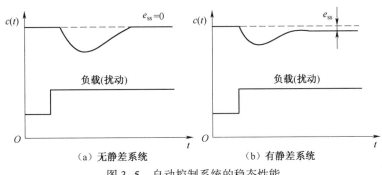

图 3-5　自动控制系统的稳态性能

实际情况中,系统的输出量进入并一直保持在某个允许的足够小的误差范围(误差带)内,就认为系统进入了稳定运行,此误差带的数值即看作系统的稳态误差。

一般说来,在同一个系统中上述指标往往是相互矛盾的,这就需要根据具体对象所提出的要求,对其中的某些指标有所侧重,同时又要注意统筹兼顾。因此,在确定技术性能指标要求时,既要保证能满足实际工程的需要(并留有一定的裕量),又要考虑系统成本,因为过高的性能指标要求意味着昂贵的价格。

二、直流调速方法

根据直流电动机转速方程 $n = \dfrac{U - IR}{C_e \Phi}$,可以看出,有三种方法调节直流电动机的转速:调节电枢供电电压 U;减弱励磁磁通 Φ;改变电枢回路电阻 R。

上述转速方程中,n 为转速(r/min);U 为电枢电压(V);I 为电枢电流(A);R 为电枢回路总电阻(Ω);Φ 为励磁磁通(Wb);C_e 为由直流电动机结构决定的电动势常数。

1. 调压调速

(1)工作条件:保持励磁磁通 $\Phi = \Phi_N$;保持电阻 $R = R_a$。

(2)调节过程:改变电压 $U_N \to U \downarrow$,$U \downarrow \to n \downarrow$,$n_0 \downarrow$。

(3)调速特性:转速下降,机械特性曲线平行下移。

调压调速特性曲线如图 3-6 所示。

2. 调阻调速

(1)工作条件:保持励磁磁通 $\Phi = \Phi_N$;保持电压 $U = U_N$。

(2)调节过程:增加电阻 $R_a \to R \uparrow$,$R \uparrow \to n \downarrow$,$n_0$ 不变。

（3）调速特性：转速下降，机械特性曲线变软。

调阻调速特性曲线如图 3-7 所示。

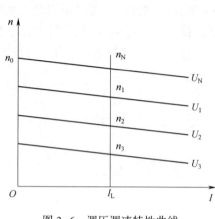

图 3-6　调压调速特性曲线

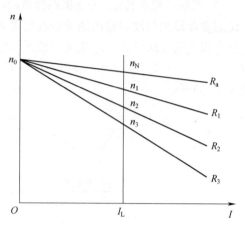

图 3-7　调阻调速特性曲线

3. 调磁调速

（1）工作条件：保持电压 $U=U_N$；保持电阻 $R=R_a$。

（2）调节过程：减小励磁磁通 $\Phi_N \rightarrow \Phi \downarrow$，$\Phi \downarrow \rightarrow n \uparrow$，$n_0 \uparrow$。

（3）调速特性：转速上升，机械特性曲线变软。

调磁调速特性曲线如图 3-8 所示。

三种调速方法的性能与比较：对于要求在一定范围内无级平滑调速的系统来说，以调节电枢供电电压的方式为最好；改变电枢回路电阻只能有级调速；减弱励磁磁通虽然能够平滑调速，但调速范围不大，往往只是配合调压方案，在基速（即电动机额定转速）以上进行小范围的弱磁升速。因此，自动控制的直流调速系统往往以调压调速为主。

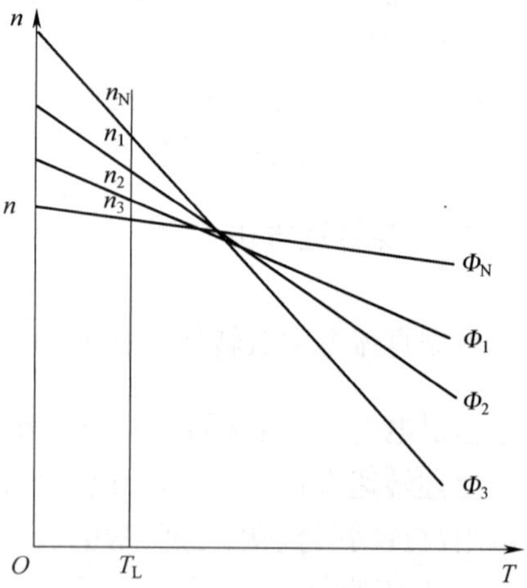

三、直流调压电源

调节直流电动机电枢两端电压的装置有：旋转变流机组，静止式可控整流器，直流斩波器或脉宽调制变换器。

图 3-8　调磁调速特性曲线

1. 旋转变流机组

由交流电动机和直流发电机组成机组，可以获得可调的直流电压。由原动机（柴油机、交流异步电动机或同步电动机）拖动直流发电机 G 实现变流，由直流发电机 G 给需要调速的直流电动机 M 供电，调节 G 的励磁电流 i_f 即可改变其输出电压 U，从而调节电动机的转速 n。这样的调速系统简称 G-M 系统，国际上通称 Ward-Leonard 系统。旋转变流机组调速示意图如图 3-9 所示。

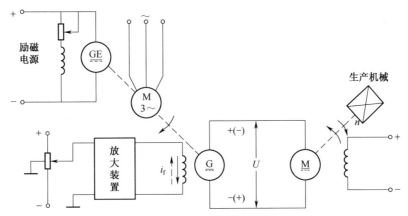

图 3-9　旋转变流机组调速示意图

2. 静止式可控整流器

由晶闸管组成的静止式可控整流器,可以获得可调的直流电压,如图 3-10 所示。晶闸管-电动机调速系统简称 V-M 系统,又称静止的 Ward-Leonard 系统。图 3-10 中 VT 是晶闸管可控整流器,通过调节触发装置 GT 的控制电压 U_{ct} 来移动触发脉冲的相位,即可改变输出电压 U_{d0},从而实现平滑调速。

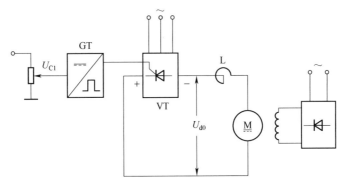

图 3-10　静止式可控整流装置调速示意图

3. 直流斩波器或脉宽调制变换器

用恒定直流电源或不控整流电源供电,利用电力电子开关器件斩波或进行脉宽调制,以产生可变的平均电压。在原理图 3-11(a)中,VT 表示电力电子开关器件,VD 表示续流二极管。当 VT 导通时,直流电源电压 U_s 加到电动机上;当 VT 关断时,直流电源与电动机脱开,电动机电枢经 VD 续流,两端电压接近于零。如此反复,电枢端电压波形如图 3-11(b),好像是电源电压 U_s 在 t_{on} 时间内被接上,又在 $(T-t_{on})$ 时间内被斩断,故称为"斩波"。

电动机得到的平均电压为

$$U_d = \frac{t_{on}}{T}U_s = \rho U_s$$

式中:T——晶闸管的开关周期;

　　　t_{on}——开通时间;

ρ ——占空比, $\rho = t_{\mathrm{on}}/T = t_{\mathrm{on}}f(f$ 为开关频率)。

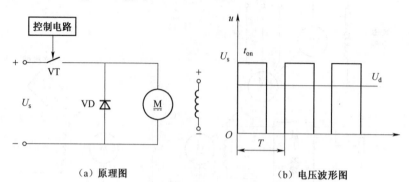

（a）原理图 　　　　　　　　　　　（b）电压波形图

图 3-11　直流斩波器调速系统的原理图和电压波形图

为了节能,并实现无触点控制,现在多用电力电子开关器件,如快速晶闸管、GTO、IGBT 等。

采用简单的单管控制时,称为直流斩波器,后来逐渐发展成采用各种脉冲宽度调制(Pulse Width Modulation,PWM)开关的电路,即脉宽调制变换器。

根据对输出电压平均值进行调制的方式不同划分,有三种控制方式: T 不变,变 t_{on} ,称为脉冲宽度调制(PWM); t_{on} 不变,变 T ,称为脉冲频率调制(PFM); t_{on} 和 T 都可调,改变占空比,称为混合型。

在上述三种可控直流电源中,V-M 系统在 20 世纪 60~70 年代得到广泛应用,目前主要用于大容量系统。直流 PWM 调速系统发展迅速,应用日益广泛,特别在中、小容量的系统中,已取代 V-M 系统成为主要的直流调速方式。

任务要求

说一说开环直流调速系统、转速负反馈直流调速系统、转速电流双闭环直流调速系统的组成及各调速系统的工作原理;想一想各调速系统的特点。

任务分析

本任务提出的直流调速系统均以 V-M 调速系统为例,下面采用框图表示出直流调速系统的各个组成部分。

任务实施

1. 开环直流调速系统

(1)系统的组成:某 V-M 开环直流调速系统框图可表示为图 3-12,由晶闸管直流调压装置和直流电动机组成。被控量为电动机的转速 n ,系统的给定值为 $U_{\mathrm{g}}(U_{\mathrm{ct}})$,操纵变量为 U_{d0} 。

(2)系统的工作原理:该系统的任务是控制直流电动机的转速。当外加控制电压 U_{ct} 一定时,晶闸管直流调压装置输出电压 U_{d0}(即直流电动机的电枢电压)就为定值,电动机以确定的转速 n 运行。若改变外加控制电压 U_{ct},就能改变电动机的转速 n。

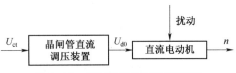

图 3-12 开环直流调速系统框图

当系统中出现扰动(如直流电动机调速系统中负载转矩 T_L 的变化及电源电压的波动等)时,这种输入与输出之间的一一对应关系将被破坏,系统的输出量(如电动机的实际转速)将不再是原先的期望值,两者之间就有一定的误差。开环直流调速系统自身不能减小此误差,一旦此误差超出了允许范围,系统将不能满足实际控制要求。因此,开环直流调速系统不能实现自动调速。

(3)系统的特点:

①系统中无反馈环节,不需要反馈测量元件,故结构较简单、成本低。

②系统不能实现自动调节作用,对扰动引起的误差不能自行修正,故控制精度不够高。

2. 转速负反馈直流调速系统

(1)系统的组成:某 V-M 转速负反馈直流调速系统框图可表示为图 3-13,由放大器(一种调节器)、晶闸管直流调压装置、直流电动机和测速发电机组成。

测速发电机:对直流电动机的转速信号 n 进行测量并转换成电压信号 U_{fn} 并反馈至放大器的输入端。

放大器:将实际输出转速对应的测量值 U_{fn} 与给定值 U_g 进行比较运算,得出偏差信号 ΔU_{ct},经放大器放大输出控制电压 U_{ct}。

(2)系统的工作原理:该系统的任务是控制直流电动机的转速。正常无扰动情况下,当给定电压 U_g 一定时,电动机以确定的转速 n 运行,测速发电机的实际测量值 U_{fn} 接近给定值 U_g,实际输出转速与给定转速(期望转速)接近相同。若改变给定电压 U_g,就能改变电动机的转速 n。

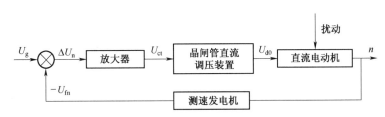

图 3-13 转速负反馈直流调速系统框图

当系统中出现扰动(如直流电动机调速系统中负载转矩 T_L 的变化及电源电压的波动等)时,该系统转速的自动调节过程如下:

如果负载转矩 T_L 增大,此时由于电磁转矩 T 小于负载转矩 T_L,故电动机带不动负载,电动机转速降低,测速发电机的转速也随之下降,其输出电压(即反馈电压) U_{fn} 减小。由于给定电压 U_g 一定,偏差电压(即放大器的输入电压)为 $\Delta U_n = U_g - U_{fn}$,因此 ΔU_n 增大,放大器的输出电压 U_{d0} 增加,电动机转速便随之升高,从而使由于负载增大而丢失的转速得到补偿。

(3)系统的特点:

①系统中增加了负反馈环节,结构复杂、成本高。

②系统采用负反馈,对系统中参数变化所引起的扰动和系统外部的扰动,均有一定的抗干扰能力,提高了控制精度。

3. 转速电流双闭环直流调速系统

(1)系统的组成:某 V-M 转速电流双闭环直流调速系统框图可表示为图 3-14,由速度调节器、电流调节器、晶闸管直流调压装置、直流电动机、测速发电机及电流检测环节等组成。含电流环和转速环两个环,故称为转速电流双闭环直流调速系统。

(2)系统的工作原理:在系统中,速度调节器和电流调节器串联,即把速度调节器的输出当作电流调节器的输入,再由电流调节器的输出去控制晶闸管直流调压装置的触发装置。测速发电机将反映转速变化的电压信号反馈到速度调节器的输入端,与"给定环节"的给定电压比较得到偏差信号,经速度调节器进行运算后得到的信号,再与电流检测环节的反馈信号比较得到偏差信号,经电流调节器进行运算,得到移相控制电压,改变晶闸管直流调节装置的输出电压,进而改变直流电动机的转速。

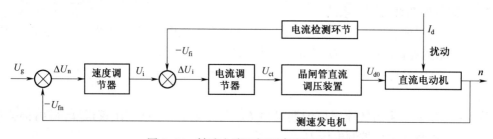

图 3-14 转速电流双闭环直流调速系统

(3)系统的特点:

①系统中增加了电流负反馈环节,结构更加复杂。

②系统启动、动态响应快,抗干扰能力更强。

课后练习

一、单选题

1. 下列(　　)反映了自动控制系统的稳态精度,该指标越小,则说明系统的稳态精度越高。

　　A. 最大超调量(σ)　　B. 调整时间(t_s)　　C. 振荡次数(N)　　D. 稳态误差(e_{ss})

2. 下列不能表征系统动态性能的指标是(　　)。

　　A. 最大超调量(σ)　　B. 调整时间(t_s)　　C. 振荡次数(N)　　D. 稳态误差(e_{ss})

3. 下列(　　)环节可用来检测直流调速系统中电动机的转速。

　　A. 直流测速发电机　　B. 电流互感器　　C. 脉宽调制器　　D. 可控整流器

二、填空题

1. 对任意自动控制系统的要求可概括为_____、_____和_____。

2. 单回路控制系统又称简单控制系统,它是由_____、_____、_____、_____等组成的一个闭合回路的反馈控制系统。

3. 直流电动机的调速方法有_____、_____和_____。

4. 直流调压调速的常用装置有_____、_____和_____。

5. 所谓闭环控制系统是指系统的_____对系统的控制作用有直接影响。在闭环控制系统中,系统的_____经测量后反馈到输入端,形成了闭合回路。

三、问答题

1. 与开环直流调速系统相比,转速负反馈直流调速系统的特点是什么?

2. 与转速负反馈直流调速系统相比,转速电流双闭环直流调速系统的特点是什么?

任务2　开环直流调速系统机械特性测试

学习目标

(1)会调试三相集成触发器。

(2)能正确连接开环直流调速系统。

(3)会测试开环直流调速系统的机械特性。

相关知识

一、开环直流调速系统的机械特性

图 3-15 为开环直流调速系统原理图,由主电路和触发电路组成。主电路包含电源、三相桥式全控整流电路、平波电抗器、电动机-发电机组等;触发电路包含给定电压装置、触发电路、功放电路等。

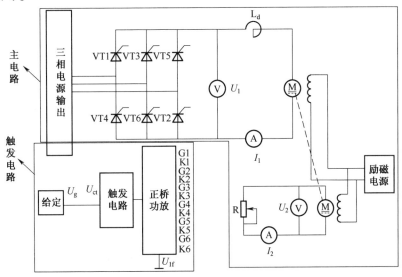

图 3-15　开环直流调速系统原理图

当主电路负载不变，调节转速给定电压 U_g，即调节控制电压 U_{ct}，改变晶闸管触发电路的移相角 α，从而调节晶闸管装置的空载整流电压 U_{d0}，以便调节电动机的理想空载转速 n_0，达到调速的目的。调速特性曲线如图 3-16 所示。

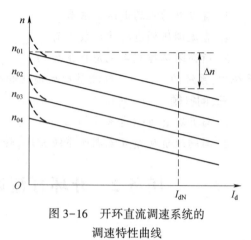

开环直流调速系统机械特性 $n = f(I_d)$ 可表示为

$$n = \frac{U_{d0} - I_d R_\Sigma}{C_e \Phi} = \frac{U_g K_s - I_d R_\Sigma}{C_e \Phi}$$

$$= \frac{U_g K_s}{C_e \Phi} - \frac{I_d R_\Sigma}{C_e \Phi} = n_0 - \Delta n \qquad (3-1)$$

图 3-16　开环直流调速系统的调速特性曲线

式中：U_g ——给定装置的给定电压；

K_s ——晶闸管整流器及触发装置电压放大系数；

U_{d0} ——晶闸管的理想空载输出电压；

R_Σ ——电枢回路总电阻；

$C_e \Phi$ ——电动机电动势系数。

由式(3-1)可知，当电动机轴上增加机械负载时，电枢回路就产生相应的电流 I_d，此时即产生 $\Delta n = \dfrac{I_d R_\Sigma}{C_e \Phi}$ 的转速降，如图 3-16 所示。Δn 的大小反映了机械特性的硬度，Δn 越小，硬度越大。显然，由于系统开环运行，Δn 的大小完全取决于电枢回路总电阻 R_Σ 及所加的负载大小。另外，由于晶闸管整流装置的输出电压是脉动的，相应的负载电流也是脉动的。当电动机负载较轻或主回路电感量不足的情况下，就造成了电流断续。这时，随着负载电流的减小，反电势急剧升高。使理想空载转速比图 3-16 中的相应 n_0 高得多，如图 3-16 中虚线所示。由图 3-16 可见，当电流连续时，特性较硬而且呈线性；当电流断续时，特性较软而且呈显著的非线性。一般当主回路电感量足够大时，电动机又有一定的空载电流时，近似认为电动机工作在电流连续段内，并且把机械特性曲线与纵轴的直线交点 n_0 作为理想空载转速。对于断续特性比较显著的情况，可以改用另一段较陡的直线来逼近断续段特性。所以，总体看来，开环 V-M 系统的机械特性仍然是很软的，一般满足不了对调速系统的要求。

二、调速系统的静态性能指标

1. 调速系统的静态性能指标简介

任何一台需要转速控制的设备，其生产工艺对控制性能都有一定的要求。例如，精密机床要求加工精度达到百分之几毫米甚至几微米；重型铣床的进给机构需要在很宽的范围内调速，快速移动时最高速度达到 600 mm/min，而精加工时最低速度只有 2 mm/min，最高和最低相差 300 倍；又如，在轧钢工业中，巨型的年产数百万吨钢锭的现代化初轧机在不到 1 s 的时间内就能完成从正转到反转的全部过程；在造纸工业中，日产新闻纸 400 t 以上的高速造纸机，速度达到 1 000 m/min，要求稳速误差小于 ±0.01%。所有这些要求，都是生产设备量化了的技术指标，经过一定折算，可以转化成电气自动控制系统的稳态或动态性能指标，作为设计系统时的依据。

对于调速系统的转速控制要求归纳起来,有以下三方面:

(1)调速:在一定的最高转速和最低转速的范围内,分挡(有级)或平滑(无级)调节转速。

(2)稳速:以一定的精度在所需转速上稳定运行,在各种可能的干扰下不允许有过大的转速波动,以确保产品质量。

(3)加、减速:频繁启动、制动的设备要求尽量快地加、减速以提高生产率,不宜经受剧烈速度变化的机械则要求启动、制动尽量平稳。

以上三方面有时都须具备,有时只要求其中一项或两项,特别是调速和稳速两项,常常在各种场合下都碰到,可能还是相互矛盾的。为了进行定量的分析,可以针对这两项要求先定义两个调速指标,即调速范围 D 和静差率 s。这两项指标合在一起又称调速系统的稳态(静态)性能指标。

(1)调速范围。生产机械要求电动机提供的最高转速 n_{max} 和最低转速 n_{min} 之比称为调速范围,用字母 D 表示,即

$$D = \frac{n_{max}}{n_{min}} \tag{3-2}$$

式中,n_{max} 和 n_{min} 一般都指电动机额定负载时的转速,对于少数负载很轻的机械,如精密磨床,也可用实际负载时的转速。

(2)静差率。当系统在某一转速下运行时,负载由理想空载增加到额定值时所对应的转速降落 Δn_N,与理想空载转速 n_0 之比,称为静差率 s,即

$$s = \frac{\Delta n_N}{n_0} \tag{3-3}$$

或用百分数表示即

$$s = \frac{\Delta n_N}{n_0} \times 100\% \tag{3-4}$$

式中,$\Delta n_N = n_0 - n_N$。

显然,静差率是用来衡量调速系统在负载变化下转速稳定度的。它和机械特性的硬度有关,机械特性越硬,静差率越小,转速的稳定度就越高。

2. 静差率与机械特性硬度的区别

静差率和机械特性硬度是有区别的。一般调压调速系统在不同转速下的机械特性是互相平行的。如图 3-17 中的特性 a 和 b,两者的硬度相同,额定转速降 $\Delta n_{Na} = \Delta n_{Nb}$,但它们的静差率却不同,因为理想空载转速不一样,根据式(3-3)的定义,由于 $n_{0a} > n_{0b}$,所以 $s_a < s_b$,这就是说,对于同样硬度的特性,理想空载转速越低时,静差率越大,转速的相对稳定度也就越差。

因此,调速范围和静差率这两项指标并不是彼此孤立的,必须同时提才有意义。调速系统的静差率指标应以最低速时所能达到的数值为准。

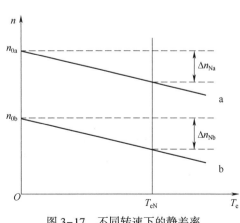

图 3-17 不同转速下的静差率

3. 调压调速系统中调速范围、静差率和额定转速降之间的关系

在直流电动机调压调速系统中，常以电动机的额定转速 n_N 为最高转速，若带额定负载时的转速降为 Δn_N，则按照以上分析的结果，该系统的静差率应该是最低速时的静差率，即

$$s = \frac{\Delta n_N}{n_{0min}} = \frac{\Delta n_N}{n_{min} + \Delta n_N}$$

而调速范围为

$$D = \frac{n_{max}}{n_{min}} = \frac{n_N}{n_{min}}$$

将上面两式消去 n_{min}，可得

$$D = \frac{n_N s}{\Delta n_N (1 - s)} \tag{3-5}$$

式（3-5）表示调压调速系统的调速范围、静差率和额定转速降之间所应满足的关系。对于同一个调速系统，Δn_N 值一定，当对静差率要求越严，即要 s 值越小时，系统能够允许的调速范围也越小。

例 3-1 某龙门刨工作台拖动采用直流电动机，其额定数据如下：60 kW、220 V、305 A、1 000 r/min，采用 V-M 开环系统，主电路总电阻为 0.18 Ω，电动机电动势系数为 0.2 V/(r/min)。如果要求调速范围 $D = 20$，静差率 $s \leqslant 5\%$，采用开环调速能否满足？

解 当电流连续时，V-M 开环系统的额定转速降为

$$\Delta n_N = \frac{I_{dN} R}{C_e} = \frac{305 \times 0.18}{0.2} \text{ r/min} = 275 \text{ r/min}$$

如果要求 $D = 20$，$s \leqslant 5\%$，则由式（3-5）可得

$$\Delta n_N = \frac{n_N s}{D(1 - s)} \leqslant \frac{1\,000 \times 0.05}{20 \times (1 - 0.05)} \text{ r/min} = 2.63 \text{ r/min}$$

由例 3-1 可以看出，开环调速系统的额定转速降是 275 r/min，而生产工艺的要求却只有 2.63 r/min，几乎相差百倍。

由此可见，开环调速已不能满足要求，可采用反馈控制的闭环调速系统来解决这个问题。

任务要求

按图 3-15 连接电路并测试开环直流调速系统的机械特性。

任务分析

开环直流调速系统的机械特性是指：当减小直流发电机回路的电阻值时，直流电动机电枢回路电流 I_d 增加（相当于增加直流电动机的负载），电动机转速 n 下降的特性。本任务在直流调速实验装置上实施，实施步骤为：先按图 3-15 连接并调试触发电路部分，使正常输出六路双窄脉冲；再连接调试主电路部分，注意电动机启动时轻载（直流发电机回路的电阻值放置最大值），再逐步加大给定电压，电动机停止时先将给定电压逐步减小到零。

![任务实施]

1. 触发电路的连接与调试

按照图 3-15 所示触发电路部分接线,具体调试步骤见项目 1 任务 4 的任务实施。

注意确保触发电路正常输出六路双窄脉冲,六路双窄脉冲正常到达六个晶闸管的门极。

2. 主电路的连接

(1)按照图 3-15 所示主电路部分接线。先将 VT1、VT3、VT5 三个晶闸管阴极相连,VT4、VT6、VT2 三个晶闸管阳极相连,再将三相电源 A、B、C(来自电源控制板)分别连接至三相全控桥的三个桥臂,如图 3-18 所示。

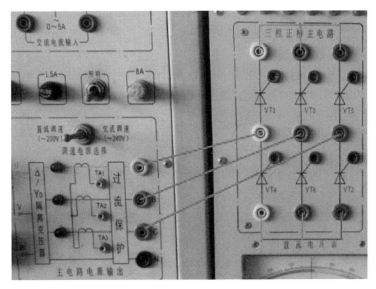

图 3-18　三相全控桥的接线示意图

(2)晶闸管的共阴极组、共阳极组与电感 L_d(取值 200mH)、他励直流电动机 M 的电枢及直流电流表 A1 相串联,在晶闸管的共阳极和共阴极组之间并联上直流电压表 V1(继续按图 3-15 接线)。

(3)直流电动机 M 与直流发电机 G 同轴相连 ,将两者的励磁线圈并联接在励磁电源上,直流发电机 G 的电枢与可调负载电阻 R、直流电流表 A2 相串联,在直流发电机的电枢两端并联上直流电压表 V2。

注意:接入电路的直流电流表及直流电压表的正负极性;直流电流从电感 L_d 的"*"端流入,确保六个晶闸管能正常工作。

3. 开环机械特性测试

(1) U_{ct} 不变时的开环直流调速系统机械特性的测定:

①将给定装置输出电压 U_g 放至"正给定"挡位 ,并调旋钮 ,使输出为零。

②励磁电源开关拨至"开" ,直流发电机先轻载(即电阻 R 调到最大) ,按下"电源

控制屏"启动按钮█,输出三相交流电,此时观察电动机转速,转速应接近零。然后从零开始逐渐增加"正给定"电压 U_g,使电动机慢慢启动并观测测速仪表的转速 n 达到 1 200 r/min。

③增加负载(由大到小逐渐减小电阻 R 的阻值),直至 $I_d = I_{ed}$(直流电流表 A1 的读数),测出在 U_{ct} 不变时,随着 I_d 的增加,转速 n 随之变化的开环直流调速系统的机械特性 $n = f(I_d)$,取 6~8 组测量的数据制成表格(自拟),并绘出开环机械特性曲线(自拟)。

④将"正给定"电压 U_g 电压 U_g 退到零,再按停止按钮█,结束步骤。

(2) U_d 不变时开环直流调速系统机械特性的测定:

①②步骤同(1)。

③增加负载,直至 $I_d = I_{ed}$,监视三相全控整流输出的直流电压 U_d(直流电压表 V1 的读数),保持 U_d 不变(通过不断地调节"正给定"电压 U_g 补偿来实现),测出在 U_d 不变时开环直流调速系统的机械特性 $n = f(I_d)$,将测量的数据制成表格(自拟),并绘出开环机械特性曲线(自拟)。

④将"正给定"电压 U_g 退到零,再按停止按钮,结束步骤。

为了便于分析 U_{ct} 不变时的直流电动机开环外特性和 U_d 不变时直流电动机开环外特性的优劣,要求在测量数据时,电流 I_d 的测试点一致。

课后练习

一、选择题

1. 当理想空载转速 n_0 一定时,机械特性越硬,静差率 s(   )。

    A. 越小   B. 越大   C. 不变   D. 可以任意确定

2. 当系统的机械特性硬度一定时,如要求的静差率 s 越小,调速范围 D(   )。

    A. 越大   B. 越小   C. 不变   D. 可大可小

3. 晶闸管–电动机系统的主回路电流断续时,开环机械特性(   )。

    A. 变软   B. 变硬   C. 不变   D. 变软或变硬

4. 调速系统的调速范围和静差率这两个指标(   )。

    A. 互不相关   B. 相互制约   C. 相互补充   D. 相互平等

5. 调速系统的静差率一般是指系统在(   )时的静差率。

    A. 高速时   B. 低速时   C. 额定转速时

二、计算题

某 V–M 系统,已知: $P_N = 2.8$ kW, $U_N = 220$ V, $I_N = 15.6$ A, $n_N = 1\ 500$ r/min, $R_a = 1.5\ \Omega$, $R_{rec} = 1\ \Omega$, $K_s = 37$。

(1)求开环工作时,转速降的值;

(2)当 $D = 30$、$s = 10\%$ 时,该开环系统能否满足要求?

任务 3　转速负反馈直流调速系统静特性测试

学习目标

(1)能正确调试转速负反馈直流调速系统的各个组成单元。
(2)能正确测试转速负反馈直流调速系统的静特性。
(3)会分析 P、PI 调节器及调节器参数对系统静特性的影响。

相关知识

一、有静差转速负反馈直流调速系统的静态特性

1. 有静差转速负反馈直流调速系统的静态特性简介

图 3-19 为有静差转速负反馈直流调速系统原理图。较开环系统增加了转速检测反馈环节和调节器。因该系统调节器采用 P(比例)调节,无论怎样调节,Δn 都无法消除,所以称该系统为有静差系统。该系统进入稳态后,各组成环节输入/输出关系可用稳态结构框图表示,如图 3-20 所示。

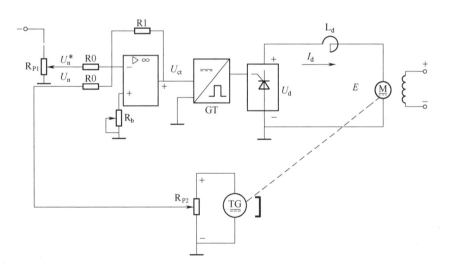

图 3-19　有静差转速负反馈直流调速系统原理图

图 3-20 中各环节分别为

电压比较环节 $\Delta U_n = U_g - U_{fn}$。

P 调节器(放大器)$U_{ct} = K_p \Delta U_n$。

晶闸管整流器及触发装置 $U_{d0} = K_s U_{ct}$。

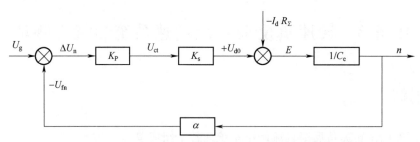

图 3-20　转速负反馈直流调速系统的稳态结构图

直流电动机转速 $n = \dfrac{U_{d0} - I_d R_\Sigma}{C_e \Phi}$。

测速反馈环节 $U_n = \alpha n$。

以上各环节中，K_p 为放大器的电压放大系数；K_s 为晶闸管整流器及触发装置电压放大系数；α 为转速反馈系数，$V \cdot min/r$；U_{d0} 为晶闸管的理想空载输出电压；R_Σ 为电枢回路总电阻。

由以上各环节中，消去中间变量可得到系统的静特性方程为

$$n = \frac{K_p K_s U_g - R_\Sigma I_d}{C_e \Phi (1 + K_p K_s \alpha / C_e)} = \frac{K_p K_s U_g}{C_e \Phi (1 + K)} - \frac{R_\Sigma I_d}{C_e \Phi (1 + K)} = n_{0cl} - \Delta n_{cl} \qquad (3-6)$$

式中：K ——闭环系统的开环放大系数，$K = K_p K_s \alpha / C_e$，它是系统中各环节单独放大系数的乘积；

$\quad n_{0cl}$ ——闭环系统的理想空载转速；

$\quad \Delta n_{cl}$ ——闭环系统的稳态速降。

闭环调速系统的静特性表示闭环系统电动机转速与负载电流（或转矩）的稳态关系，在形式上它与开环机械特性相似，但在本质上二者有很大不同，故定名为闭环系统的"静特性"，以示区别。

2. 闭环系统的静特性与开环系统机械特性的比较

将闭环系统的静特性与开环系统的机械特性进行比较，就能清楚地看出闭环控制的优越性。如果断开转速反馈回路（令 $\alpha = 0$，则 $K = 0$），则上述系统的开环机械特性为

$$n = \frac{U_{d0} - R_\Sigma I_d}{C_e \Phi} = \frac{K_p K_s U_g}{C_e \Phi} - \frac{R_\Sigma I_d}{C_e \Phi} = n_{0op} - \Delta n_{op} \qquad (3-7)$$

式中，n_{0op} 和 Δn_{op} 分别为开环系统的理想空载转速和稳态速降。

比较式（3-6）和式（3-7）可以得出如下结论：

（1）闭环系统静特性比开环系统机械特性硬得多。在同样的负载下，两者的稳态速降分别为

$$\Delta n_{op} = \frac{R_\Sigma I_d}{C_e \Phi} \text{ 和 } \Delta n_{cl} = \frac{R_\Sigma I_d}{C_e \Phi (1 + K)}$$

它们的关系是

$$\Delta n_{cl} = \frac{\Delta n_{op}}{1 + K} \qquad (3-8)$$

显然,当 K 值较大时,Δn_{cl} 比 Δn_{op} 要小得多,也就是说闭环系统的静特性比开环系统的机械特性硬得多。

(2)闭环系统的静差率比开环系统的静差率小得多。闭环系统和开环系统的静差率分别为

$$s_{cl} = \frac{\Delta n_{cl}}{n_{0cl}} \text{ 和 } s_{op} = \frac{\Delta n_{op}}{n_{0op}}$$

当 $n_{0cl} = n_{0op}$ 时,则有

$$s_{cl} = \frac{s_{op}}{1 + K} \tag{3-9}$$

(3)当要求的静差率一定时,闭环系统的调速范围可以大大提高。如果电动机的最高转速都是 n_N,且对最低转速的静差率要求相同,则

开环时,
$$D_{op} = \frac{n_N s}{\Delta n_{op}(1 - s)}$$

闭环时,
$$D_{cl} = \frac{n_N s}{\Delta n_{cl}(1 - s)}$$

所以
$$D_{cl} = (1 + K)D_{op} \tag{3-10}$$

(4)要取得上述三项优势,闭环系统必须设置放大器。由以上分析可以看出,上述三项优势是建立在 K 值足够大的基础上的。由系统的开环放大系数($K = K_p K_s \alpha / C_e \Phi$)可看出,若要增大 K 值,只能增大 K_p 和 α 值,因此必须设置放大器。在开环系统中,U_g 直接作为 U_{ct} 来控制,因而不用设置放大器;而在闭环系统中,引入转速负反馈电压 U_{fn} 后,ΔU_n 很小,所以必须设置放大器,才能获得足够的控制电压 U_{ct}。

综上所述,可得出这样的结论:闭环系统可以获得比开环系统硬得多的静特性,且闭环系统的开环放大系数越大,静特性就越硬,在保证一定静差率要求下,其调速范围越大,但必须增设转速检测与反馈环节和放大器。

然而,在开环调速系统中,Δn 的大小完全取决于电枢回路总电阻 R_Σ 及所加的负载大小。闭环系统能减小稳态速降,但不能减小电阻。那么,降低稳态速降的实质是什么呢?

在闭环系统中,当电动机的转速 n 由于某种原因(如机械负载转矩的增加)而下降时,系统将同时存在两个调节过程:一个是电动机内部的自动调节过程;另一个则是由于转速负反馈环节作用而使控制电路产生相应变化的自动调节过程,如图 3-21 所示。

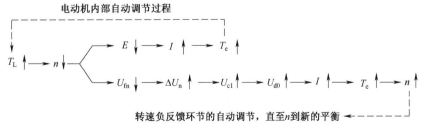

图 3-21　具有转速负反馈的直流调速系统的自动调节过程

由上述调节过程可以看出,电动机内部自动调节过程,主要是通过电动机反电动势 E 下

降,使电流增加;而转速负反馈环节,则主要通过反馈闭环控制系统被调量的偏差进行控制。通过转速负反馈电压 U_{fn} 下降,使偏差电压 ΔU_n 增加,经过放大后,U_{ct} 增大,整流装置输出的电压 U_{d0} 上升,电枢电流增加。从而电磁转矩增加,转速回升。直至 $T_e = T_L$,调节过程才结束。可以看出,闭环调速系统可以大大减小转速降。

例 3-2 在例 3-1 中,若采用 $\alpha = 0.015$ V·min/r 转速负反馈闭环系统,试问放大器的放大系数为多大时才能满足要求?

解 在例 3-1 中已经求得

$$\Delta n_{op} = 275 \text{ r/min}, \Delta n_{cl} = 2.63 \text{ r/min}$$

由式(3-8)可得

$$K = \frac{\Delta n_{op}}{\Delta n_{cl}} - 1 \geqslant \frac{275}{2.63} - 1 = 103.6$$

$$K_p = \frac{K_n}{K_s \alpha / C_e \Phi} \geqslant \frac{103.6}{30 \times 0.015 / 0.2} = 46$$

可见只要放大器的放大系数大于或等于 46,转速负反馈闭环系统就能满足要求。

3. 有静差转速负反馈直流调速系统的特征

有静差转速闭环调速系统是一种基本的反馈控制系统,它具有以下四个基本特征,也就是反馈控制的基本规律。

(1)有静差。采用比例放大器的反馈控制系统是有静差的。

从前面对静特性的分析中可以看出,闭环系统的稳态转速降为 $\Delta n_{cl} = \dfrac{R_\Sigma I_d}{C_e \Phi (1 + K)}$,只有当 $K \to \infty$ 时,才能使 $\Delta n_{cl} = 0$,即实现无静差。实际上,不可能获得无穷大的 K 值,况且过大的 K 值将导致系统不稳定。

从控制作用上看,放大器输出的控制电压 U_{ct} 与转速偏差电压 ΔU_n 成正比,如果实现无静差,$\Delta n_{cl} = 0$,则转速偏差电压 $\Delta U_n = 0$,$U_{ct} = 0$,控制系统就不能产生控制作用,系统将停止工作。所以,这种系统是以偏差存在为前提的,反馈环节只是检测偏差,减小偏差,而不能消除偏差,因此它是有静差系统。

(2)被调量紧紧跟随给定量变化。在转速负反馈调速系统中,改变给定电压 U_g,转速就随之跟着变化,即被调量总是紧紧跟随着给定信号变化的。

(3)闭环系统对包围在环内的一切主通道上的扰动作用都能有效抑制。当给定电压 U_g 不变时,把引起被调量转速发生变化的所有因素称为扰动。图 3-22 画出了各种扰动的作用,其中,交流电源电压波动,电动机励磁电流的变化,放大器放大系数的漂移,由温度变化引起的主电路电阻的变化等均是负反馈环内主通道上的扰动。其中,代表电流 I_d 的箭头表示负载扰动,其他指向各方框的箭头分别表示会引起该环节放大系数变化的扰动作用。图 3-22 中,反馈环内且作用在控制系统主通道上的各种扰动,最终都要影响被调量转速的变化,而且都会被检测环节检测出来,通过反馈控制作用减小它们对转速的影响。抗扰性能是反馈闭环控制系统最突出的特征。根据这一特征,在设计系统时,一般只考虑其中最主要的扰动,如在调速系统中只考虑负载扰动,按照抑制负载扰动的要求进行设计,则其他扰动的影响也就必然会受到抑制。

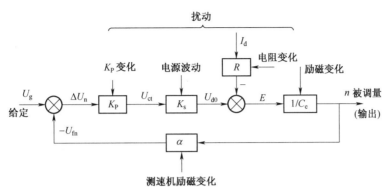

图 3-22　反馈控制系统给定作用和扰动作用

（4）反馈控制系统对于给定电源和检测装置中的扰动是无法抑制的。由于被调量转速紧紧跟随给定电压的变化，当给定电源发生不应有的波动时，转速也随之变化。反馈控制系统无法鉴别是正常的调节还是不应有的波动，因此高精度的调速系统需要更高精度的稳压电源。另外，反馈控制系统也无法抑制由于反馈检测环节本身的误差引起被调量的偏差。如果图 3-22 中测速发电机的励磁发生变化，则转速反馈电压 U_{fn} 必然改变，通过系统的反馈调节，反而使转速离开了原应保持的数值。此外，测速发电机输出电压中的纹波，由于制造和安装不良造成转子和定子间的偏心等，都会给系统带来周期性的干扰。为此，高精度的系统还必须有高精度的反馈检测元件作保证。

二、电流截止负反馈环节的工作原理

1. 问题提出

转速负反馈闭环调速系统存在两个问题。问题一，启动冲击电流。直流电动机全压启动时会产生很大的冲击电流，这不仅对电动机换向不利，对过载能力低的晶闸管来说也是不允许的。对转速负反馈的闭环调速系统突加给定电压时，由于机械惯性，转速不可能立即建立起来，反馈电压仍为零，加在调节器上的输入偏差电压（$\Delta U_{\text{n}} = U_{\text{g}}$）很大，整流电压 U_{d0} 立即达到最高值，电枢电流远远超过允许值。问题二，堵转电流。有些生产机械的电动机可能会遇到堵转情况，例如，由于故障，机械轴被卡住，或挖土机工作时遇到坚硬的石头等。在这些情况下，由于闭环系统的静特性很硬，若无限流环节，电枢电流将远远超过允许值。

2. 电流截止负反馈环节

为了解决反馈闭环调速系统启动和堵转时电流过大的问题，系统中必须有自动限制电枢电流的环节。根据反馈控制原理，引入电流负反馈，就应能保持电流基本不变，使它不超过允许值。但是，这种作用只应在启动和堵转时存在，在正常运行时又得取消，让电流自由地随着负载增减，这种当电流大到一定程度时才出现的电流负反馈，称为电流截止负反馈。其电路如图 3-23 所示。

图 3-23 中电流反馈信号取自串联在电枢回路的小电阻 R_{s} 两端，$I_{\text{d}}R_{\text{s}}$ 正比于电枢电流。设 I_{dcr} 为临界截止电流，为了实现电流截止负反馈，引入比较电压 $U_{\text{com}} = I_{\text{dcr}}R_{\text{s}}$，并将其与 $I_{\text{d}}R_{\text{s}}$ 反向串联，如图 3-23（a）所示。

若忽略二极管正向压降的影响时：

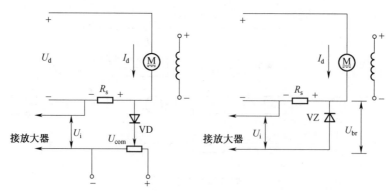

（a）利用独立直流电源产生比较电压　　　（b）利用稳压管产生比较电压

图 3-23　电流截止负反馈电路

当 $I_d R_s \leqslant U_{com}$ 时，即 $I_d \leqslant I_{dcr}$，二极管截止，电流反馈被切断，此时系统就是一般的闭环调速系统，其静特性很硬。

当 $I_d R_s > U_{com}$ 时，即 $I_d > I_{dcr}$，二极管导通，反馈信号 $U_i = I_d R_s - U_{com}$ 加至放大器的输入端，此时偏差电压 $\Delta U = U_n^* - U_n - U_i$，$U_i$ 随 I_d 的增大而增大，使 ΔU 下降，从而 U_{d0} 下降，抑制 I_d 上升。此时系统静特性较软。电流负反馈环节起主导作用时的自动调节过程如图 3-24 所示。

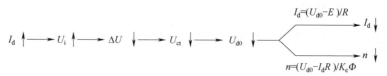

图 3-24　电流负反馈环节起主导作用时的自动调节过程（电枢电流大于截止电流）

调节 U_{com} 的大小，即可改变临界截止电流 I_{dcr} 的大小。从而实现了系统对电流截止负反馈的控制要求。图 3-23（b）是利用稳压管 VZ 的击穿电压 U_{br} 作为比较电压，线路简单，但不能平滑调节临界截止电流值，且调节不便。

应用电流截止负反馈环节后，虽然限制了最大电流，但在主回路中，为防止短路还必须接入快速熔断器。为防止在截止环节出故障时把晶闸管烧坏，在要求较高的场合，还应增设过电流继电器。

3. 带电流截止负反馈的转速负反馈直流调速系统

在转速闭环调速系统的基础上，增加电流截止负反馈环节，就可构成带电流截止负反馈的转速负反馈直流调速系统，如图 3-25 所示。

三、调节器的调节规律

有静差调速系统中，调节器采用 P（比例）调节，其自动调节作用只能尽量减少系统的静差（稳态误差），而不能完全消除静差。要实现无静差调速，则需要在控制电路中包含有积分环节，可见，调节器使用是否得当，直接影响控制质量。调节器（又称控制器）是控制系统的核心。

调节器所采用的调节规律是关键，调节规律就是指调节器的输出量与输入量（偏差值）之

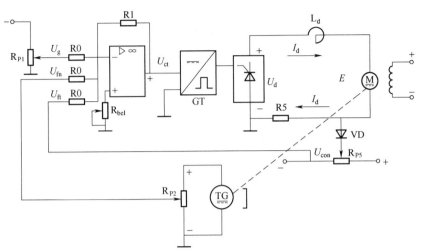

图 3-25 带电流截止负反馈的转速负反馈直流调速系统

间的函数关系。在生产过程常规控制系统中,应用的基本调节(控制)规律主要有比例(P)控制、积分(I)控制、微分(D)控制及比例-积分-微分(PID)控制。

1. 比例控制

(1)比例控制规律。如图 3-2 所示,调节器输出的控制信号与被控量的偏差成比例关系,称为比例控制,简称 P 控制。这种关系用数学式表示为

$$\mu = K_P e \tag{3-11}$$

式中:μ ——调节器输出的控制信号;

e ——调节器的输入信号,即被控量的偏差;

K_P ——调节器的比例增益或比例放大倍数。

比例放大倍数 K_P 可以大于 1,也可以小于 1。也就是比例作用可以是放大,也可以是缩小。所以,比例调节器实际上是一个放大倍数可调的放大器。

图 3-26 所示是由理想运放构成的比例调节器。其输出信号 U_o 与输入信号 U_i 成比例关系。

(2)比例度及其对控制过程的影响。比例调节器输入/输出动态特性如图 3-27 所示,比例调节器的输入信号 e 为阶跃信号。

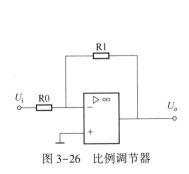

图 3-26 比例调节器

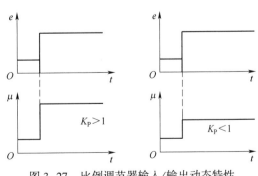

图 3-27 比例调节器输入/输出动态特性

在被控量偏差一定时,K_P 越大,调节器输出的控制信号越大,控制作用越强。因此,K_P 值的大小表示了比例控制作用的强弱,它是比例调节器的一个特性参数。

实际工作中,为了方便地确定比例作用的范围,习惯上用比例度 δ 来表示比例控制作用的特性。

比例度是调节器输入的相对变化量与输出的相对变化量之比的百分数。用数学式可表示为

$$\delta = \frac{\dfrac{e}{(z_{max} - z_{min})}}{\dfrac{\Delta\mu}{(\mu_{max} - \mu_{min})}} \times 100\% \tag{3-12}$$

式中:$z_{max} - z_{min}$ ——调节器输入信号的全量程,即其输入量上限值与下限值之差;

$\mu_{max} - \mu_{min}$ ——调节器输出信号的全量程,即其输出量上限值与下限值之差。

式(3-12)中,对于一个具体的比例调节器,其指示值的刻度范围 $z_{max} - z_{min}$ 及输出工作范围 $\mu_{max} - \mu_{min}$ 是固定的,可用常数 K 表示为

$$K = \frac{\mu_{max} - \mu_{min}}{z_{max} - z_{min}}$$

比例度 δ 与比例放大倍数 K_P 的关系为

$$\delta = \frac{K}{K_P} \times 100\%$$

由于 K 为常数,因此控制器的比例度 δ 与比例放大倍数 K_P 成反比关系。

因此,比例度 δ 和比例放大倍数 K_P 一样,都是用来表示比例调节器调节作用强弱的特性参数。

比例度对控制过程的影响:δ 小时,比例放大倍数 K_P 大,控制作用强,过程波动大,不易稳定;当 δ 小到一定程度时,系统将出现等幅振荡,这时的比例度称为临界比例度,δ 再小就会出现发散振荡;若 δ 大,K_P 小,控制作用弱;若 δ 太大,则比例调节器输出变化很小,被控量变化缓慢,比例控制就没有发挥作用。δ 的大小适当时,控制过程稳定得快,控制时间也短。

(3)比例控制的特点:

比例控制的最大优点:及时、快速、控制作用强。

比例控制的弱点:有静差(又称稳态偏差)。当有扰动作用时,通过比例控制,系统虽然能达到新的稳定,但是永远回不到原来的给定值上。

2. 积分控制

(1)积分控制规律。如图 3-2 所示,调节器输出的控制信号的变化率与偏差信号成正比的关系,称为积分控制,简称 I 控制。这种关系用数学式表示为

$$\frac{d\mu}{dt} = K_I e \tag{3-13}$$

或

$$\mu = K_I \int_0^t e dt \tag{3-14}$$

式中:$\dfrac{d\mu}{dt}$ ——调节器输出的控制信号的变化率;

　　　　e ——调节器的输入信号,即被控量的偏差;

　　　　K_I ——积分控制的比例常数(称为积分速度)。

　　从式(3-13)可见,只要偏差(静差,又称稳态偏差)e 存在,$\dfrac{d\mu}{dt} \neq 0$,执行元件就不会停止动作;偏差越大,执行元件动作速度越快;当偏差为零时,$\dfrac{d\mu}{dt} = 0$,即执行元件停止动作,被控量稳定下来。

　　(2)积分时间常数及其对控制过程的影响。积分控制的动态特性如图3-28所示,输入信号(偏差信号)e 为阶跃信号,由于 K_I 为常数,所以式(3-14)为线性方程。在偏差 e 不为零时,调节器的输出为一条倾斜的直线段,其斜率就是 K_I,折线段与横坐标之间的面积,即表征积分作用的大小。显然,K_I 越大,积分作用越强,所以 K_I 是反映积分作用强弱的一个参数。

　　和比例度类似,习惯上都用 K_I 的倒数 T_I 来表示积分作用的强弱,即 $T_I = \dfrac{1}{K_I}$。其中,T_I 称为积分时间。T_I 越小,表示积分作用越强;T_I 越大,表示积分作用越弱。

　　图3-29所示是由理想运放构成的积分调节器。其输出信号 U_o 与输入信号 U_i 成积分关系。

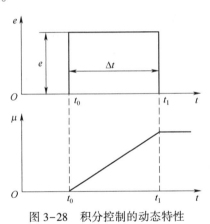

图3-28　积分控制的动态特性　　　　　　图3-29　积分调节器

　　(3)积分控制的特点:

　　积分控制的最大优点:能实现无静差控制。

　　积分控制的弱点:积分动作在控制过程中会造成过调现象,乃至引起被控参数的振荡。原因主要是 $\dfrac{d\mu}{dt}$ 的大小及方向,主要决定于偏差 e 的大小及正负,而不考虑偏差变化速度的大小及方向,这是积分动作在控制过程中形成过调的根本原因。

　　积分控制的另一个弱点:作用不及时,控制过程缓慢。原因是积分作用是随着时间的积累而逐渐增强的,当被控参数突然出现一个偏差时,积分调节器的输出信号总是落后于输入偏差信号的变化(又称相位滞后),所以它的调节作用缓慢。

　　3. 微分控制

　　(1)微分控制规律。如图3-2所示,调节器输出的控制信号与被控量偏差的变化率成正

比的关系,称为微分控制,简称 D 控制。这种关系用数学式表示为

$$\mu = T_\mathrm{D} \frac{\mathrm{d}e}{\mathrm{d}t} \tag{3-15}$$

式中:μ——调节器输出的控制信号;

$\dfrac{\mathrm{d}e}{\mathrm{d}t}$——被控量的偏差变化率;

T_D——微分时间。

从式(3-15)可见,偏差变化率 $\dfrac{\mathrm{d}e}{\mathrm{d}t}$ 越大,微分时间 T_D 越长,则调节器输出的控制信号也越大,即微分作用就越强。若偏差固定不变,不论这个偏差有多大,由于它的变化率为零,调节器输出的控制信号即为零,微分作用为零。

微分控制的动态特性如图 3-30 所示,输入信号(偏差信号)e 为阶跃信号,在输入信号加入的瞬间($t=t_0$),偏差变化率相当于无穷大,从理论上讲,这时微分调节器的输出 μ_0 也应为无穷大,在此之后,由于输入不再变化,输出 μ_0 立即降到零。但实际上,这种控制作用是无法实现的,故称为理想微分作用。实际的微分调节作用如图 3-30(c)所示,在阶跃输入发生时,输出突然上升到某个有限高度,然后逐渐下降到零,这是一种近似的微分作用。

微分调节器能在偏差信号出现或变化的瞬间,立即根据变化的趋势,产生强烈的调节作用,使偏差尽快地消除于萌芽状态之中。但对静态偏差毫无抑制能力,因此不能单独使用,总要和比例或比例-积分调节规律结合起来,组成 PD 调节器或 PID 调节器。

图 3-31 所示是由理想运放构成的微分调节器。其输出信号 U_o 与输入信号 U_i 成微分关系。

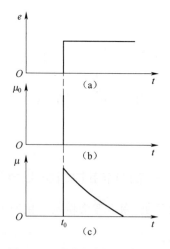

图 3-30　微分控制的动态特性

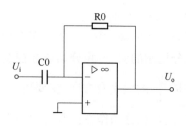

图 3-31　微分调节器

(2)实际的微分控制规律及微分时间常数 T_D 对控制规律的影响。实际微分调节器的输出由比例作用和近似微分作用两部分组成,简称 PD 控制。

在幅值为 A 的阶跃信号作用下,实际微分调节器的输出为

$$\mu_{PD} = \mu_P + \mu_D = A + A(K_D - 1)e^{-\frac{K_D}{T_D}t} = A\left[1 + (K_D - 1)e^{-\frac{K_D}{T_D}t}\right] \tag{3-16}$$

式中：μ_{PD} ——实际微分调节器的输出；

　　　μ_P ——比例作用部分输出；

　　　μ_D ——近似微分作用部分输出；

　　　A ——实际微分调节器阶跃输入的大小；

　　　K_D ——微分放大倍数；

　　　e ——自然对数的底数；

　　　T_D ——微分时间常数。

实际微分调节器的动态特性如图 3-32 所示。由图 3-32 可见，当输入阶跃信号 A 后，输出立即升高了 A 的 K_D 倍，然后逐渐下降到 A，最后只剩下比例作用。微分调节器的 K_D 都是在设计时就已经确定了的。

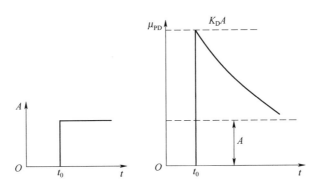

图 3-32　实际微分调节器的动态特性

微分时间 T_D 是表示微分作用的另一个参数。实际的微分调节器中，K_D 是固定不变的，T_D 则是可以调节的，因此 T_D 的作用更为重要。

T_D 越大，微分作用越强，静态偏差越小，会引起被控参数大幅度变动，使过程产生振荡，增加了系统的不稳定性；T_D 越小，微分作用越弱，静态偏差越大，动态偏差也大，波动周期长，但系统稳定性增强；T_D 适当，不但可增加过程控制的稳定性，而且在适当降低比例度的情况下，还可减小静差。因此，微分时间 T_D 过大或过小均不合适，应取适当数值。

（3）微分控制的特点：

微分控制的主要优点：克服被控参数的滞后，微分作用的方向总是阻止被控参数的变化，力图使偏差不变。因此，适当加入微分作用，可减小被控参数的动态偏差，有抑制振荡、提高系统稳定性的效果。采用 PD 调节器调节，由于被控参数的动态偏差很小，静态偏差也不大，控制过程结束得也快，所以调节效果是比较好的。

微分控制的弱点：不允许被控参数的信号中含有干扰成分，因为微分动作对干扰的反应是敏感的、快速的，很容易造成执行元件的误动作，其应用受到限制。

4. 比例-积分控制

（1）比例-积分控制规律。比例-积分调节器的调节规律是比例与积分两种调节规律的结合，简称 PI 控制。这种关系用数学式表示为

$$\mu_{PI} = \mu_P + \mu_I = \frac{1}{\delta}e + K_I\int edt = \frac{1}{\delta}\left(e + \frac{1}{T_I}\int edt\right) \tag{3-17}$$

式中，$T_I = \dfrac{1}{\delta K_I}$，$T_I$ 称为比例-积分调节器的积分时间。

PI 控制的动态特性如图 3-33 所示，当输入为一阶跃信号时，PI 调节器的输出特性为比例与积分的叠加。

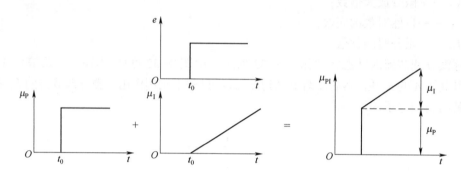

图 3-33　PI 控制的动态特性

Pl 调节器的调节过程与参数 δ 和 T_I 有关。当 δ 不变时，T_I 太小，积分作用太强，也就是说，消除静态偏差的能力很强，同时动态偏差也有所下降，被控参数振荡加剧，稳定性降低；T_I 太大，积分作用不明显，消除静态偏差的能力很弱，使过渡过程时间长，同时动态偏差也增大，但振荡减缓，稳定性提高。$T_I \to \infty$ ，比例-积分调节器就没有积分作用，这时的调节器就变成一个纯比例调节器，有静态偏差存在。因为积分作用会加强振荡，对于滞后大的对象更为明显。因此，调节器的积分时间 T_I 应按被控对象的特性来选择。对于管道压力、流量等滞后不大的对象，T_I 可选得小些；温度对象的滞后较大，T_I 可选得大些。

图 3-34 所示是由理想运放构成的比例-积分调节器。其输出信号 U_o 与输入信号 U_i 成比例积分关系。

（2）比例-积分控制特点。比例-积分控制规律既具有比例控制作用及时、快速的特点，又具有积分控制能消除余差的性能，因此是生产上常用的控制规律。

5. 比例-积分-微分控制

（1）比例-积分-微分控制规律。比例-微分调节器的控制规律是比例、积分与微分三种控制规律的结合，简称 PID 控制。这种关系用数学式表示为

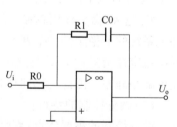

图 3-34　比例-积分调节器

$$\mu = \mu_P + \mu_I + \mu_D = \frac{1}{\delta}\left(e + \frac{1}{T_I}\int edt + T_D\frac{de}{dt}\right) \tag{3-18}$$

PID 控制的动态特性如图 3-35 所示。当输入为一阶跃变化信号时，PID 调节器的输出为三种控制的结合，即三条虚线的叠加。

开始时，微分作用的输出变化最大，使总的输出大幅度地变化，产生强烈的"超前"控制作用，这种控制作用可看成为"预调"。然后，微分作用逐渐消失，积分作用的输出逐渐占主导地

位,只要余差存在,积分输出就不断增加,这种控制作用可看成"细调",一直到余差完全消失,积分作用才有可能停止。而在 PID 控制器的输出中,比例作用的输出是自始至终与偏差相对应的,它一直是一种最基本的控制作用。在实际 PID 控制器中,微分环节和积分环节都具有饱和特性。

对于一个实际的 PID 控制器,δ、T_I、T_D 的参数均可以调整。如果把微分时间调到零,就成为一个比例-积分控制器;如果把积分时间放大到最大,就成为一个比例-微分控制器;如果把微分时间调到零,同时把积分时间放到最大,就成为一个纯比例控制器了。

（2）比例-积分-微分控制特点。在 PID 调节器中,微分作用主要用来加快系统的动作速度,减小超调,克服振荡;积分作用主要用以消除静差。将比例、积分、微分三种调节规律结合在一起,只要三项作用的强度配合适当,既可达到快速敏捷,又可达到平稳准确,可得到满意的调节效果。尤其对大延迟对象,采用PID 控制效果更好。

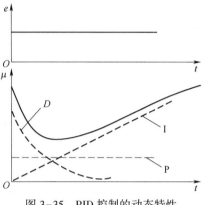

图 3-35　PID 控制的动态特性

四、带 PI 调节器的无静差直流调速系统

图 3-36 所示系统采用 PI 调节器,只要适当选择比例度(或比例放大系数)和积分时间常数,则可以消除 Δn ,因此该系统为无静差直流调速系统。

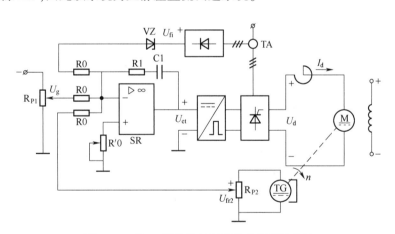

图 3-36　带 PI 调节器的无静差直流调速系统

此系统的特点是具有转速负反馈和电流截止负反馈环节,速度调节器(ASR)采用 PI 调节器。系统负载突增时的动态过程曲线如图 3-37 所示。

无静差的实现:

稳态时,PI 调节器输入偏差电压 $\Delta U_n = U_g - U_{fn} = 0$。

当负载由 T_{L1} 增至 T_{L2} 时,转速下降,U_{fn} 下降,使偏差电压 $\Delta U_n \neq 0$,PI 调节器进入调节过程。

由图 3-37 可知，PI 调节器的输出电压的增量 ΔU_{ct} 分为两部分。在调节过程的初始阶段，比例部分立即输出 $\Delta U_{ct1} = K_P \Delta U_n$，波形与 ΔU_n 相似，见虚曲线 1；积分部分 ΔU_{ct2} 波形为 ΔU_n 对时间的积分，见虚曲线 2。比例-积分为曲线 1 和曲线 2 相加，如曲线 3。在初始阶段，由于 Δn（ΔU_n）较小，积分曲线上升较慢。比例部分正比于 ΔU_n，虚曲线 1 上升较快。当 Δn（ΔU_n）达到最大值时，比例部分输出 ΔU_{ct1} 达到最大值，积分部分的输出电压 ΔU_{ct2} 增长速度最大。此后，转速开始回升，ΔU_n 开始减小，比例部分 ΔU_{ct1} 曲线转为下降，积分部分 ΔU_{ct2} 继续上升，直至 ΔU_n 为零。此时，积分部分起主要作用。可以看出，在调节过程的初、中期，比例部分起主要作用，保证了系统的快速响应；在调节过程的后期，积分部分起主要作用，最后消除偏差。

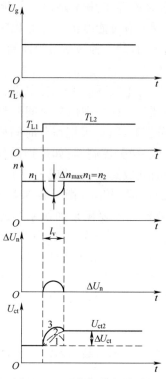

图 3-37 系统负载突增时的动态过程曲线

任务要求

按图 3-38 连接转速负反馈直流调速系统电路并测试其静特性，比较开环机械特性、采用 P 控制的闭环静特性及采用 PI 调节的闭环静特性的区别。

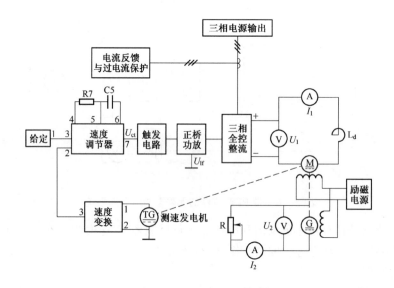

图 3-38 转速负反馈直流调速系统原理框图

任务分析

与本项目任务 2 相比,本任务中增加了测速及反馈环节、速度调节器。给定信号与速度反馈信号的偏差送给速度调节器调节,使电动机转速稳定在期望值。当速度调节器采用 P 控制时,闭环系统的静特性:电动机稳定运行时,若增加电动机负载,转速将发生变化;当速度调节器采用 PI 控制时,闭环系统的静特性:电动机稳定运行时,若增加电动机负载,转速变化微乎其微。本任务仍在直流调速实验装置上实施,实施步骤:先连接与调试各个单元,包括速度调节器的调零与限幅值调节、测速发电机变换环节的转速反馈系数整定;然后再将各个单元连接成闭环系统,分别采用 P 控制和 PI 控制调试其静特性。

任务实施

1. 速度调节器调零与限幅值调节

图 3-38 对应实验装置中的速度调节器如图 3-39 所示。

图 3-39   速度调节器原理图

(1)速度调节器的调零。将图 3-39"速度调节器"所有输入端"1""2""3"接地,选取阻值为 40 kΩ 的电阻 R1 接到"速度调节器"的"4""5"两端,用导线将"5""6"两端短接,使"速度调节器"成为 P(比例)调节器。调节面板上的调零电位器 RP3,用万用表的毫伏挡测量电流调节器"7"端的输出,使调节器的输出电压尽可能接近于零。

(2)速度调节器的正负限幅值的调节:

①移相控制电压 U_{ct} 允许调节范围的确定。为保证"三相全控整流"不会工作到极限值状态,保证六个晶闸管可靠工作,需要测试移相控制电压 U_{ct} 的允许调节范围。

直接将"正给定"电压 U_g 接入触发器的移相控制电压 U_{ct} 的输入端,将图 3-15 开环直流调速系统原理图中"三相全控整流"电路的电动机-发电机负载换为电阻负载 R。

当"正给定"电压 U_g 由零调大时,用示波器观察电阻负载 R 两端电压 U_d 的波形(示波器探头放在衰减挡,×10 挡),同时用直流电压表监测 U_d 电压值。U_d 将随给定电压的增大而增大,

当 U_g 超过某一数值 U_g' 时，U_d 的波形会出现缺相现象，这时 U_d 反而随 U_g 的增大而减小。记录数值 U_g'，确定移相控制电压的最大允许值为 $U_{ctmax} = 0.9U_g'$，即 U_{ct} 的允许调节范围为 $0 \sim U_{ctmax}$。

将"正给定"电压 U_g 退到零，再按"停止"按钮，结束步骤。

②正负限幅值的调节。将图 3-39 中"速度调节器"的"5""6"两端短接线去掉，选容值为 0.47 μF 的电容接入"5""6"两端，使调节器成为 PI（比例-积分）调节器，然后将给定电压 U_g 接到转速调节器的"3"端。当"正给定"电压调到 +5 V 时，调整负限幅电位器 R_{P2}，使之速度调节器的"7"端输出接近 0；当"负给定"电压调到 -5 V 时，调整正限幅电位器 R_{P1}，使速度调节器的"7"端输出正限幅为 U_{ctmax}。

2. 整定测速发电机变换环节的转速反馈系数

（1）转速反馈系数的整定电路如图 3-40 所示，先按本项目任务 1 中任务实施步骤 2、3 操作。

（2）图 3-40 中速度变换环节接线：将测速仪表的电压输出端子接到"速度变换"环节的输入端子上，如图 3-41 所示。

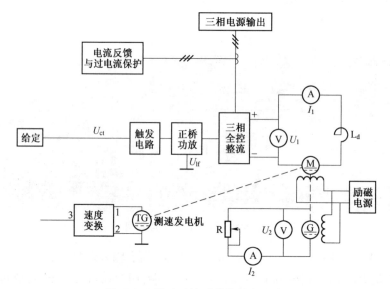

图 3-40　转速反馈系数的整定电路

（3）将"正给定"电压 U_g 接触发器的移相控制电压 U_{ct} 的输入端，再将"正给定"电压 U_g 调到零。

（4）励磁电源开关拨至"开"，直流发电机先轻载（即电阻 R 调到最大），按下"电源控制屏"启动按钮，输出三相交流电，此时观察电动机转速，转速应接近零；然后从零开始逐渐增加"正给定"电压 U_g，使电动机慢慢启动并观测测速仪表的转速 n，应达到 1 500 r/min。调节图 3-41"速度变换环节"转速反馈电位器 R_{P1}，使得该转速时反馈电压 U_{fn}（"3"端子上的电压）= +6 V，这时的转速反馈系数 $\alpha = U_{fn}/n = 0.004$ V/(r/min)。

（5）"正给定"退到零，再按停止按钮，结束步骤。

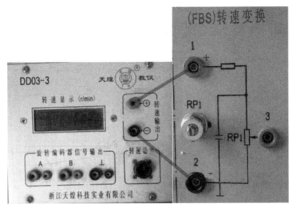

图 3-41　速度变换环节电路接线示意图

3. 转速负反馈直流调速系统的连接

按照图 3-38 连接电路,具体如下:

(1)按照本项目任务 2 的任务实施 1、2 的步骤操作。

(2)将"负给定"电压 U_g ⊙,与图 3-39 中"速度调节器"的"3"端相连,"速度调节器"的"7"端与触发器的移相控制电压端子 相连。

(3)"电流反馈与过电流保护"模块的三相电源在实验箱内部连接。

4. 转速负反馈直流调速系统静特性测试

(1)有静差直流调速系统静特性测试:

①按照图 3-39 将"速度调节器"接成 P 调节器,$R_1 = 40\ \text{k}\Omega$。

②"负给定"电压 U_g 调到零,励磁电源开关拨至"开",直流发电机先轻载(即电阻 R 调到最大),按下启动按钮,从零开始逐渐增加"负给定"电压 U_g,使电动机慢慢启动并使转速 n 达到 1 200 r/min。

③调节直流发电机负载(由大到小改变电阻 R),直至 $I_d = I_{ed}$,测出在 U_{ct} 不变时,随着 I_d 的增加,转速 n 随之变化的系统静特性 $n = f(I_d)$,取 6~8 组测量的数据制成表格(自拟),并绘出开环机械特性曲线(自拟)。

④适当增加速度调节器的比例放大系数,即增加 R1 值(比如取值 100 Ω),重复步骤②、③,观察转速变化。

⑤将"负给定"退到零,再按停止按钮,结束步骤。

(2)无静差直流调速系统静特性测试:

①将"速度调节器"接成 PI 调节器。将图 3-39 中"速度调节器"的"5""6"两端的短接线去掉,选容值为 0.47 μF 的电容接入"5""6"两端,即 $R_7 = 40\ \text{k}\Omega$,$C_5 = 0.47\ \mu\text{F}$。

②励磁电源开关拨至"开",直流发电机先轻载(即电阻 R 调到最大),按下启动按钮,从零开始逐渐增加"负给定"电压 U_g,使电动机慢慢启动并使转速 n 达到 1 200 r/min。(若系统不稳定,可适当调节速度调节器的 R7、C5,来改善系统的稳定性,只要系统转速稳定在±1 转范围内即可)。

③调节直流发电机负载(由大到小改变电阻 R),直至 $I_d = I_{ed}$,测出在 U_{ct} 不变时,随着 I_d 的增加,转速 n 随之变化的系统静特性 $n = f(I_d)$,取 6~8 组测量的数据制成表格(自拟),并绘出

开环机械特性曲线(自拟)。

④将"负给定"退到零,再按停止按钮,结束步骤。

课后练习

一、单选题

1. 无静差调速系统中必须有(　　)。

　　A. 比例环节　　　　B. 积分环节　　　　C. 微分环节　　　　D. 惯性环节

2. (　　)的越大,越有利于提高系统的稳态精度,但不利于系统的稳定。

　　A. 开环增益(K)　　B. 稳态误差　　　　C. 振荡次数　　　　D. 最大超调量(σ)

3. PID控制规律中,(　　)。

　　A. K_P越大,比例作用越强;T_I越大,积分作用越强;T_D越大,微分作用越强。

　　B. K_P越小,比例作用越强;T_I越小,积分作用越强;T_D越小,微分作用越强。

　　C. K_P越大,比例作用越强;T_I越小,积分作用越强;T_D越大,微分作用越强。

　　D. 以上均不对

4. 转速负反馈调速系统对检测反馈元件和给定电压造成的转速扰动(　　)补偿能力。

　　A. 没有

　　B. 有

　　C. 对前者有补偿能力,对后者无

　　D. 对前者无补偿能力,对后者有

5. 调试时,若将比例-积分(PI)调节器的反馈电容短接,则该调节器将成为(　　)。

　　A. 比例调节器　　　　　　　　　　B. 积分调节器

　　C. 比例-微分调节器　　　　　　　D. 比例-积分-微分调节器

6. 转速负反馈有静差调速系统中,当负载增加以后,转速要下降,系统自动调速以后,可以使电动机的转速(　　)。

　　A. 等于原来的转速　　　　　　　　B. 低于原来的转速

　　C. 高于原来的转速　　　　　　　　D. 以恒转速旋转

7. 在转速负反馈系统中,闭环系统的静态转速降减为开环系统静态转速降的(　　)倍。

　　A. $1+K$　　　　　　B. $1+2K$　　　　　C. $1/(1+2K)$　　　　D. $1/(1+K)$

二、填空题

1. 微分控制的主要作用是克服被控参数的_____。

2. 在PID控制中,_____控制能及时克服扰动影响;_____能消除静差,改善系统静态性能;_____能减小超调、克服振荡、加速系统过渡过程。

3. 电流截止负反馈环节的作用是_____。

4. 如图3-42所示电路,输入信号 U_i 为单位阶跃信号时,试画出输出信号 U_o 的响应曲线。

三、问答题

1.试回答下列问题:

(1)在转速负反馈单闭环有静差调速系统中,突减负载后又进入稳定运行状态,此时晶闸

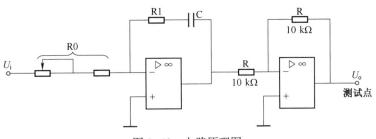

图 3-42   电路原理图

管整流装置的输出电压 U_d 较之负载变化前是增加、减少还是不变?

(2)在无静差调速系统中,突加负载后进入稳态时转速 n 和整流装置的输出电压 U_d 是增加、减少还是不变?

2. 在转速负反馈单闭环有静差调速系统中,当下列参数变化时系统是否有调节作用? 为什么?

(1)放大器的放大系数 K_p;

(2)供电电网电压;

(3)电枢电阻 R_a;

(4)电动机励磁电流;

(5)转速反馈系数 α。

3.转速负反馈的极性如果接反会产生什么现象?

任务4   转速电流双闭环直流调速系统静特性测试

🔲学习目标

(1)能正确连接并调试转速电流双闭环直流调速系统的各个组成单元。

(2)会测试转速电流双闭环直流调速系统的动态和静态特性。

(3)会整定调节器参数。

🔲相关知识

一、无静差直流调速系统存在的问题

采用比例-积分的转速负反馈、电流截止负反馈环节的调速系统,在保证系统的稳定运行下实现了无静差调速,又限制了启动时的最大电流。这对一般要求不太高的调速系统,基本上已满足了要求。但是由于电流截止负反馈限制了最大电流,加上电动机反电动势随转速的上升而增加,使电流到达最大值时又迅速降下来,电磁转矩也随之减小,必然影响了启动的快速性(即启动时间 t_s 较长),如图 3-43(a)所示。

实际生产中,有些调速系统,如龙门刨床、轧钢机等经常处于正反转状态,为提高生产效率和加工质量,要求尽量缩短正反转过渡过程时间。为了充分利用晶闸管元件和电动机所允许的过载能力,使启动电流保持在最大允许值上,以最大启动转矩启动,可以使转速迅速直线上升,减少启动时间。理想的启动过程的波形如图 3-43(b)所示。为了实现理想的启动过程,工程上常采用转速电流双闭环直流调速系统,启动时启动电流保持最大值,使转速迅速达到给定值;稳态运行时,电动机转速跟随转速给定电压变化,电动机电枢电流平衡负载电流。

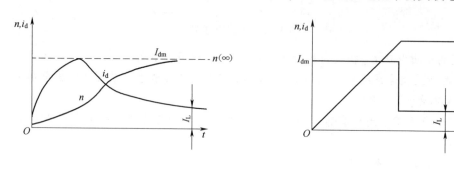

(a)带电流截止负反馈的单闭环调速系统启动过程　　　　(b)理想的启动过程

图 3-43　调速系统启动过程的电流和转速波形

二、转速电流双闭环直流调速系统的稳态结构图

在图 3-44 所示的转速电流双闭环直流调速系统中,ASR 和 ACR 均为 PI 调节器,其输入/输出均设有限幅电路。ACR 输出限幅值为 U_{ctm},它限制了晶闸管整流器输出电压 U_{dm} 的最大值;ASR 输出限幅值为 U_{im}^*,它决定了主回路中的最大允许电流 I_{dm}。其对应的稳态结构图如图 3-45 所示。ACR 和 ASR 的输入/输出量的极性,主要视触发电路对控制电压的要求而定。若触发电路要求 ACR 的输出 U_{ct} 为正极性,由于调节器均为反向输入,所以,ASR 输入的转速给定电压 $U_n{}^*$ 要求为正极性,它的输出 U_i^* 应为负极性。

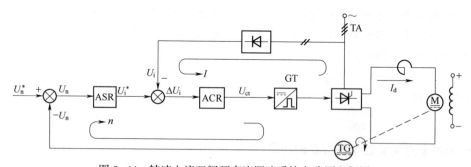

图 3-44　转速电流双闭环直流调速系统电路原理框图

由于 ACR 为 PI 调节器,稳态时,输入偏差电压 $\Delta U_i = -U_i^* + U_i = -U_i^* + \beta I_d = 0$,即 $I_d = U_i^*/\beta$。当 U_i^* 为一定时,由于电流负反馈的调节作用,使整流装置的输出电流保持在 U_i^*/β 数值上。当 $I_d > U_i^*/\beta$ 时,自动调节过程如图 3-46 所示。

同理,ASR 也为 PI 调节器,稳态时输入偏差电压 $\Delta U_n = U_n^* - \alpha n = 0$,即 $n = U_n^*/\alpha$,当 U_n^*

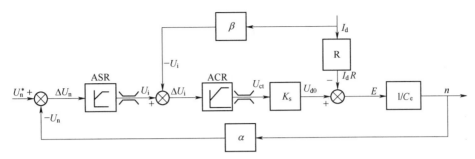

图 3-45　转速电流双闭环直流调速系统稳态结构图

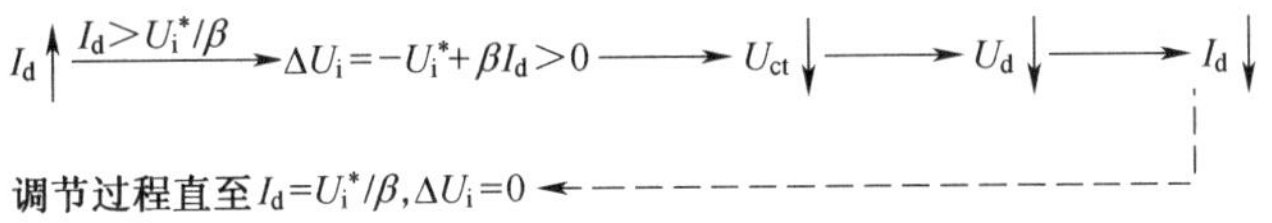

$$I_{\mathrm{d}} \downarrow \xrightarrow{I_{\mathrm{d}} > U_{\mathrm{i}}^*/\beta} \Delta U_{\mathrm{i}} = -U_{\mathrm{i}}^* + \beta I_{\mathrm{d}} > 0 \longrightarrow U_{\mathrm{ct}} \downarrow \longrightarrow U_{\mathrm{d}} \downarrow \longrightarrow I_{\mathrm{d}} \downarrow$$

调节过程直至 $I_{\mathrm{d}} = U_{\mathrm{i}}^*/\beta, \Delta U_{\mathrm{i}} = 0$ ←‐‐‐‐‐‐‐‐‐‐‐‐‐‐

图 3-46　电流环的自动调节过程

为一定值时,转速 n 将稳定在 U_{n}^*/α 数值上。当 $n < U_{\mathrm{n}}^*/\alpha$ 时,其自动调节过程如图 3-47 所示。

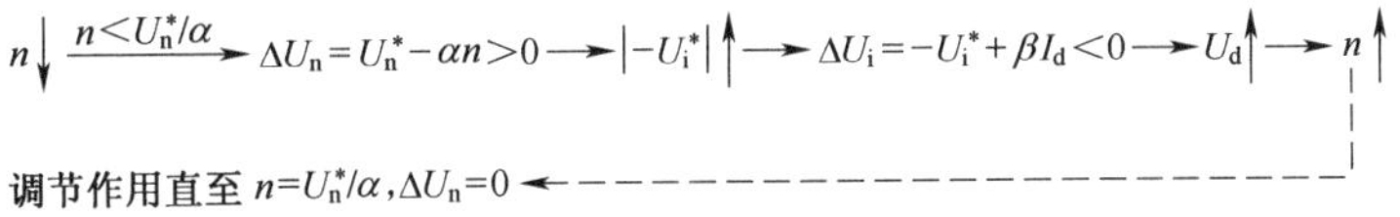

$$n \downarrow \xrightarrow{n < U_{\mathrm{n}}^*/\alpha} \Delta U_{\mathrm{n}} = U_{\mathrm{n}}^* - \alpha n > 0 \longrightarrow |-U_{\mathrm{i}}^*| \uparrow \longrightarrow \Delta U_{\mathrm{i}} = -U_{\mathrm{i}}^* + \beta I_{\mathrm{d}} < 0 \longrightarrow U_{\mathrm{d}} \uparrow \longrightarrow n \uparrow$$

调节作用直至 $n = U_{\mathrm{n}}^*/\alpha, \Delta U_{\mathrm{n}} = 0$ ←‐‐‐‐‐‐‐‐‐‐‐‐‐‐

图 3-47　转速环的自动调节过程

三、双闭环调速系统的静特性及稳态参数的计算

分析双闭环调速系统静特性的关键是掌握转速调节器 PI 的稳态特征,它一般存在两种状况:一是饱和,此时输出达到限幅值,输入量的变化不再影响输出,除非有反相的输入信号使转速调节器退饱和,这时转速环相当于开环;二是不饱和,此时输出未达到限幅值,转速调节器使输入偏差电压 ΔU_{n} 在稳态时总是零。

当转速 PI 调节器线性调节输出未达到限幅值,则 $U_{\mathrm{i}}^* < U_{\mathrm{im}}^*$, $I_{\mathrm{d}} < I_{\mathrm{dm}}$,同前面讨论的相同,由于积累作用使 $\Delta U_{\mathrm{n}} = 0$,即 $n = U_{\mathrm{n}}^*/\alpha$ 保持不变,直到 $I_{\mathrm{d}} = I_{\mathrm{dm}}$,如图 3-48 中 $n_0 A$ 段所示。

当转速 PI 调节器饱和输出为限幅值 U_{im}^*,转速外环的输入量极性不改变,转速的变化对系统不再产生影响,转速 PI 调节器相当于开环运行,这样双闭环变为单闭环电流负反馈系统,系统由恒转速调节变为恒电流调节,从而获得极好的下垂特性(如图 3-48 中的 AB 段所示)。

由上面分析可见,转速环要求电流迅速响应转速 n 的变化,而电流环则要求维持电流不变。这不利于电流对转速变化的响应,有使静特性变软的趋势。但由于转速环是外环,电流环的作用只相当转速环内部的一种扰动作用而已,不起主导作用。只要转速环的开环放大倍数足够大,最后仍然能靠 ASR 的积分作用,消除转速偏差。因此,双闭环系统的静特性具有近似理想的"挖土机特性"(如图 3-48 中虚线所示)。当两个调节器都不饱和且系统处于稳态工作时,由前面讨论可知, $n = U_{\mathrm{n}}^*/\alpha$ 和 $I_{\mathrm{d}} = U_{\mathrm{i}}^*/\beta$。由于稳态时两个 PI 调节器输入偏差电压 $\Delta U_{\mathrm{n}} = 0$,给定电压与反馈电压相等,可得参数如下:

控制电压

$$U_{ct} = \frac{U_{d0}}{K_s} = \frac{C_e n + I_d R}{K_s} = \frac{C_e U_n^* / \alpha + I_d R}{K_s} \quad (3-19)$$

转速反馈系数

$$\alpha = \frac{U_{nm}^*}{n_{max}} \quad (3-20)$$

电流反馈系数

$$\beta = \frac{U_{im}^*}{I_d} \quad (3-21)$$

式中，U_{nm}^* 和 U_{im}^* 是受运算放大器的允许输入限幅电路电压限制的。

四、双闭环调速系统的动态特性

双闭环调速系统的启动特性如图 3-49 所示。

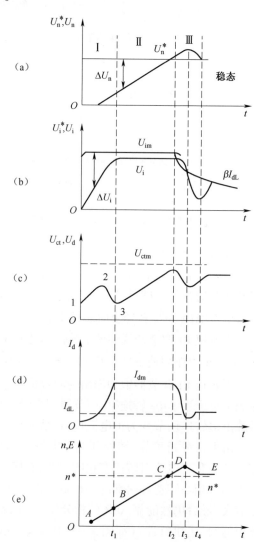

图 3-49　双闭环调速系统的启动特性

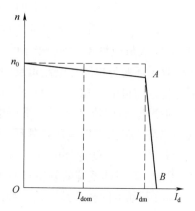

图 3-48　双闭环系统的静特性

在突加转速给定电压 U_n^* 阶跃信号作用下,由于启动瞬间电动机转速为零,ASR 的输入偏差电压 $\Delta U_{nm} = U_n^*$ 而饱和,输出限幅值为 U_{nm}^*,ACR 的输出 U_{ct}、电动机电枢电流 I_d 和转速 n 的动态响应过程可分为如下三个阶段:

第 I 阶段:电流从零增至截止值。启动初,n 为零,则 $\Delta U_n = U_n^* - \alpha n$ 为最大,它使速度调节器 ASR 的输出电压 $|-U_i^*|$ 迅速增大,很快达到限幅值 U_{im}^*,如图 3-49(a)、(b)所示。此时,U_{im}^* 为电流调节器的给定电压,其输出电流迅速上升,当 $I_d = I_{dL}$(A 点)时,n 才开始上升,由于电流调节器的调节作用,很快使 $I_d \approx I_{dm}$(B 点)。标志电流上升过程结束,如图 3-49(c)、(d)所示。在这阶段,ASR 迅速达到饱和状态,不再起调节作用。因 $T_L < T_M$,U_i 比 U_n 增长快,这使 ACR 的输出不饱和,起主要调节作用;同时,$U_{im}^* \approx \beta I_{dm}$,$\beta = U_i^*/I_{dm}$。

第 II 阶段:恒流升速阶段。由于电流调节器的调节作用,使 $I_d \approx I_{dm}$,电流接近恒量,随着转速的上升,电动机的反电势 E 也跟着上升($E \propto n$),电流将从 I_{dm} 有所回落。由 $\Delta U_i < 0$,电流调节器输出电压上升,使电枢电压 U_d 能适应 E 的上升而上升,并使电流接近保持最大值 I_{dm}。由于电流 PI 调节器的无静差调节,使 $I_{dm} \approx U_{im}^*/\beta$,充分发挥了晶闸管元件和电动机的过载能力,转速直线上升,接近理想的启动过程。在这阶段,ASR 保持饱和状态,ACR 保持线性工作状态;同时 $|U_{im}^*| > U_i$,$\Delta U = -U_{im}^* + I_d < 0$,$U_{ct}$ 线性上升,很快使 $U_n^* = U_n = \alpha n$(C 点)。

第 III 阶段:转速调节。由于转速 n 的不断上升,又由于 ASR 的积分作用,转速调节器仍将保持在限幅值,则电流 I 保持在最大值,电动机继续上升,从而出现了转速超调现象。当转速 $n > n^*$ 时,$\Delta U_n = U_n^* - \alpha n < 0$,转速调节器的输入信号反相,$n$ 到达峰值后(D 点),输出值下降,ASR 退出饱和。经 ASR 的调节最终使 $n = n^*$。而 ACR 调节使 $I_d = I_{dL}$(E 点),如图 3-49(e)所示。在这阶段,ASR 退出饱和状态,转速环开始调节,n 跟随 U_n^* 变化,ACR 保持在不饱和状态,I_d 跟随 U_i^* 变化;进入稳态后,$\Delta U_n = U_n^* - \alpha n = 0$,$\Delta U_i = -U_i^* + U_i = 0$,$U_{ct} = (C_e n^* + RI_{dL})/k_s$。

总之,分析图 3-49,要抓住这样几个关键:

$$I_d > I_{dL}, \frac{dn}{dt} > 0, n \text{ 升速}$$

$$I_d < I_{dL}, \frac{dn}{dt} < 0, n \text{ 降速}$$

$$I_d = I_{dL}, \frac{dn}{dt} = 0, n = \text{常数}$$

可以看出,转速调节器在电动机启动过程的初期由不饱和到饱和、中期处于饱和状态、后期处于退饱和到线性调节状态;而电流调节器始终处于线性调节状态。

双闭环调速系统中转速调节器的作用:使转速 n 跟随给定电压 U_n^* 变化,稳态无静差;对负载变化起抗扰作用;其输出限幅值决定允许的最大电流。

双闭环调速系统中电流调节器的作用:电动机启动时,保证获得最大电流,启动时间短,使系统具有较好的动态特性;在转速调节过程中,使电流跟随其给定电压 U_i' 变化;当电动机过载甚至堵转时,限制电枢电流的最大值,起到安全保护作用;故障消失后,系统能够自动恢复正常,对电网电压波动起快速抑制作用。

📋**任务要求**

按图 3-50 连接转速电流双闭环直流调速系统并测试其静特性。

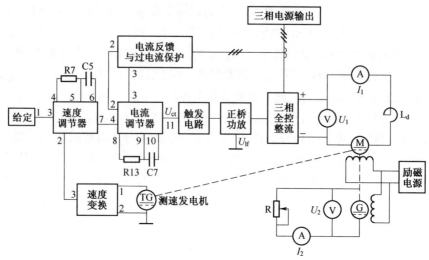

图 3-50　转速电流双闭环直流调速系统

✍**任务分析**

类似龙门刨工作台,由于加工和运行的要求,使电动机经常处于启动、制动、反转的过渡过程中,因此启动和制动过程的时间在很大程度上决定了生产机械的生产效率。为缩短这一部分时间,仅采用 PI 调节器的转速负反馈单闭环调速系统,其性能还不很令人满意。双闭环直流调速系统是由电流和转速两个调节器进行综合调节的,可获得良好的静、动态性能(两个调节器均采用 PI 调节器),由于调速系统的主要参量为转速,故将转速环作为主环放在外面,电流环作为副环放在里面,这样可以抑制电网电压扰动对转速的影响。本任务实施步骤仍是先单元调试,后整体调试。

🎤**任务实施**

1. 触发电路的调试
参考项目 1 任务 4 的任务实施:三相全控桥触发电路的调试。
2. 速度调节器的调零及其限幅值调节
参见本项目任务 3。
3. 整定测速发电机变换环节的转速反馈系数
参见本项目任务 3 的任务实施。
4. 电流调节器的调整

电流调节器原理图如图 3-51 所示。先进行电流调节器调零,再进行正负限幅值调整。

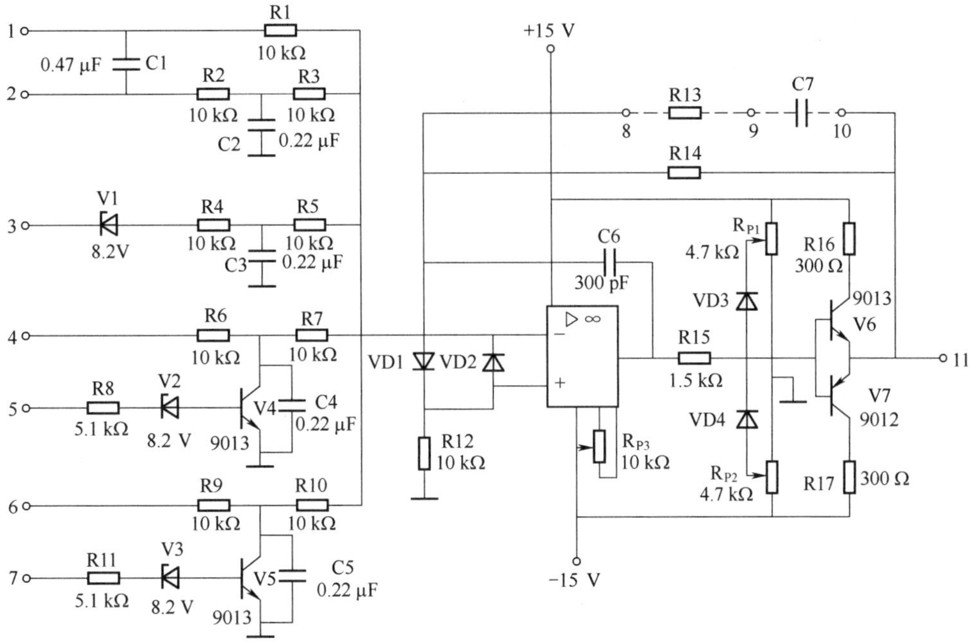

图 3-51 电流调节器原理图

(1)电流调节器调零。将"电流调节器"所有输入端接地;将可调电阻(可选约 13 kΩ)接到"电流调节器"的"8""9"两端。用导线将"9""10"两端短接,使"电流调节器"成为 P 调节器;调节面板上的调零电位器 RP3,用万用表的毫伏挡测量电流调节器的"11"端,使电流调节器的输出电压尽可能接近于零。

(2)电流调节器的正负限幅值调整。把"电流调节器"的"9""10"两端短接线去掉;将所有输入端接地线去掉;将可调电容(可选约 0.47 μF)接入"9""10"两端,使调节器成为 PI 调节器;将"给定"电压接到电流调节器的"4"端;当加一定的正给定时(如+5 V),调整负限幅电位器 R_{P2},使之输出电压"11"端接近于 0;当加一定的负给定时(如-5 V),调整正限幅电位器 R_{P1},使电流调节器的输出"11"端值为 U_{ctmax}。

5. 电流反馈系数的整定

(1)电流反馈单元,不需要再外部进行接线,只要将相应挂件的十芯电源线与插座相连接,当打开挂件电源开关时,电流反馈即处于工作状态。

(2)直接将"给定"电压 U_g 接入触发器移相控制电压 U_{ct} 的输入端,整流桥输出接电阻负载 R,输出给定调到零。

(3)按下启动按钮,从零增加给定,使输出电压升高,当 $U_d = 220$ V,减小负载的阻值,使得负载电流 $I_d = 1.3$ A 左右;调节"电流反馈与过电流保护"上的电流反馈电位器 RP1,使得"2"端 I_f 电流反馈电压 $U_{fi} = +6$ V,这时的电流反馈系数 $\beta = U_{fi}/I_d = 4.6$ V/A。

6. 模拟龙门刨工作台用直流调速系统的连接与调试

(1)选择给定电压 U_g 为"正给定",将给定的输出调到零,连接到速度调节器的输入端子"3"。

（2）将速度调节器,电流调节器都接成 PI(比例-积分)调节器后,按图 3-51 接入系统。

（3）静态特性 $n=f(I_d)$ 的测定:

①按下启动按钮,接通励磁电源。

②直流发电机先轻载(即负载电阻 R 调到最大),然后从零开始逐渐增加"正给定"电压 U_g,使电动机慢慢启动并使转速 n 达到 1 200 r/min。

③调节直流发电机负载(由大到小改变负载电阻 R),直至 $I_d=I_{ed}$,测出电动机的电枢电流 I_d,和电动机的转速 n,记录数据并绘出系统静态特性曲线 $n=f(I_d)$。

④重复步骤①~③,再测试 $n=800$ r/min 时的静态特性曲线,记录数据并绘出系统静态特性曲线 $n=f(I_d)$。

⑤简要分析步骤③和④的结果。

⑥闭环控制系统 $n=f(U_g)$ 的测定。直流发电机先轻载(即负载电阻 R 调到最大),然后从零开始逐渐增加"正给定"电压 U_g,使电动机慢慢启动并使转速 n 达到 1 200 r/min。逐渐减小"正给定"电压 U_g,记录 U_g 和电动机的转速 n,绘出闭环控制系统特性 $n=f(U_g)$。

（4）系统动态特性的观察:

①观察电动机启动时的动态特性。突加给定电压 U_g;用慢扫描示波器观察电动机启动时的电枢电流 I_d("电流反馈与过电流保护"的"2"端)波形;用慢扫描示波器观察电动机启动时转速 n("速度变换"的"3"端)波形。

②观察电动机负载突变时的动态特性。突加额定负载($20\%I_{ed}\rightarrow100\%I_{ed}$)时电动机电枢电流波形和转速波形;突降负载($100\%I_{ed}\rightarrow20\%I_{ed}$)时电动机的电枢电流波形和转速波形。

③观察在不同的系统参数下电动机的动态特性。用慢扫描示波器观察"速度调节器"的增益和积分电容改变,对动态特性的影响;用慢扫描示波器观察"电流调节器"的增益和积分电容改变,对动态特性的影响。

课后练习

一、判断题

1. 转速电流双闭环直流调速系统在突加负载时,转速调节器和电流调节器均参与调节作用,但转速调节器起主导作用。 （ ）

2. 双闭环直流调速系统包括电流环和转速环。电流环为外环,转速环为内环。 （ ）

3. 转速电流双闭环调速系统中,转速调节器的输出电压是系统转速给定电压。 （ ）

4. 转速电流双闭环调速系统调试时,一般是先调试电流环,再调试转速环。 （ ）

5. 双闭环直流调速系统启动过程中,电流调节器始终处于调节状态,而转速调节器在启动过程的初、后期处于调节状态,中期处于饱和状态。 （ ）

二、选择题

1. 转速电流双闭环直流调速系统,在突加给定电压启动过程中第Ⅰ、Ⅱ阶段,速度调节器处于( )状态。

    A. 调节   B. 零   C. 截止   D. 饱和

2. 在转速电流双闭环直流调速系统调试中,当转速给定电压增加到额定给定值,而电动机转速低于所要求的额定值,此时应(　　)。

    A. 增加转速负反馈电压值　　　　　　B. 减小转速负反馈电压值

    C. 增加转速调节器输出电压限幅值　　D. 减小转速调速器输出电压限幅值

3. 在转速电流双闭环直流调速系统中,如要使主回路允许最大电流值减小,应使(　　)。

    A. 转速调节器输出电压限幅值增加　　B. 电流调节器输出电压限幅值增加

    C. 转速调节器输出电压限幅值减小　　D. 电流调节器输出电压限幅值减小

4. 转速电流双闭环直流调速系统中不加电流截止负反馈,是因为其主电路电流的限流(　　)。

    A. 由比例一积分调节器保证　　　　　B. 由转速环保证

    C. 由电流环保证　　　　　　　　　　D. 由速度调节器的限幅保证

5. 双闭环直流调速系统中的电流环的输入信号有两个,即(　　)。

    A. 主电路反馈的转速信号及转速环的输出信号

    B. 主电路反馈的电流信号及转速环的输出信号

    C. 主电路反馈的电压信号及转速环的输出信号

6. 转速电流双闭环直流调速系统,在负载变化时出现转速偏差,消除此偏差主要靠(　　)。

    A. 电流调节器　　　B. 转速调节器　　　C. 转速、电流两个调节器

7. 转速电流双闭环直流调速系统,在系统过载或堵转时转速调节器处于(　　)。

    A. 饱和状态　　　　B. 调节状态　　　　C. 截止状态

拓展应用

一、龙门刨工作台调速

1. 龙门刨工作台电力拖动要求

(1)调速范围:龙门刨工作台为直线往复运动,采用直流电动机调压调速,并加一级机械变速,从而使工作台调速范围达 1:20。工作台低速挡的速度为 6~60 m/min,高速挡的速度为 9~90 m/min。

(2)静差度:龙门刨床加工时,由于工件表面不平和工件材料的不均匀度,刨削过程中的切削力将是变动的。因此,要求负载变动时,工作台速度的变化不超过允许范围。龙门刨床的静差度一般要求为 0.05~0.1。

(3)工作台往复循环中的速度变化:为避免刀具切入工件时的冲击而使刀具崩裂,工作台开始前进时速度较慢,以使刀具慢速切入工件,而后增加到规定速度。在工作台前进与返回行程的末尾,工作台能自动减速,以使刀具慢速离开工件,防止工件边缘剥落,同时可减小工作台反向时的超程和对电动机、机械的冲击。当工作台速度低于 10 m/min 时,减速环节不起作用。这样,龙门刨床工作台能够得到如图 3-52 所示的三种速度图。

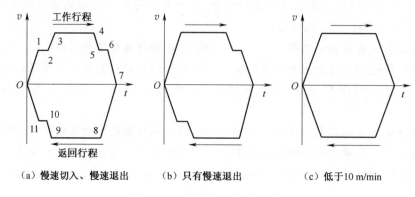

（a）慢速切入、慢速退出　　　（b）只有慢速退出　　　（c）低于10 m/min

图 3-52　龙门刨工作台速度图

以图 3-52（a）为例,0→1 为正向启动,1→2 为慢速切入,3→4 为切削速度,5→6 为慢速切出;6→7 为工作台制动,7→8 为反向启动,8→9 为返回速度,10→11 为反向前减速,11→0 为工作台制动。

（4）调速方案能满足负载性质的要求:工作台在 25 m/min 以下时为等切削力区,希望输出转矩恒定;而在高于 25 m/min 时,则希望功率恒定。

（5）满足磨削要求,工作台速度能降低到 1 m/min。

（6）工作台正反向过渡过程要快,以提高生产率和防止工作台"脱轨"。

（7）必要的联锁,以保证各部件的动作协调,避免因机床的误动作而引起事故。在下述情况下,工作台应立即停止。如:工作台超越允许行程范围;导轨与润滑油泵停止工作;横梁与刀架同时上下移动;直流电动机电枢电流超过允许值。

2. 龙门刨工作台调速电路原理图

某龙门刨工作台直流调速系统采用转速电流双闭环直流调速系统,其原理图如图 3-53 所示。

系统组成:该系统由主电路和触发电路组成。图 3-53（a）为调速系统的主电路,由三相桥式可控整流电路、工作台电动机电枢回路、RC 电路等组成。图 3-53（b）为调速系统的触发电路,由给定环节、测速反馈环节、速度调节器与电流调节器（BTJ1-4 内）、放大环节及脉冲形成环节（BCF1-1）组成。电流调节器和电流检测反馈回路构成了电流环;转速调节器和转速检测反馈环节构成了转速环,故为双闭环直流调速系统。

系统的工作原理:在图 3-53 所示系统中,速度调节器和电流调节器串级连接,即把速度调节器的输出当作电流调节器的输入,再由电流调节器的输出去控制晶闸管整流器的触发装置。即图 3-53（b）中的"测速反馈环节"将反映转速变化的电压信号反馈到"速度调节器"的输入端（在 BTJ1-4 内）,与"给定环节"的给定电压比较得到偏差信号,经速度调节器进行 PI 运算后,得到的信号,再与"电流检测环节"的反馈信号比较得偏差信号,经电流调节器进行 PI 运算（在 BTJ1-4 内）,得到移相控制电压,经"放大环节和脉冲形成环节"得到触发脉冲,加到图 3-53（a）中相应晶闸管的门极和阴极之间,以改变"三相可控整流桥"的输出电压,进而改变工作台电动机的速度。

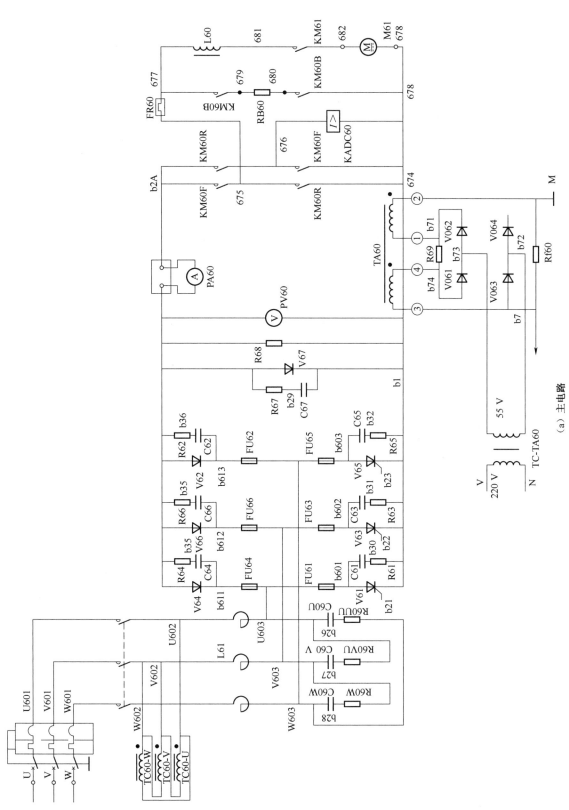

（a）主电路

图 3-53　某龙门刨床工作台转速电流双闭环直流调速系统原理图

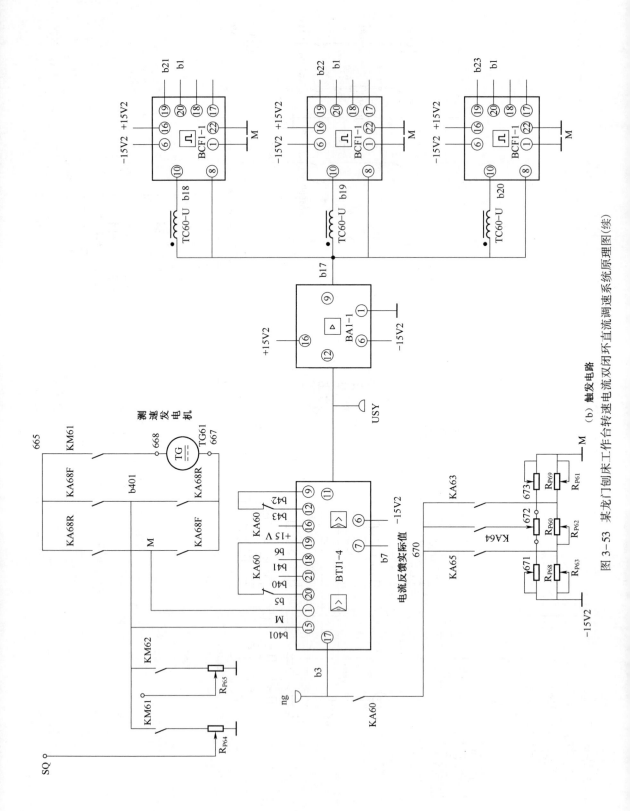

图 3-53 某龙门刨床工作台转速电流双闭环直流调速系统原理图(续)

(b) 触发电路

二、数字式直流调速器

数字式直流调速器,如590系列全数字直流调速器,如图3-54所示,可满足最复杂的直流电动机控制要求,且能单点及多点通信运作,构成完整的传动控制方案,广泛应用于冶金、造纸、印刷、包装等行业,主要适合张力与同步控制场合的应用。

图3-54　欧陆590系列全数字直流调速器

功能特点:

(1)高动力矩:200% 扭矩启动,可以设置零时间响应。

(2)快速制动:有惯性停车、自由停车和程序停车。四象限运行回馈制动程序,停车可以设置成0.1 s(最短)。

(3)内置PID功能:开放性PID,可以灵活设定成任何物理量,可以单独使用反馈回路而忽略给定值,能够方便实现闭环张力等控制需要。

(4)内置卷径推算功能:根据角速度和线速度可以灵活推算出当前直径,方便进行力矩等控制,实现收放卷等高精度控制。

(5)内置多功能加减乘除计算模块,可以实现各种逻辑组合推算电路,满足各种工艺控制要求。

(6)总线控制:支持PROFIBUS,CAN等常用中性线控制。

(7)可编程功能:各模拟量端口可以设置各种目标和源代码量,灵活组态各种工艺控制要求,开关量也可以随便组态。

(8)英文菜单:可以显示具体参数名称,方便记忆,熟悉后不用说明书也可以操作。

(9)参数自整定:电流环参数自整定功能,可以根据负载自动优化参数。

(10)面板和计算机写参数:通过CLETE软件可以上传或下载590直流调速器的参数,也可以直接通过操作面板四个按键调整任意一种参数。

项目 ④ 变频器的认识与操作

📺 项目描述

变频器可将电网电源交流电变成频率可调的交流电,广泛用于交流电动机的变频调速、金属熔炼、感应加热及机械零件淬火等场合。图4-1为三菱 FR-D700 变频器外形图。

在本项目中,先认识变频器的基本结构,然后再测试变频调速系统的特性,最后使用变频器来控制电动机的启停和调速。

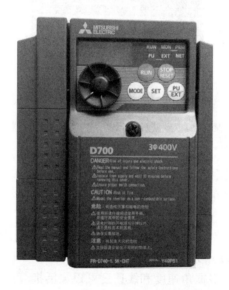

图4-1 三菱 FR-D700 变频器外形图

任务1 认识交—直—交变频器的内部结构

📖 学习目标

(1)认识变频器的内部电路结构。

(2)会分析逆变器的工作原理。

(3)能正确阐述 SPWM 的基本原理及实现方法。

相关知识

变频器具体积较小、重量较轻、控制精度较高、工作安全可靠等优点,广泛应用在调速场合,和其他的调速方法相比,除了可以实现速度连续调节外,还具有能源利用率高的优点。

变频器由于内部结构和原理不尽相同,可以分成许多种类。如按照变流环节不同,可分为交—直—交变频器和交—交变频器。交—直—交变频器将频率固定的交流电转换成直流电,经过滤波,再将平滑的直流电逆变成频率连续可调的交流电。变换后的频率是自由的,既可以低于转换前的固定频率,也可以高于转换前的固定频率,应用相对普及。交—交变频器是把频率固定的交流电直接转换成频率连续可调的交流电,输出频率不可能高于转换前的固定频率,一般输出频率不大于输入频率的1/3。但由于没有了中间的直流环节,转换的效率较高,所以在功率容量特别巨大的场合使用较多。

交—直—交变频器由整流电路将交流电变换成直流电,再由逆变电路将直流电逆变成频率连续可调的交流电。本任务主要学习逆变电路。

一、单相逆变电路

1. 单相逆变电路基本工作原理

交—直—交变频器中单相无源逆变电路原理图及负载电压波形图如图 4-2 所示。其工作原理是:当 VT1 和 VT4 触发导通时,负载 R 上得到左正右负的电压 u_o;当 VT2 和 VT3 触发导通时,VT1 和 VT4 承受反压关断,则负载电压 u_o 的极性变为右正左负。只要控制两组晶闸管轮流切换,就可将电源的直流电逆变为负载上的交流电。显然,负载交变电压 u_o 的频率等于晶闸管由导通转为关断的切换频率,若能控制切换频率,即可实现对负载电压频率的调节。问题在于,如何按时关断晶闸管,且关断后使晶闸管承受一段时间的反向电压,让晶闸管完全恢复正向阻断能力,即逆变电路中的晶闸管如何可靠地换流。

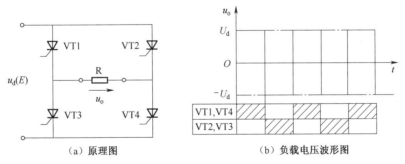

（a）原理图　　　　　（b）负载电压波形图

图 4-2　单相无源逆变电路原理图及负载电压波形图

2. 逆变电路的换流方式

换流的实质就是电流在由半导体器件组成的电路中不同桥臂之间的转移。在逆变电路中常用的换流方式有以下三种:

（1）器件换流。利用电力电子器件自身的自关断能力(如全控型器件)进行换流。采用自关断器件组成的逆变电路就属于这种类型的换流方式。

（2）负载换流。当逆变器输出电流超前电压（即带电容性负载）时，且流过晶闸管中的振荡电流自然过零时，则晶闸管将继续承受负载的反向电压，如果电流的超前时间大于晶闸管的关断时间，就能保证晶闸管完全恢复阻断能力，实现可靠换流。目前使用较多的并联和串联谐振式中频电源就属于此类换流，这种换流，主电路不需要附加换流环节，又称自然换流。

（3）强迫换流。强迫换流又称脉冲换流。当负载所需交流电频率不是很高时，可采用负载谐振式换流，但需要在负载回路中接入容量很大的补偿电容，这显然是不经济的，这时可在变频电路中附加一个换流回路。进行换流时，由于辅助晶闸管或另一主控晶闸管的导通，使换流回路产生一个脉冲，让原导通的晶闸管因承受一段时间的反向脉冲电压而可靠关断，这种换流方式称为强迫换流。图 4-3（a）为强迫换流电路原理图，电路中的换流环节由 VT2、C 与 R1 构成。当主控晶闸管 VT1 触发导通后，负载 R 被接通，同时直流电源经 R1 对电容 C 充电（极性为右正左负），直到电容电压 $U_C = -U_d$ 为止。当电路需要换流时，可触发辅助晶闸管 VT2，这时电容电压通过 VT2 加到 VT1 两端，迫使 VT1 两端承受反向电压而关断。同时，电容 C 还经 R、VT2 向直流电源放电后又被直流电源反充电。U_C 反充电波形图如图 4-3（b）所示。由波形图可见，VT2 触发导通至 t_0 期间，VT1 均承受反向电压，在此期间内 VT1 必须恢复到正向阻断状态。只要适当选取电容 C 的数值，使主控晶闸管 VT1 承受反向电压的时间大于 VT1 的恢复关断时间，即可确保可靠换流。

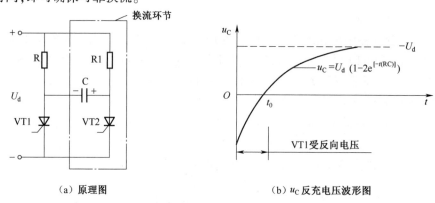

（a）原理图　　　　　　　　　　（b）u_C 反充电压波形图

图 4-3　强迫换流电路原理图及 u_C 反充电压波形图

二、三相逆变电路

三相逆变电路广泛应用于三相交流电动机变频调速系统中，它可由普通晶闸管组成，依靠附加换流环节进行强迫换流。如果用自关断电力电子器件组成，换流关断则全靠对器件的控制，不需附加换流环节。逆变电路按直流侧的电源是电压源还是电流源可分为以下两种：

一是直流侧是电压源供电的（通常由可控整流输出接大电容滤波）称为电压型逆变器。

二是直流侧是电流源供电的（通常由可控整流输出经大电抗 L_d 对电流滤波）称为电流型逆变器。两种逆变器的性能、特点及适用范围见表 4-1。

1. 电压型三相逆变器

图 4-4 所示为电力晶体管 GTR 组成的逆变器，图 4-4（a）为逆变原理图，图 4-4（b）为三相负载等效电路图。电路的基本工作方式是 180°导电方式，每个桥臂的主控管导通角为 180°，

表 4-1 两种逆变器的性能、特点及适用范围

项目	电流型逆变器	电压型逆变器
电路结构	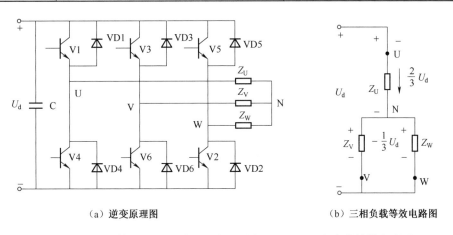	
负载无功功率	用换流电容处理	通过反馈二极管返还
逆变输出波形	电流为矩形波,电压近似为正弦波	电压为矩形波,电流近似为正弦波
电源阻抗	大	小
再生制动	方便,不附加设备	需在主电路设置反向并联逆变器
电流保护	过电流保护及短路保护容易	过电流保护及短路保护困难
对晶闸管的要求	耐压高,关断时间要求不高	耐压一般,要求采用 KK 型快速管
适用范围	单机拖动,加、减速频繁,需经常反转的场合	多机同步运行不可逆系统、快速性要求不高的场合

（a）逆变原理图　　　　（b）三相负载等效电路图

图 4-4　电力晶体管 GTR 组成的逆变器逆变原理图及三相负载等效电路图

同一相上、下两个桥臂主控管轮流导通,各相导通的时间依次相差120°。导通顺序为 V1,V2, V3,V4,V5,V6,每隔60°换相一次,由于每次换相总是在同一相上、下两个桥臂管子之间进行的,因而称之为纵向换相。这种180°导电的工作方式,在任一瞬间电路总有三个桥臂管子同时导通工作。顺序为第①区间 V1,V2,V3 同时导通,第②区间 V2,V3,V4 同时导通,第③区间 V3,V4,V5 同时导通等,依次类推。在第①区间 V1,V2,V3 导通时,电动机端线电压 $U_{UV}=0$,$U_{VW}=U_d$,$U_{WU}=-U_d$。在第②区间 V2,V3,V4 同时导通,电动机端线电压 $U_{UV}=-U_d$,$U_{VW}=U_d$,$U_{WU}=0$,依次类推。若是上面的一个桥臂管子与下面的两个桥臂管子配合工作,这时上面桥臂负载的相电压为 $2U_d/3$,而下面并联桥臂的每相负载相电压为 $-U_d/3$。若是上面两个桥臂管子与下面一个桥臂管子配合工作,则此时三相负载的相电压极性和数值刚好相反,其输出波形如图 4-5 所示。

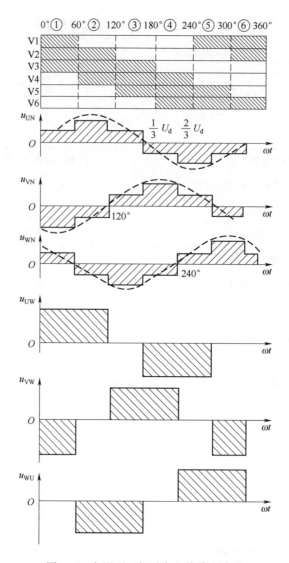

图 4-5　电压型三相逆变电路输出波形

2. 电流型三相逆变器

图 4-6 所示为串联二极管式电流型三相逆变电路的主电路,性能优于电压型逆变器,在晶闸管变频调速中应用最多。普通晶闸管 VT1~VT6 组成三相桥式逆变器,C1~C6 为换流电容,VD1~VD6 为隔离二极管,防止换流电容直接对负载放电。该逆变器工作方式为 120°导电式,每个晶闸管导通 120°,任何瞬间只有两只晶闸管同时导通,电动机正转时,晶闸管的导通顺序为 VT1→VT2→VT3→VT4→VT5→VT6,触发脉冲间隔为 60°。

逆变输出相电压为交变矩形波,线电压为交变阶梯波,每一阶梯电压值为 $U_d/2$。其输出的电流波形与电压型一样,可按照 120°导电控制方式画出,如图 4-7 所示。

在 0°~60°区间,导通的晶闸管为 VT1,VT6,所以 $i_U=i_d$,$i_V=-i_d$;同样,在 60°~120°区间,导通晶闸管为 VT1 和 VT2,所以 $i_U=i_d$,$i_W=-i_d$。对其他区间可用同样方法画出。

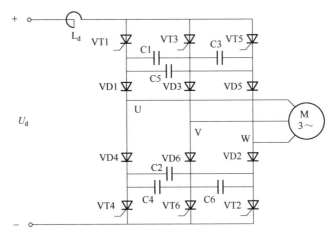

图 4-6 串联二极管式电流型三相逆变电路的主电路

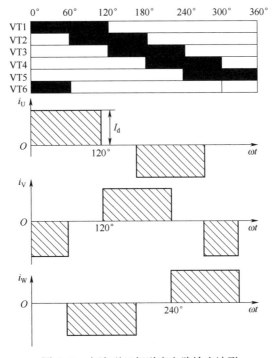

图 4-7 电流型三相逆变电路输出波形

任务要求

认识交—直—交变频器的内部电路结构,并阐述各部分电路的工作原理。

任务分析

交—直—交变频器电路结构可用图 4-8 表示。它由整流电路、逆变电路、控制电路等组成,其中整流电路和逆变电路等又可称为主电路的一部分。整流电路是将工频交流电经过整流,变成直流电;逆变电路是将整流后的直流电经过逆变变成电压和频率可调的交流电输出;控制电路控制电压和频率的大小。

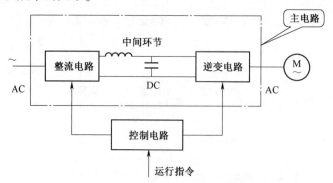

图 4-8　交—直—交变频器电路结构

🎤 **任务实施**

1. 认识主电路内部结构

主电路由整流部分、逆变部分和制动部分等构成。变频器主电路内部结构如图 4-9 所示。

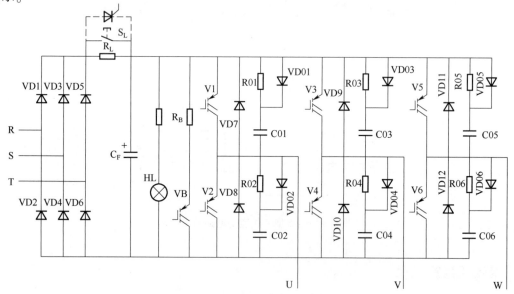

图 4-9　变频器主电路内部结构

（1）整流部分。整流部分是变频器用来将交流（三相或单相）变成直流的部分,它可以由整流单元、滤波单元、开启电流吸收回路单元组成。

①整流单元。图 4-9 中的整流单元是由二极管 VD1～VD6 组成的三相整流桥,实现将工频 380 V 的交流电整流成直流电。

②滤波单元。滤波单元主要对整流单元的输出进行平滑滤波，以保证输出质量较高的直流电源供给逆变电路。当滤波单元采用大电容 C_F 滤波时，输出直流电压波形比较平直，在理想情况下是一个内阻抗为零的恒压源，输出交流电压是矩形波或阶梯波，这类变频器称为电压型变频器，如图 4-10 所示，当交—直—交变频器的中间直流环节采用大电感滤波时，直流电流波形比较平直，因而电源内阻抗很大，对负载来说基本上是一个电流源，输出交流电流是矩形波或阶梯波，这类变频器称为电流型变频器，如图 4-11 所示。

图 4-10 电压型变频器   图 4-11 电流型变频器

③开启电流吸收回路单元。在电压型变频器的二极管整流电路中，由于在电源接通时，C_F 中将有一个很大的充电电流，该电流有可能烧坏二极管，容量较大时还可能形成对电网的干扰。影响同一电源系统的其他装置正常工作，所以在电路中加装了由 R_L、S_L 组成的限流电路，刚开机时，R_L 串入电路，限制 C_F 的充电电流，充电到一定的程度后 S_L 闭合将其切除。

（2）逆变部分：

①逆变电路。逆变电路由电力晶体管 V1～V6 构成，完成直流到交流的变换，并能实现输出频率和电压的同时调节，常用的逆变管有绝缘栅双极晶体管（IGBT），大功率晶体管（GTR）、功率场效应晶体管（MOSFET）等电力电子器件，具体内容参见项目 2 的任务 1。

②续流二极管。续流二极管 VD7～VD12 是电压型逆变器所需的反馈二极管，为无功电流、再生电流提供返回直流的通路。

③缓冲电路。电力晶体管 V1～V6 每次由导通状态切换成截止状态的关断瞬间，集电极和发射极（即 C.E）之间的电压 U_{CE} 极快地由 0 V 升至直流电压值 U_D，过高的电压增长率会导致逆变管损坏，C01～C06 的作用就是减小电压增长率，此时经 VD01～VD06 给电容充电。V1～V6 每次由截止状态切换到导通状态瞬间，C01～C06 上所充的电压 U_D 将向 V1～V6 放电。该放电电流的初始值是很大的，R01～R06 的作用就是减小 C01～C06 的放电电流。

（3）制动部分。由于整流电路输出的电压和电流极性都不能改变，不能从直流中间电路向交流电源反馈能量。当负载电动机由电动状态转入制动运行时，电动机变为发电状态，其能量通过逆变电路中的反馈二极管流入直流中间电路，使直流电压升高而产生过电压，这种过电压称为泵升电压。为了限制泵升电压，如图 4-9 所示，可给直流侧电容并联一个由电力晶体管 V_B 和能耗电阻 R 组成的泵升电压限制电路。当泵升电压超过一定数值时，使 V_B 导通，能量消耗在 R 上。这种电路可用于对制动时间有一定要求的调速系统中。

在要求电动机频繁快速加减的场合，上述带有泵升电压限制电路的变频电路耗能较多，能耗电阻 R 也需较大的功率。因此，如果希望在制动时把电动机的动能反馈回电网。这时，需要增加一套有源逆变电路（反组桥），以实现再生制动。

2. 认识控制电路内部结构

控制电路主要包括运算电路、电压/电流检测电路、输入/输出电路、速度检测电路以及保护电路，如图 4-12 所示。

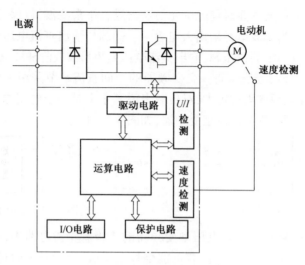

图 4-12　变频器控制电路结构

（1）运算电路。将外部的速度、转矩等指令同检测电路的电流、电压信号进行比较运算，决定逆变器的输出电压、频率。

（2）电压/电流（U/I）检测电路。与主回路电位隔离，检测电压、电流等。

（3）驱动电路。为驱动主电路器件的电路。它与控制电路隔离使主电路器件导通或关断。

（4）输入/输出（I/O）电路。为了变频器更好地进行人机交互，变频器具有多种输入信号的输入（比如运行、多段速度运行等）信号，还有各种内部参数的输出（比如电流、频率、保护动作驱动等）信号。

（5）速度检测电路。以装在异步电动轴机上的速度检测器（TG、PLG 等）的信号为速度信号，送入运算回路，根据指令和运算可使电动机按指令速度运转。

（6）保护电路。检测主电路的电压、电流等，当发生过载或过电压等异常时，为了防止逆变器和异步电动机损坏，使逆变器停止工作或抑制电压、电流值。

课后练习

一、单选题

1. IGBT 属于（　　）控制型元件。

　　A. 电流　　　　　　B. 电压　　　　　　C. 电阻　　　　　　D. 频率

2. 电压型逆变电路的特点是（　　）。

　　A. 直流侧接大电感　　　　　　　　B. 交流侧电流接近正弦波

　　C. 直流侧电压无脉动　　　　　　　D. 直流侧电流无脉动

3. 交—直—交变频器输出频率通常（　　）电网频率。

　　A. 高于　　　　　　B. 低于　　　　　　C. 无关于

4. 下列不属于交—交变频器的特点是（　　）。

A. 换能方式：一次换能，效率较高　　B. 换流方式：通过电网电压换流

C. 调频范围：调频范围比较窄　　　　D. 功率因数：功率因数比较高

二、填空题

1. 按逆变后能量馈送去向不同来分类，电力电子元件构成的逆变器可分为_____逆变器与_____逆变器两大类。

2. 通常变流电路实现换流的方式有_____、_____、_____、_____四种。

3. 180°导电型三相桥式逆变电路，晶闸管换相是在_____上的上、下两个元件之间进行的；而120°导电型三相桥式逆变电路，晶闸管换相是在_____上的元件之间进行的。

4. 交—直—交变频器的基本电路包括_____和_____电路，前者将工频交流电流变为直流电，后者将直流电变为交流电。

5. 根据交—直—交变频器直流环节电源性质不同可分为_____和_____，其中_____不能适应再生制动运行。

三、简答题

1. 观察日常生活中使用变频器的场合，列举一个例子，简述其原理。

2. 交—直—交变频器主要由哪几部分组成？试简述各部分的作用。

任务2　三相 SPWM 变频调速系统测试

学习目标

（1）能正确阐述 SPWM 的基本原理及实现方法。

（2）能正确测试并分析 SPWM 控制电路的信号。

（3）会测量并分析变频器输出正弦波信号的幅值与频率的关系。

相关知识

一、异步电动机的调速方法

异步交流电动机的轴转速为

$$n = n_1(1 - s) = 60f_1(1 - s)/p$$

式中：n——异步交流电动机的轴转速；

n_1——交流电动机的定子旋转磁场转速；

p——磁极对数；

s——转差率；

f_1——异步交流电动机定子电源的频率。

从转速的公式可以看出,异步交流电动机的调速可以有三种方法:

(1)改变交流电动机的磁极对数调速。由于磁极对数只能是正整数,所以调速是具有阶跃性的。

(2)改变交流电动机的转差率调速。从电动机工作原理可知,增加转差率后,电动机有一部分能量就浪费了,效率较低。常用转子回路串接电阻的方法,只能使用在绕线式异步电动机上,而且这部分浪费的能量转换成热量,造成环境的污染。

(3)改变交流电动机的供电电源的频率进行调速。由于改变供电电源的频率时所采用的电力电子器件工作在开关状态,所以变频装置本身基本不消耗能量,电动机可以工作在自身参数状态下,效率较高,所以没有附加的损耗,只要变频器能够输出连续的可变频率,电动机的转动速度就可以做到连续调节。

二、脉宽调制(PWM)型逆变电路

当变频器驱动负载为异步电动机时,要求输出电压(或电流)波形尽可能接近正弦波。

当用本项目任务 1 的相关知识中分析的,输出为 180°或 120° 矩形波电压(或电流)的逆变器对异步电动机供电时,存在谐波损耗和低速运行时出现转矩脉动的问题,为了改善逆变器输出波形将电子调制技术引入变流技术领域,出现了运用脉冲宽度调制(简称 PWM)技术的逆变器,以及由其供电的交流电动机速度控制系统。

PWM 控制的重要理论依据:冲量(脉冲的面积)相等而形状不同窄脉冲,分别加在具有惯性环节的输入端,其输出响应波形基本相同。

如图 4-13 所示,一个正弦半波完全可以用等幅不等宽的脉冲列来等效,但必须做到正弦半波所等分的六块阴影面积与相对应的六个脉冲列的阴影面积相等,其作用的效果就基本相同,对于正弦波的负半周,用同样方法可得到 PWM 波形来取代正弦负半波。

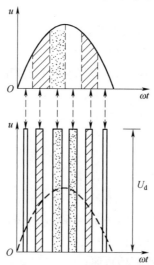

图 4-13 SPWM 控制的基本原理示意图

PWM 控制方法:以所期望的波形作为调制波,而以一个高频等腰三角波作为载波。由于等腰三角波是上下线性对称变化的波形,以它作为载波,与任何一个期望波形进行调制时,都可得到一组等幅而脉冲宽度正比于该期望波形曲线函数值的矩形脉冲列。

正弦脉宽调制(SPWM)技术:采用正弦调制波和等腰三角形载波进行调制,得到一组幅值不变而宽度正比于正弦函数值的矩形脉冲列。这样的电压脉冲列可以使负载电流中的高次谐波成分大为减小。

下面分别介绍单相桥式和三相桥式 SPWM 逆变电路的工作原理。

1. 单相桥式 SPWM 逆变电路的工作原理

单相桥式 SPWM 逆变电路如图 4-14 所示,采用 GTR 作为逆变电路的自关断开关器件。设负载为电感性,控制方法可以有单极性与双极性两种。

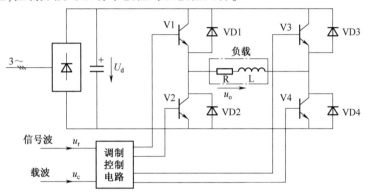

图 4-14　单相桥式 SPWM 逆变电路

(1)单极性 SPWM 工作原理。按照 PWM 控制技术的基本方法,把所希望输出的正弦波作为调制信号 u_r,把接受调制的等腰三角波作为载波信号 u_c,如图 4-15 所示。逆变桥的工作原理如下:

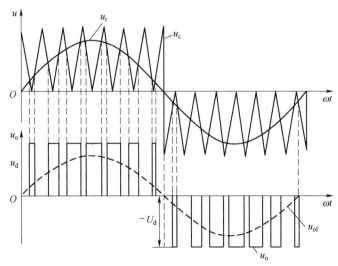

图 4-15　单极性 SPWM 控制方式原理波形

当 u_r 正半周时,让 V1 一直保持通态,V2 保持断态。在 u_r 与 u_c 正极性三角波交点处控制 V4 的通断。在 $u_r > u_c$ 各区间,控制 V4 为通态,输出负载电压 $u_o = U_d$;在 $u_r < u_c$ 各区间,控制 V4 为断态,输出负载电压 $u_o = 0$,此时负载电流可以经过 VD3 与 V1 续流。

当 u_r 负半周时，让 V2 一直保持通态，V1 保持断态。在 u_r 与 u_c 负极性三角波交点处控制 V3 的通断。在 $u_r<u_c$ 各区间，控制 V3 为通态，输出负载电压 $u_o=-U_d$；在 $u_r>u_c$ 各区间，控制 V3 为断态，输出负载电压 $u_o=0$，此时负载电流可以经过 VD4 与 V2 续流。

逆变电路输出的 u_o 为 PWM 波，如图 4-15 所示，u_{of} 为 u_o 的基波分量。由于在这种控制方式中的 PWM 波只能在一个方向变化，故称为单极性 SPWM 控制方式。

（2）双极性 SPWM 工作原理。如图 4-16 所示，调制信号 u_r 是正弦波，载波信号 u_c 为正负两个方向变化的等腰三角波，逆变桥的工作原理如下：

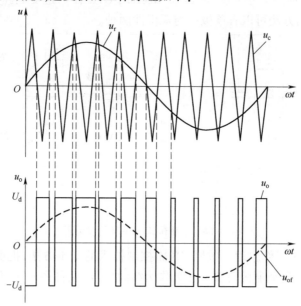

图 4-16 双极性 SPWM 控制方式原理波形

当 u_r 正半周时，在 $u_r>u_c$ 各区间，给 V1 和 V4 导通信号，而给 V2 和 V3 关断信号，输出负载电压 $u_o=U_d$；在 $u_r<u_c$ 各区间，给 V2 和 V3 导通信号，而给 V1 和 V4 关断信号，输出负载电压 $u_o=-U_d$。这样逆变电路输出的 u_o 为两个方向变化等幅不等宽的脉冲列。

当 u_r 负半周时，在 $u_r<u_c$ 各区间，给 V2 和 V3 导通信号，而给 V1 和 V4 关断信号，输出负载电压 $u_o=-U_d$。在 $u_r>u_c$ 各区间，给 V1 和 V4 导通信号，而给 V2 与 V3 关断信号，输出负载电压 $u_o=U_d$。

双极性 SPWM 控制的输出 u_o 波形，如图 4-16 所示，它为两个方向变化等幅不等宽的脉冲列。这种控制方式特点是：

①同一桥臂上下两个晶体管的驱动信号极性恰好相反，处于互补工作方式。

②电感性负载时，若 V1 和 V4 处于通态，给 V1 和 V4 以关断信号，则 V1 和 V4 立即关断，而给 V2 和 V3 以导通信号，由于电感性负载电流不能突变，电流减小感生的电动势使 V2 和 V3 不可能立即导通，而是二极管 VD2 和 VD3 导通续流，如果续流能维持到下一次 V1 和 V4 重新导通，负载电流方向始终没有变，V2 和 V3 始终未导通。只有在负载电流较小无法连续续流情况下，在负载电流下降至零，VD2 和 VD3 续流完毕，V2 和 V3 导通，负载电流才反向流过负载。但是，不论是 VD2、VD3 导通还是 V2、V3 导通，u_o 均为 $-U_d$。从 V2、V3 导通向 V1、V4 切换情况也类似。

2. 三相桥式 SPWM 逆变电路的工作原理

电路如图 4-17 所示,本电路采用 GTR 作为电压型三相桥式逆变电路的自关断开关器件,负载为电感性。从电路结构上看,三相桥式 SPWM 逆变电路只能选用双极性控制方式,其工作波形如图 4-18 所示。

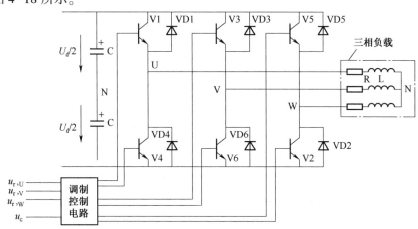

图 4-17 三相桥式 SPWM 逆变电路

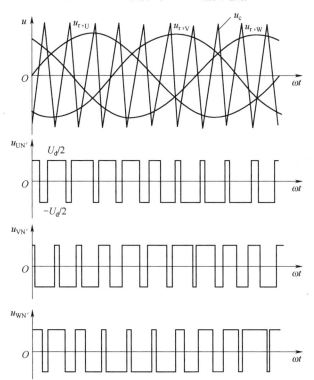

图 4-18 三相桥式 SPWM 逆变波形

三相调制信号 u_{rU}、u_{rV} 和 u_{rW} 为相位依次相差 120° 的正弦波,而三相载波信号是共用一个正负方向变化的三角波 u_c。U、V 和 W 相自关断开关器件的控制方法相同,现以 U 相为例:在 $u_{rU} > u_c$ 的各区间,给上桥臂电力晶体管 V1 以导通驱动信号,而给下桥臂 V4 以关断信号,于是

U 相输出电压相对直流电源 U_d 中性点 N′为 $u_{UN'} = U_d/2$；在 $u_{rU} < u_c$ 的各区间，给 V1 以关断信号，给 V4 以导通信号，输出电压 $u_{UN'} = -U_d/2$。

图 4-17 电路中，VD1~VD6 二极管为电感性负载换流过程提供续流回路，其他两相的控制原理与 U 相相同。三相桥式 SPWM 逆变电路的三相输出的 SPWM 波形分别为 $u_{UN'}$、$u_{VN'}$ 和 $u_{WN'}$。U、V 和 W 三相之间的线电压 SPWM 波形以及输出三相相对于负载中性点 N 的相电压 SPWM 波形，读者可按下列计算式求得

$$\text{线电压}\begin{cases} u_{UV} = u_{UN'} - u_{VN'} \\ u_{VW} = u_{VN'} - u_{WN'}, \\ u_{WU} = u_{WN'} - u_{UN'} \end{cases} \quad \text{相电压}\begin{cases} u_{UN} = u_{UN'} - \dfrac{1}{3}(u_{UN'} + u_{VN'} + u_{WN'}) \\ u_{VN} = u_{VN'} - \dfrac{1}{3}(u_{UN'} + u_{VN'} + u_{WN'}) \\ u_{WN} = u_{WN'} - \dfrac{1}{3}(u_{UN'} + u_{VN'} + u_{WN'}) \end{cases}$$

在双极性 SPWM 控制方式中，理论上要求同一相上下两个桥臂的开关管驱动信号相反，但实际上，为了防止上下两个桥臂直通造成直流电源的短路，通常要求先施加关断信号，经过 Δt 的延时才给另一个施加导通信号。在保证安全、可靠换流的前提下，延时时间应尽可能取小。

3. SPWM 波形的生成电路

SPWM 的控制就是根据三角波载波和正弦调制波用比较器来确定它们的交点，在交点时刻对功率开关器件的通断进行控制。这个任务可以用模拟电子电路、数字电子电路或专用的大规模集成电路芯片等硬件电路来完成，也可以用计算机通过软件生成 SPWM 波形。

用模拟电子电路实现 PWM 控制，电路结构图如图 4-19 所示。一般来说，模拟电子电路大多采用 SPWM 的自然采样法。图 4-19 中，正弦波发生器和三角波发生器分别由模拟电子电路组成，在异步调制方式下，三角波的频率是固定的，而正弦波的频率和幅值随调制深度的增大而线性增大。此方法原理简单而且直观，但也带来如下一些缺点：硬件开销大，体积大，系统可靠性降低，调试也比较困难；变频器输出频率和电压的稳定性差；系统受温漂和时漂的影响大，造成变频器性能在用户使用时和出厂时不一样。因此，难以实现最优化 PWM 控制。

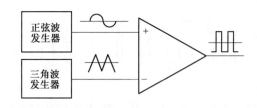

图 4-19　模拟电子电路产生 PWM 波电路结构图

用专用集成芯片实现 PWM 控制：如 HEF4752V，是全数字化的三相 SPWM 波生成集成电路；SEL4520，是一种应用 ACOMS 技术制作的低功耗高频大规模集成电路，是一种可编程器件。利用这些与微机配套的专用数字集成电路来完成逆变器的 PWM 控制会为系统设计带来不少方便，但也有一些不足。一是控制规律固定，不便于调整；二是使用该片时，需要一些模拟或数字器件作为外围支持电路，从而降低了集成芯片本来具有的集成度高、运行可靠等优点。

采用微机实现 PWM 控制:用微机软件实时产生 PWM 信号是一种既方便又经济可靠的方法,它的稳定性及抗干扰能力均明显优于相应的模拟控制电路。此外,用微机软件可以方便地实现具有多种优良性能而用模拟电路很难实现的复杂的 PWM 控制策略。目前,在使用微机产生 PWM 信号时比较常用的控制策略是 SPWM 的规则采样法和 SVPWM 法。由于受微机字长、运算速度等因素的影响,目前用微机产生 PWM 信号大多只能应用于控制精度不高,载波频率较低的场合。在高载波频率下产生 PWM 信号,计算机就显得颇有些力不从心。而且采用微机实现 PWM 控制要占用微机的 CPU 的资源。

目前,市场上的变频器大部分是采用专用集成芯片实现 PWM 控制,少量采用微机实现 PWM 控制。

三、异步电动机变频调速的机械特性

异步电动机变频调速的机械特性如图 4-20 所示。

图 4-20 中,理想空载点$(0, n_0)$

$$n_0 = \frac{60f_1}{p}$$

最大转矩点(T_m, n)

$$T_m = \frac{3pU_1^2}{4\pi f_1 \left[R_s + \sqrt{R_s^2 + (L_{ls} + L'_{lr})^2} \right]}$$

式中:R_s、L_{ls}——定子每相绕组电阻和漏抗;

　　　L'_{lr}——经过折算后的转子每相绕组漏抗。

1. 基频 f_N 以下时的机械特性

(1)理想空载转速:$f_1 \downarrow \rightarrow n_0 \downarrow$。

(2)最大转矩:表 4-2 是某四极电动机在调节频率时,最大转矩点随频率变化的规律。

表 4-2　最大转矩点随频率变化的规律(基频 f_N 以下时)

f/f_N	1.0	0.9	0.9	0.7	0.6	0.5	0.4	0.3	0.2
n_0	1 500	1 350	1 200	1 050	900	750	600	450	300
T_m/T_{mN}	1.0	0.97	0.94	0.9	0.85	0.79	0.7	0.6	0.45
Δn_m	285	285	285	285	279	270	255	225	186

表 4-2 中 T_{mN} 为额定频率时的临界转矩。结合表 4-2 中的数据,各条机械特性特征如下:

①从额定频率向下调频时,理想空载转速减小,最大转矩逐渐减小。

②频率在额定频率附近下调时,最大转矩减小很少,可以近似认为不变,此时,定子电压随着频率的下调而减小;但当频率调得很低时,最大转矩减小很快。

③频率不同时,最大转矩点对应的转差 Δn_m 变化不是很大,所以稳定工作区的机械特性基本是平行的。

2. 基频 f_N 以上时的机械特性

(1)理想空载转速:$f_1 \uparrow \rightarrow n_0 \uparrow$。

(2)最大转矩:表 4-3 是某四极电动机在调节频率时,最大转矩点随频率变化的规律。

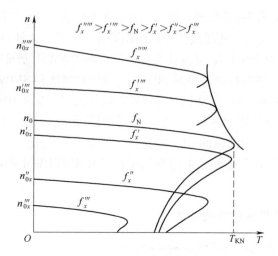

图 4-20 三相异步电动机变频调速机械特性

表 4-3 最大转矩点随频率变化的规律（基频 f_N 以上时）

f/f_N	1.0	1.2	1.4	1.6	1.8	0.2
n_0	1 500	1 800	2 100	2 400	2 700	3 000
T_m/T_{mN}	1.0	0.72	0.55	0.43	0.34	0.28
Δn_m	291	294	296	297	297	297

①额定频率以上调频时，理想空载转速增大，最大转矩大幅度减小。

②在基频以上调速时，频率从额定频率往上调节，由于定子电压不可能超过额定电压，只能保持额定电压。

③最大转矩点对应的转差 Δn_m 几乎不变，但由于最大转矩减小很多，所以机械特性斜度加大，特性变软。

3. 对额定频率以下机械特性的修正

由上面的特性可以看出，在低频时，最大转矩大幅度减小，严重影响到电动机在低速时的带负载能力，为解决这个问题，必须了解低频时最大转矩减小的原因。

(1)最大转矩减小的原因。在进行电动机调速时，必须考虑的一个重要因素，就是保持电动机中每极磁通量 Φ_m 不变。如果磁通太弱，没有充分利用电动机的铁芯，是一种浪费；如果过分增大磁通，又会使铁芯饱和，从而导致励磁电流增加，严重时会因绕组过热而损坏电动机，这是不允许的。

三相异步电动机定子每相电动势的有效值为

$$E_1 = 4.44 f_1 N_1 K_{N1} \Phi_m$$

式中：E_1——气隙磁通在定子每相中感应电动势的有效值，V；

f_1——定子频率，Hz；

N_1——定子每相绕组的匝数；

K_{N1}——与定子绕组结构有关的常数；

Φ_m——每极气隙磁通量，Wb。

由上式可知,要保持 Φ_m 不变,只要设法保持 E_1/f_1 为恒值。由于绕组中的感应电动势是难以直接控制的,当电动势较高时,可以忽略定子绕组的漏磁阻抗压降,而认为定子相电压 $U_1 \approx E_1$,即 $U_1/f_1=$ 常数,这就是恒压频比控制。这种近似是以忽略电动机定子绕组阻抗压降为代价的,但低频时,频率降得很低,定子电压也很小,此时再忽略电动机定子绕组阻抗压降就会引起很大的误差,从而引起最大转矩大幅度减小。

(2)解决办法。针对频率下降时,造成主磁通及最大转矩下降的情况,可适当提高定子电压,从而保证 E_1/f_1 为恒值。这样一来,主磁通就会基本不变,最终使电动机的最大转矩得到补偿。由于这种方法是通过提高 U/f 使最大转矩得到补偿的,因此这种方法被称为 V/F 控制或电压补偿,又称转矩提升。经过电压补偿后,电动机的机械特性在低频时的最大转矩得到了大幅提高,如图 4-21 所示。

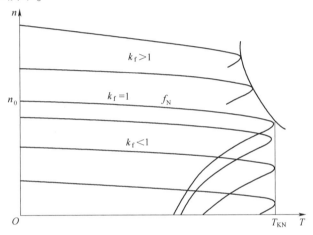

图 4-21 恒转矩、恒功率的调速特性

4. 变频调速特性

根据图 4-21 调速特性的特征可以得出以下结论:

(1)恒转矩的调速特性。在频率小于额定频率的范围内,经过补偿后的机械特性的最大转矩基本为一定值,因此该区域基本为恒转矩区域,适合带恒转矩的负载。

(2)恒功率的调速特性。在频率大于额定频率的范围内,机械特性的最大电磁功率基本为一定值,电动机近似具有恒功率的调速特性,适合带恒功率的负载。

四、异步电动机变频调速的基本控制方式

1. V/F 比恒定控制

V/F 比恒定控制是异步电动机变频调速中最基本的控制方式。它在控制电动机的电源频率变化的同时控制变频器的输出电压,并使二者之比(V/F)为恒定,从而使电动机的磁通基本保持恒定。由前面分析可知,只要保持 E_1/f_1 为恒值,就可以维持磁通恒定。因此这种控制又称恒磁通变频调速,属于恒转矩调速方式。

但是电动机的定子每相中感应电动势 E_1,难以直接检测和控制。根据电动机端电压和感应电势的关系式

$$U_1 = E_1 + (r_1 + jx_1)I_1$$

式中：U_1——定子相电压；

$\quad r_1$——定子电阻；

$\quad x_1$——定子阻抗；

$\quad I_1$——定子电流。

当电动机在额定运行情况下，电动机定子电阻和漏阻抗的压降较小，U_1 和 E_1 可以看成近似相等，所以保持 U_1/f 为常数即可。

由于 V/F 比恒定调速是从基频向下调速，所以当频率较低时，U_1 和 E_1 都变小，定子漏阻抗压降(主要是定子电阻压降)不能再忽略。这种情况下，可以人为地适当提高定子电压以补偿电阻压降的影响，使气隙磁通基本保持不变。带定子压降补偿的压频比控制特性为图 4-22 中的 b 线，无补偿的控制特性则为图 4-22 中的 a 线。

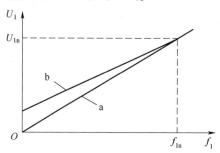

图 4-22　电动机定子压频比特性曲线

目前市场销售的通用变频器的控制多半为 V/F 比恒定控制，它的应用比较广泛，特别是在风机、泵及土木机械等方面应用较多，V/F 比恒定控制的突出优点是可以进行电动机的开环速度控制。但 V/F 比恒定控制存在的主要问题是低速性能差。

所以，V/F 控制常用于速度精度要求不十分严格或负载变动较小的场合。由于 V/F 控制是转速开环控制，无需速度传感器，控制电路简单，负载可以是通用标准异步电动机，所以这种控制方法通用性强、经济性好，是目前通用变频器产品中使用较多的一种控制方式。

2. 转差频率控制

转差频率控制方式是一种对 V/F 比恒定控制的一种改进。在采用这种控制方式的变频器中，电动机的实际速度由安装在电动机上的速度传感器和变频器控制电路得到，而变频器的输出频率则由电动机的实际转速与所需转差频率的和自动设定，从而达到在进行调速控制的同时，控制电动机输出转矩的目的。

转差频率控制是利用了速度传感器的速度闭环控制，并可以在一定程度上对输出转矩进行控制，所以和 V/F 比恒定控制方式相比，在负载发生较大变化时，仍能达到较高的速度精度和具有较好的转矩特性。但是，由于采用这种控制方式时，需要在电动机上安装速度传感器，并需要根据电动机的特性调节转差，通常多用于厂家指定的专用电动机，通用性较差。

3. 矢量控制

矢量控制是一种高性能的异步电动机的控制方式，它是从直流电动机的调速方法得到启发，利用现代计算机技术解决了大量的计算问题，是异步电动机一种理想的调速方法。

矢量控制的基本思想是将异步电动机的定子电流在理论上分成两部分：产生磁场的电流

分量(磁场电流)和与磁场相垂直、产生转矩的电流分量(转矩电流),并分别加以控制。

由于在进行矢量控制时,需要准确地掌握异步电动机的有关参数,这种控制方式过去主要用于厂家指定的变频器专用电动机的控制。随着变频调速理论和技术的发展,以及现代控制理论在变频器中的成功应用,目前在新型矢量控制变频器中,已经增加了自整定功能。带有这种功能的变频器,在驱动异步电动机进行正常运转之前,可以自动地对电动机的参数进行识别,并根据辨识结果调整控制算法中的有关参数,从而使得对普通异步电动机进行矢量控制也成为可能。

4. 直接转矩控制

直接转矩控制是利用空间矢量坐标的概念,在定子坐标系下分析交流电动机的数学模型,控制电动机的磁链和转矩,通过检测定子电阻来达到观测定子磁链的目的,因此省去了矢量控制等复杂的变换计算,系统直观、简洁,计算速度和精度都比矢量控制方式有所提高。即使在开环的状态下,也能输出 100% 的额定转矩,对于多拖动具有负荷平衡功能。

5. 最优控制

最优控制在实际中的应用根据要求的不同而有所不同,可以根据最优控制的理论对某一个控制要求进行个别参数的最优化。例如,在高压变频器的控制应用中,就成功地采用了时间分段控制和相位平移控制两种策略,以实现一定条件下的电压最优波形。

任务要求

按图 4-23 连接三相 SPWM 变频调速系统的电路,观测三相 SPWM 调制信号;测试当 SPWM 控制电路的调制波频率变化时,系统输出的电压幅值的大小,观察输出电压与频率的关系。

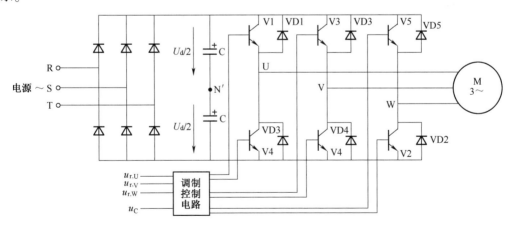

图 4-23　三相 SPWM 变频调速系统的电路

任务分析

由三相异步电动机转速 $n = 60f_1(1 - s)/p$,可知改变定子供电频率 f_1 可以改变电动机的同步转速,从而实现了在转差率 s 保持不变情况下的转速调节,为了保持电动机的最大转矩不变,希望维持电动机气隙磁通恒定,因而要求定子供电电压也随频率作相应调整,即 $E_1 = 4.44f_1\omega K_1\Phi, \Phi = (E_1/f_1)/4.44\omega K_1$,在忽略定子阻抗压降的情况下,$E_1 \approx U_1$,为使气隙磁通恒定,在改变定子频率的同时必须同时改变电压 U_1,即保证 $\Phi = (U_1/f_1) =$ 常数,三相 SPWM 逆变电路的输出电压与频率就是根据上述要求而设计的。

任务实施

(1)用示波器观测 SPWM 调制信号:

①按图 4-23 准备实验 SPWM 变频挂件,连接电路,主电路接线如图 4-24 所示,接通挂件电源,关闭电动机开关,调制方式设定在 SPWM 方式(将控制部分 S、V、P 的三个端子都悬空),然后开启电源开关。

②点动"增速"按键,将频率分别设定在 0.5 Hz、5 Hz、20 Hz、30 Hz、40 Hz、50 Hz 时,用示波器在 SPWM 部分观测三相正弦波信号(在测试点"2、3、4"),观测三角形载波信号(在测试点"5"),观测三相 SPWM 调制信号(在测试点"6、7、8");再点动"转向"按键,改变转动方向,观测上述各信号的相位关系变化。

(2)测试随着调制信号频率的变化,变频调速系统输出的电压幅值的大小。

将频率设置为 0.5~60 Hz 的范围内改变,在测试点"2、3、4"中观测正弦波信号的频率和幅值的关系。分别测量频率在 0.5~50 Hz 范围、50~60 Hz 范围内输出正弦波电压信号的幅值与频率的关系(如选取 5 Hz、20 Hz、30 Hz、40 Hz、50 Hz、60 Hz 作为测试点),并自拟表格记录各点频率对应的转速和输出电压。

图 4-24 三相 SPWM 变频调速系统的主电路接线

课后练习

一、单选题

1. 电动机从基本频率向上的变频调速属于( )调速。

    A. 恒功率   B. 恒转矩   C. 恒磁通   D. 恒转差率

2. 电动机从基本频率向下的变频调速属于( )调速。

    A. 恒功率   B. 恒转矩   C. 恒磁通   D. 恒转差率

3. 下列(　　)交流调速方法既能平滑调速又节能。

  A. 改变电源频率   B. 改变电机磁极对数

  C. 改变转差率   D. 以上都不对

4. 正弦波脉宽调制(SPWM),通常采用(　　)相交方案,来产生脉冲宽度按正弦波分布的调制波形。

  A. 直流参考信号与三角波载波信号   B. 正弦波参考信号与三角波载波信号

  C. 正弦波参考信号与锯齿波载波信号

5. SPWM 变频器的变压变频,通常是通过改变(　　)来实现的。

  A. 参考信号正弦值的幅值和频率   B. 载波信号三角波的幅值和频率

  C. 参考信号和载波信号两者的幅值和频率

二、填空题

1. 交流电动机的调速方法有＿＿＿＿＿＿、＿＿＿＿＿＿、＿＿＿＿＿＿。

2. SPWM 技术的基本方法是:以所期望的＿＿＿＿＿＿作为调制波,以＿＿＿＿＿＿作为载波,从而得到一组等幅而脉冲宽度正比于该期望波形曲线函数值的矩形脉冲列。

3. SPWM 的控制就是根据三角波载波和正弦调制波用比较器来确定它们的交点,在交点时刻对功率开关器件的＿＿＿＿＿＿进行控制。

4. SPWM 变频电路的基本原理是:对逆变电路中开关器件的通断进行有规律的调制,使输出端得到＿＿＿＿＿＿＿＿＿＿＿＿脉冲列来等效正弦波。

三、简答题

1. 举例说明单相 SPWM 逆变器怎样实现单极性调制和双极性调制?

2. 在何种情况下变频也需变压? 在何种情况下变频不能变压? 为什么? 在上述两种情况下,电动机的调速特性有何特征?

3. 低频时,临界转矩减小的原因是什么? 采用何种方式可增大其值? 为什么? 增大临界转矩有何意义?

任务 3　认识三菱 FR-D700 变频器

📖 学习目标

(1) 认识 FR-D700 变频器的操作面板。

(2) 熟悉 FR-D700 变频器的主电路端子。

(3) 熟悉 FR-D700 变频器的控制电路端子。

📘 相关知识

一、三菱 FR-D700 变频器的操作面板

三菱 FR-D700 变频器的操作面板如图 4-25 所示,操作面板上的旋钮、按键功能见表 4-4,

运行状态说明见表4-5。

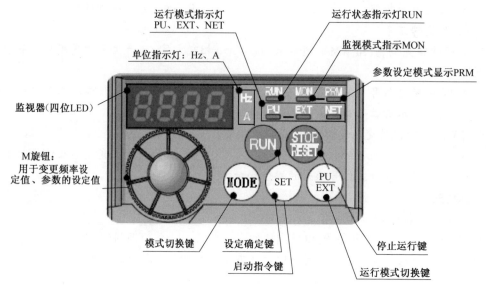

图 4-25　三菱 FR-D700 变频器的操作面板

表 4-4　操作面板上的旋钮、按键功能

旋钮和按键	功　　能
M 旋钮（三菱变频器旋钮）	旋动该旋钮用于变更频率设定值、参数的设定值。按下该旋钮可显示以下内容： （1）监视模式时的设定频率； （2）校正时的当前设定值； （3）报警历史模式时的顺序
模式切换键 MODE	用于切换各设定模式。和运行模式切换键同时按下也可以用来切换运行模式。长按此键（2 s）可以锁定操作
设定确定键 SET	各设定的确定。此外，当运行中按此键，则监视器出现以下显示： 运行频率 →　输出电流 →　输出电压
运行模式①切换键 PU/EXT	用于切换 PU/外部运行模式 使用外部运行模式（通过另接的频率设定电位器和启动信号启动的运行）时请按此键，使表示运行模式的 EXT 处于亮灯状态。 切换至组合模式时，可同时按 MODE 键 0.5 s，或者变更参数 Pr.79
启动指令键 RUN	在 PU 模式下，按此键启动运行。 通过 Pr.40 的设定，可以选择旋转方向
停止运行键 STOP/RESET	在 PU 模式下，按此键停止运行。 保护功能（严重故障）生效时，也可以进行报警复位

注①：在进行变频器操作以前，必须了解其各种运行模式，才能进行各项操作。FR-D700 变频器的运行模式有 PU 运行模式、外部运行模式和网络运行模式（NET 运行模式）等。

PU 运行模式：利用变频器的面板直接输入给定频率和启动信号。

外部运行模式：使用控制电路端子，在外部设置电位器和开关控制变频器。

网络运行模式（NET 运行模式）：通过 PU 接口进行 RS-485 通信或使用通信选件控制变频器。

表 4-5 运行状态说明

显 示	功 能
运行模式显示	PU：PU 运行模式时亮灯； EXT：外部运行模式时亮灯； NET：网络运行模式时亮灯
监视器（四位 LED）	显示频率、参数编号等
监视数据单位显示	Hz：显示频率时亮灯；A：显示电流时亮灯 （显示电压时熄灯，显示设定频率监视时闪烁。）
运行状态显示 RUN	当变频器动作中亮灯或者闪烁。其中： 亮灯——正转运行中； 缓慢闪烁（1.4 s 循环）——反转运行中。 下列情况出现快速闪烁（0.2 s 循环）： （1）按键或输入启动指令都无法运行时； （2）有启动指令，但频率指令在启动频率以下时； （3）输入了 MRS 信号时
参数设定模式显示 PRM	参数设定模式时亮灯
监视器显示 MON	监视模式时亮灯

二、三菱 FR-D700 变频器端子

三菱 FR-D700 变频器端子图如图 4-26 所示。主电路端子功能说明见表 4-6，控制电路端子分为控制输入、频率设定（模拟量输入）、继电器输出（异常输出）、集电极开路输出（状态检测）和模拟电压输出等五部分区域，各端子的功能可通过调整相关参数的值进行变更，控制电路端子功能说明见表 4-7，控制电路接点输出端子功能说明见表 4-8，控制电路网络接口功能说明见表 4-9。

表 4-6 主电路端子功能说明

端子记号	端子名称	功 能 说 明
L1、L2、L3①	电源输入	连接工频电源
U、V、W	变频器输出	连接三相笼形异步电动机
+、P1	直流电抗器连接	拆开端子+、P1 间的短路片，连接选件改善功率因数用直流电抗器（FR-BEL）。不须连接时，两端子间短路
+、PR	制动电阻连接	在端子+和 PR 间连接选购的制动电阻（FR-ABR、MRS），0.1 kΩ、0.2 kΩ 电阻不能连接
+、-	制动单元连接	连接制动单元（FR-BU2）、共直流母线变流器（FR-CV）以及高功率因数变流器（FR-HC）
⏚	保护接地	变频器外壳接地用，必须接大地

注①：单相电源输入时，变成 L1、N 端子。

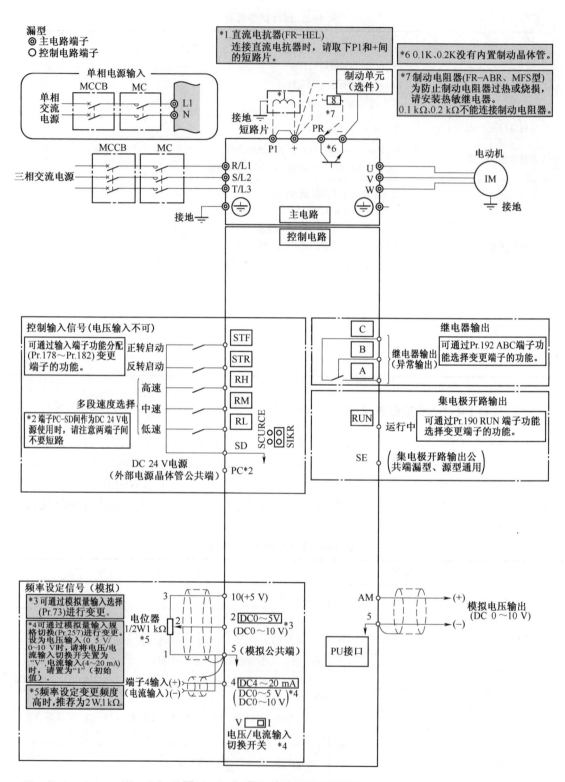

图 4-26　三菱 FR-D700 变频器端子图

表4-7 控制电路端子功能说明

种类	端子记号	端子名称	端子功能说明	
接点输入	STF	正转启动	STF信号ON时为正转、OFF时为停止指令	STF、STR信号同时ON时变成停止指令
	STR	反转启动	STR信号ON时为反转、OFF时为停止指令	
	RH RM RL	多段速度选择	用RH、RM和RL信号的组合可以选择多段速度	
	SD	接点输入公共端(漏型)(初始设定)	接点输入端子(漏型逻辑)的公共端子	
		外部晶体管公共端(源型)	源型逻辑时当连接晶体管输出(即集电极开路输出),例如可编程控制器(PLC)时,将晶体管输出用的外部电源公共端接到该端子时,可以防止因漏电引起的误动作	
		DC 24 V电源公共端	DC 24 V,0.1 A电源(端子PC)的公共输出端子。与端子5及端子SE绝缘	
	PC	外部晶体管公共端(漏型)(初始设定)	漏型逻辑时当连接晶体管输出(即集电极开路输出),例如可编程控制器(PLC)时,将晶体管输出用的外部电源公共端接到该端子时,可以防止因漏电引起的误动作	
		接点输入公共端(源型)	接点输入端子(源型逻辑)的公共端子	
		DC 24 V电源	可作为DC 24 V,0.1 A的电源使用	
频率设定	10	频率设定用电源	作为外接频率设定(速度设定)用电位器时的电源使用。(按照Pr.73模拟量输入选择)	
	2	频率设定(电压)	如果输入DC 0~5 V(或0~10 V),在5 V(10 V)时为最大输出频率,输入与输出成正比。通过Pr.73进行DC 0~5 V(初始设定)和DC 0~10 V输入的切换操作	
	4	频率设定(电流)	如果输入DC 4~20 mA(或0~5 V,0~10 V),在20 mA时为最大输出频率,输入与输出成正比。只有AU信号为ON时,端子4的输入信号才会有效(端子2的输入将无效)。通过Pr.267进行4~20 mA(初始设定)和DC 0~5 V、DC 0~10 V输入的切换操作。电压输入(0~5 V/0~10 V)时,请将电压/电流输入切换开关切换至"V"	
	5	频率设定公共端	频率设定信号(端子2或端子4)及端子AM的公共端子。请勿接大地	

表4-8 控制电路接点输出端子功能说明

种类	端子记号	端子名称	端子功能说明
继电器	A、B、C	继电器输出(异常输出)	指示变频器因保护功能动作时输出停止的1c接点输出。异常时:B-C间不导通(A-C间导通);正常时:B-C间导通(A-C间不导通)

续表

种类	端子记号	端子名称	端子功能说明	
集电极开路	RUN	变频器正在运行	变频器输出频率大于或等于启动频率(初始值0.5 Hz)时为低电平,已停止或正在直流制动时为高电平	
	SE	集电极开路输出公共端	端子 RUN、FU 的公共端子	
模拟	AM	模拟电压输出	可以从多种监示项目中选一种作为输出。变频器复位中不被输出。输出信号与监示项目的大小成比例	输出项目:输出频率(初始设定)

表 4-9　控制电路网络接口功能说明

种类	端子记号	端子名称	端子功能说明
RS-485	—	PU 接口	通过 PU 接口,可进行 RS-485 通信。 (1)标准规格:EIA-485(RS-485); (2)传输方式:多站点通信; (3)通信速率:4 800~38 400 bit/s; (4)总长距离:500 m
—	S1、S2 S0、SC	—	请勿连接任何设备,否则可能导致变频器故障。另外,请不要拆下连接在端子 S1-SC、S2-SC 间的短路片。任何一个短路用电线被拆下后,变频器都将无法运行

任务要求

认识 FR-D720S-0.4K-CHT 变频器的操作面板、主电路和控制电路端子。

任务分析

三菱变频器型号很多,本任务中变频器型号为 FR-D720S-0.4K-CHT。熟悉变频器的操作面板上各按键和指示灯的功能,以及主电路和控制电路各端子的功能,是正确使用变频器的前提。

任务实施

拆开三菱 FR-D700 变频器的前盖板,变频器的容量铭牌、操作面板、主电路端子排、控制电路端子排分别如图 4-27 的标注①~④。

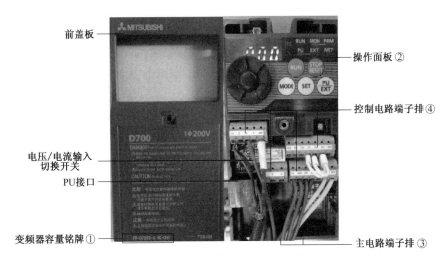

图 4-27 变频器 FR-D700 结构

①变频器容量铭牌：

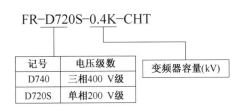

记号	电压级数	变频器容量(kV)
D740	三相400 V级	
D720S	单相200 V级	

②操作面板如图 4-25 所示,使用操作面板可以进行变频器的启停,运行方式的设定,频率的设定,运行指令监视,参数设定,错误显示等。

③主电路端子排如图 4-26 所示,FR-D740 系列采用三相电源输入:L1、L2、L3;FR-D720S 系列采用单相电源输入:L1、N。端子具体说明参见表 4-6。

④控制电路端子排如图 4-26 所示,使用控制端子也可以实现变频器的启停,多段速控制,模拟电压和电流控制等,端子具体说明参见表 4-7~表 4-9。

课后练习

一、选择题

1. 变频器 FR-D700 的指示灯 $\boxed{\text{MON}}$ 点亮表明(　　)。

    A. 当前状态为监视模式　　　　　　　　　B. 当前状态为参数设定模式

    C. 当前状态为外部运行模式　　　　　　　D. 当前状态为正转运行状态

2. 变频器 FR-D700 的指示灯 $\boxed{\text{PRM}}$ 点亮表明(　　)。

    A. 当前状态为监视模式　　　　　　　　　B. 当前状态为参数设定模式

    C. 当前状态为外部运行模式　　　　　　　D. 当前状态为正转运行状态

3. 变频器 FR-D700 的指示灯 $\boxed{\text{RUN}}$ 点亮表明(　　)。

    A. 当前状态为监视模式　　　　　　　　　B. 当前状态为参数设定模式

  C. 当前状态为外部运行模式　　　　　　D. 当前状态为正转运行状态

4. 变频器 FR-D700 的指示灯 $\boxed{\text{EXT}}$ 点亮表明(　　　)。

  A. 当前状态为监视模式　　　　　　　　B. 当前状态为参数设定模式

  C. 当前状态为外部运行模式　　　　　　D. 当前状态为正转运行状态

5. 长按(　　　)键(2 s)可以锁定键盘操作,此时液晶屏显示 HOLD。

  A. $\boxed{\genfrac{}{}{0pt}{}{\text{PU}}{\text{EXT}}}$　　　　B. $\boxed{\text{SET}}$　　　　C. $\boxed{\text{MODE}}$　　　　D. $\boxed{\genfrac{}{}{0pt}{}{\text{STOP}}{\text{RESET}}}$

6. 变频器的型号为 FR-D720S-0.4K-CHT,D720S 表明电压级数为(　　　)。

  A. 单相 200 V 级　　　B. 三相 400 V 级　　　C. 三相 300 V 级　　　D. 都不是

二、操作题

1. 重复按 $\genfrac{}{}{0pt}{}{\text{PU}}{\text{EXT}}$ 键,观察变频器的运行模式变换。

2. 重复按 $\boxed{\text{SET}}$ 键,依次监视变频器的输出频率、输出电流和输出电压。

任务 4　采用变频器操作面板实施电动机启停和正反转控制

🏷 学习目标

(1)会修改变频器参数。
(2)能通过变频器操作面板控制电动机在某一固定频率运行。
(3)能通过变频器操作面板控制电动机在某频率段范围内运行。
(4)能通过变频器操作面板控制电动机正反转。

🏷 相关知识

  采用变频器的面板控制电动机运行,需要配合相关参数设置。变频器功能参数很多,一般都有数十甚至上百个参数供用户选择,包括简单模式参数和扩展模式参数。通常出厂时只显示简单模式参数,若需显示扩展模式参数,可通过修改某特定的简单模式参数的值,如变频器 FR-D720S-0.4K-CHT,可将 Pr.160 的值修改为 0,便可显示所有扩展模式参数。

  实际应用中,没必要对每一参数都进行设置和调试,多数只要采用出厂设定值即可。但有些参数由于和实际使用情况有很大关系,且有的还相互关联,因此要根据实际进行设定和调试,下面列举 FR-D700 系列变频器的部分常用参数。

  1. 变频器运行模式选择参数(Pr.79)

  FR-D700 系列变频器不仅可以通过 $\genfrac{}{}{0pt}{}{\text{PU}}{\text{EXT}}$ 键,也可通过参数 Pr.79 的值来指定变频器的运行模式,设定值范围为 0,1,2,3,4,6,7。这七种运行模式的内容以及相关 LED 指示灯的状态如表 4-10 所示。

表 4-10　七种运行模式的内容以及相关 LED 指示灯的状态

设定值	内　　　容	LED 显示状态(▬:灭灯;▭:亮灯)
0	外部/PU 切换模式,通过 PU/EXT 键可切换 PU 与外部运行模式。 注意:接通电源时为外部运行模式	外部运行模式:　EXT PU 运行模式:　PU
1	固定为 PU 运行模式	PU
2	固定为外部运行模式。可以在外部、网络运行模式间切换运行	外部运行模式:　EXT 网络运行模式:　NET

3	外部/PU 组合运行模式 1	
	频率指令	启动指令
	用操作面板、PU(FR-PU04-CH/FR-PU07)设定,或外部信号输入[多段速设定,端子 4-5 间(AU 信号 ON 时有效)]	外部信号输入(端子 STF、STR)

4	外部/PU 组合运行模式 2	
	频率指令	启动指令
	外部信号输入(端子 2、4、JOG、多段速选择等)	通过操作面板的 RUN 键或通过 PU(FR-PU04-CH/FR-PU07)的 FWD、REV 键来输入

6	切换模式。可以在保持运行状态的同时,进行 PU 运行、外部运行、网络运行的切换	PU 运行模式:　PU 外部运行模式:　EXT 网络运行模式:　NET
7	外部运行模式(PU 运行互锁): X12 信号 ON 时,可切换到 PU 运行模式(外部运行中输出停止); X12 信号 OFF 时,禁止切换到 PU 运行模式	PU 运行模式:　PU 外部运行模式:　EXT

说明:变频器出厂时,参数 Pr.79 设定值为 0。当变频器处于停止运行时,用户可以根据实际需要修改其设定值。

通过修改参数 Pr.79 的值设定运行模式的步骤:

(1)按 PU/EXT 键切换至 PU 运行模式(PU 灯亮);

(2)按 MODE 键使变频器进入参数设定状态;

(3)旋动 M 旋钮,选择参数 Pr.79,按 SET 键读出当前值;

(4)旋动 M 旋钮,选择所需运行模式对应的设定值(可选择的设定值为 0,1,2,3,4,6,7),按 SET 键确定;

（5）按两次 MODE 键后,变频器的运行模式将变更为所需的运行模式。

注:变频器的大多数参数修改需要在 PU 运行模式时进行,但 Pr.79 参数在 EXT 运行模式时也可以修改。

2. 变频器参数恢复出厂设置值(ALLC)

FR-D700 系列变频器的参数 ALLC 的值可以是 0 或 1,对应内容如表 4-11 所示。

表 4-11　变频器参数恢复出厂设置值(ALLC)

设定值	内　容
0	不执行清除
1	参数返回初始值(参数清除是将除了校正参数、端子功能选择参数等之外的参数全部恢复为初始值。)

说明:在 PU 运行模式(PU 灯亮)下,才可修改参数 ALLC,否则会显示 $Er4$。只有在扩展参数 Pr.77 对应的值为"0"时,才能进行该参数修改,否则会显示 $Er1$。若在运行中修改,则会显示 $Er2$。

3. RUN 键旋转方向选择参数(Pr.40)

FR-D700 系列变频器的参数 Pr.40 的值可以是 0 或 1,对应内容如表 4-12 所示。

表 4-12　RUN 键旋转方向选择参数(Pr.40)

设定值	内　容
0	正转
1	反转

4. 频率设定/键盘锁定操作选择参数(Pr.161)

FR-D700 系列变频器的参数 Pr.161 的值可以是 0、1、10、11,对应内容如表 4-13 所示。

表 4-13　频率设定/键盘锁定操作选择参数(Pr.161)

设定值	内　容	
0	M 旋钮频率设定模式	键盘锁定模式无效
1	M 旋钮电位器模式	
10	M 旋钮频率设定模式	键盘锁定模式有效
11	M 旋钮电位器模式	

5. 输出频率的限制参数(Pr.1、Pr.2、Pr.18)

为了限制电动机的速度,应对变频器的输出频率加以限制。

当在 120 Hz 以下运行时,用 Pr.1"上限频率"和 Pr.2"下限频率"来设定,可将输出频率的上、下限钳位,频率与控制电压(电流)的关系图如图 4-28 所示。

当在 120 Hz 以上运行时,用参数 Pr.18"高速上限频率"设定高速输出频率的上限。

Pr.1 与 Pr.2 出厂设定范围为 0~120 Hz,出厂设定值分别为 120 Hz 和 0 Hz。Pr.18 出厂

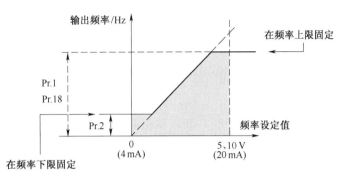

图4-28 频率与控制电压(电流)的关系图

设定范围为120~400 Hz。

6. 加减速时间设置参数(Pr. 7、Pr. 8、Pr. 20、Pr. 21)

加减速时间参数设置见表4-14。

表4-14 加减速时间参数设置

参数号	参数意义	出厂设定	设定范围	备 注
Pr. 7	加速时间	5 s	0~3 600 s/360 s	根据Pr. 21加减速时间单位的设定值进行设定。初始值的设定范围为0~3 600 s、设定单位为0.1 s
Pr. 8	减速时间	5 s	0~3 600 s/360 s	
Pr. 20	加减速基准频率	50 Hz	1~400 Hz	——
Pr. 21	加减速时间单位	0	0/1	0: 0~3 600 s,单位为0.1 s; 1:0~360 s,单位为0.01 s

说明:(1)Pr. 20为加减速的基准频率,在我国选为50 Hz。

(2)Pr. 7加速时间用于设定从停止到Pr. 20加减速基准频率的加速时间。

(3)Pr. 8减速时间用于设定从Pr. 20加减速基准频率到停止的减速时间。

7. 基准频率参数(Pr. 3)

基准频率是根据电动机的铭牌上所标示的额定频率来设置的,其取值范围为0~400 Hz,如某电动机铭牌上标出的额定频率为50 Hz,则基准频率参数Pr. 3应设置为50。

这里主要列举了一些与本工作任务相关的参数,其他更多的参数,用户可根据实际情况参阅使用手册。

任务要求

采用变频器FR-D720S-0.4K-CHT的操作面板控制电动机在指定频率下运行、在某频率段范围内平滑调速,以及正转和反转运行。

任务分析

本任务要求采用变频器面板控制电动机的启动、停止、频率大小及正反转。首先应选择适合指定变频器的电动机,连接主电路;然后再根据任务要求操作面板,包括相关参数的设置、频率设定等。

任务实施

(1)选择适合变频器控制的电动机,在断电状态下,按图4-29接线。

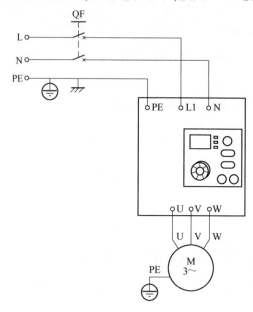

图4-29 采用操作面板控制的电动机的启停和正反转原理图

(2)通过按 SET 键,控制变频器的液晶屏显示输出频率。

(3)通过按 PU EXT 键或修改 Pr.79 参数,使变频器处于"PU 运行"模式。

(4)通过修改 ALLC 参数,将变频器的参数恢复到出厂设置值。

(5)设定电动机运行频率为 30 Hz,按 RUN 键,启动电动机加速运转,在 7 s 内达到设定频率;按 STOP 键,控制电动机制动减速,在 10 s 内停止运转。

(6)修改 Pr.40 参数,控制电动机正转或反转。

(7)设置 Pr.1、Pr.2 及 Pr.161 参数的值,按 RUN 键,调节 M 旋钮,使变频器可在 5~45 Hz 范围调节输出频率。

(8)变频器 U/F 曲线测定:分别设定变频器的输出频率为 60 Hz、50 Hz、40 Hz、30 Hz、20 Hz、10 Hz,观察电动机的运行速度变化,记录变频器相应输出电压于表4-15中。画出 U/F 曲线。

表4-15 变频器 U/F 值测定

频率/Hz	60	50	40	30	20	10
电压/V						

课后练习

一、选择题

1. 设定变频器 FR-D700 运行模式的参数是(　　)。
   A. Pr. 79　　　　　　　B. Pr. 40　　　　　　　C. Pr. 160　　　　　　　D. Pr. 3

2. 设定变频器 FR-D700 RUN 键旋转方向的参数是(　　)。
   A. Pr. 79　　　　　　　B. Pr. 40　　　　　　　C. Pr. 160　　　　　　　D. Pr. 3

3. 设定变频器 FR-D700 基准频率的参数是(　　)。
   A. Pr. 79　　　　　　　B. Pr. 40　　　　　　　C. Pr. 160　　　　　　　D. Pr. 3

4. 将变频器 FR-D700 的扩展模式参数释放显示的参数是(　　)。
   A. Pr. 79　　　　　　　B. Pr. 40　　　　　　　C. Pr. 160　　　　　　　D. Pr. 3

5. 设定变频器 FR-D700 上限频率的参数是(　　)。
   A. Pr. 1　　　　　　　　B. Pr. 2　　　　　　　　C. Pr. 7　　　　　　　　D. Pr. 8

6. 设定变频器 FR-D700 加速时间的参数是(　　)。
   A. Pr. 1　　　　　　　　B. Pr. 2　　　　　　　　C. Pr. 7　　　　　　　　D. Pr. 8

二、操作题

1. 用 M 旋钮变更频率设定值为 25 Hz,然后按启动键使变频器运行在 25 Hz,按停止键变频器停止运行。

2. 更改变频器参数 Pr. 79 的值(0,1,2,3,4,6,7),观察运行模式的变化。

任务5　采用外部开关实施电动机的启停和正反转控制

学习目标

(1)能熟练使用变频器的参数切换变频器运行模式。
(2)会使用变频器的控制端子控制电动机的启停。
(3)会使用变频器的多段速端子控制电动机的运行速度。

相关知识

变频器驱动电动机,除了可以通过变频器的面板按键 RUN 和 STOP 实现电动机的启停控制,还可以通过变频器的控制端子 STF、STR、SD 来实现。变频器的频率获取除了可以通过面板 M 旋钮设定,还可以通过变频器的多段速端子 RH、RM、RL、SD 信号、模拟电压输入端子信号和电流输入端子信号来设定。

(1)FR-D700 变频器的控制端子功能说明见表 4-7。

(2)多段速运行参数(Pr. 4、Pr. 5、Pr. 6、Pr. 24~Pr. 27)。

在外部操作模式或组合操作模式 2 下,变频器可以通过外接的开关器件的组合通断改变输入端子 RH、RM、RL、SD 的状态来实现电动机的启停控制。这种控制频率的方式称为多段速控制。

通过变频器的速度控制端子 RH、RM 和 RL 这些端子的通断组合可以实现 3 段、7 段的控制。

由于转速的档次是按二进制的顺序排列的,故三个输入端可以组合成 3 挡至 7 挡(零状态不计)转速。其中,3 段速由 RH、RM、RL 单个通断来实现;七段速由 RH、RM、RL 组合通断来实现。

七段速的各自运行频率则由参数 Pr. 4～Pr. 6(设置前 3 段速的频率)、Pr. 24～Pr. 27(设置第 4 段速至第 7 段速的频率)设定,如表 4-30 所示。

参数号	出厂设定	设定范围	备注
4	50 Hz	0～400 Hz	
5	30 Hz	0～400 Hz	
6	10 Hz	0～400 Hz	A_1
24～27	9999	0～400 Hz , 9999	9999:未选择

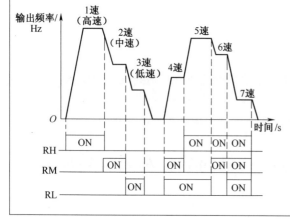

图 4-30　七段速对应频率参数设置

多段速设定在 PU 运行和外部运行中都可以设定。运行期间,参数值也能被改变。

3 速设定的场合(Pr. 24～Pr. 27 设定为 9 999),2 速以上同时被选择时,低速信号的设定频率优先。

变频器的频率设定,除了多段速设定外,也有连续设定频率的需求。例如,在变频器安装和接线完成进行运行试验时,常常用调速电位器连接到变频器的模拟量输入信号端,进行连续调速试验。此外,在触摸屏上指定变频器的频率,则此频率也应该是连续可调的。需要注意的是,如果要用模拟量输入(端子 2、端子 4)设定频率,则 RH、RM、RL 端子应断开,否则多段速设定优先。通过模拟量输入设定频率的具体用法见项目 5。

任务要求

采用变频器 FR-D720S-0.4K-CHT 的端子控制电动机以指定某一频率运行,以指定多段速运行。

😊**任务分析**

本任务通过变频器的控制端子 STF、STR、SD 是否接通来控制电动机正向和反向启动。某一固定频率的设定方法可以通过面板 M 旋钮设定,也可以通过变频器的多段速端子 RH、RM、RL、SD 的通断来设定。采用多段速端子 RH、RM、RL 设定时,必须设置相关参数(Pr. 4、Pr. 5、Pr. 6、Pr. 24~Pr. 27)。

😊**任务实施**

(1)根据电动机铭牌数据选择适合变频器控制的电动机,在断电状态下,按图 4-31 正确连接线路。

(2)通过端子发启停指令、通过面板设置频率:设置运行模式、加速和减速相关参数,按"正转"或"反转"开关,启动电动机"正转"或"反转"运行到预先设定的频率值,要求启动加速时间为 6 s;按动"停止"按钮,应控制电动机在 8 s 内停止运转。

(3)通过端子发启停指令和频率指令:设置与速度选择端子 RH、RL 相对应的参数,拨动"转速选择"开关,控制电动机高速(50 Hz)或低速(15 Hz)运转。

(4)记录变频器运行参数的取值,并理解其含义。

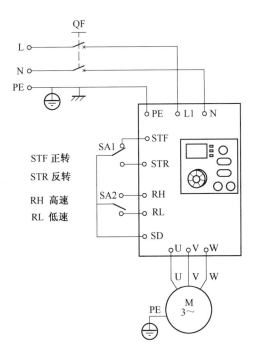

图 4-31　采用外部开关控制的电动机的启停和正反转原理图

课后练习

一、选择题

1. 变频器的端子 U、V、W 接( )。
    A. 三相电源　　　B. 多段速控制　　　C. 三相电动机　　　D. 以上都不对

2. 当给变频器 FR-D700 外加电压或电流信号来控制变频器的频率时,该电压或电流信号输入的公共端子是( )。
    A. 控制端子 2　　　B. 控制端子 4　　　C. 控制端子 5　　　D. 控制端子 SD

3. 当变频器 FR-D700 处于外部控制模式时,变频器可以接通( )来启动变频器正转。
    A. 控制端子 STR　　B. 控制端子 STF　　C. 控制端子 RH　　D. 控制端子 RM

4. 变频器多段速端子接通时对应的公共端子是( )。
    A. 控制端子 2　　　B. 控制端子 4　　　C. 控制端子 5　　　D. 控制端子 SD

5. 变频器通过端子发启停指令、通过面板设置频率,此时参数 Pr.79 应设置成( )。
    A. 0　　　　　B. 1　　　　　C. 2　　　　　D. 3　　　　　E. 4

二、操作题

1. 按图 4-31 接线,接通相应开关,设置相关参数,控制电动机以 30 Hz 频率正转。

2. 按图 4-31 接线,接通相应开关,设置相关参数,控制电动机以 20 Hz 频率正转。

拓展应用

变频恒压供水系统

某变频恒压供水系统如图 4-32 所示,采用三菱系列变频器,水流量是供水系统的基本控制对象,而图 4-32 中供水流量 Q_1 和用水流量 Q_2 的变化直接影响的是管道中水压的大小。通过压力传感器 SP 连续采集供水管网中的水压及水压变化率信号,并将其转换为电信号 X_F 反馈至变频控制系统,变频控制系统将反馈回来的信号 X_F 与设定压力信号 X_T 进行比较和运算。如果实际压力比设定压力低,则发出指令控制水泵加速运行;如果实际压力比设定压力高,则发出指令控制水泵减速运行,当达到设定压力时,水泵就维持在某运行频率上。具体分析如下:

设定压力信号 X_T:通过外接电路加在给定端子"2"上的信号,该信号与设定的水的压力相对应,该信号也可以由变频器控制面板直接给定。

反馈信号 X_F:该信号是压力传感器 SP 反馈至端子"4"上的信号,该信号是一个反映实际压力的信号。

系统的具体工作过程:由图 4-33 可知,变频器自带 PID 调节功能,如图 4-33 中的点画线框所示。X_T 和 X_F 两者形成的偏差信号 $X_D = (X_T - X_F)$ 经过 PID 调节处理后得到频率控制信号,控制变频器的输出频率。

当用水流量减小时,供水流量大于用水流量($Q_1 > Q_2$),则压力上升,$X_F \uparrow \rightarrow$ 偏差信号

$X_D = (X_T - X_F) \downarrow \rightarrow$ 变频器输出频率 $f_x \downarrow \rightarrow$ 电动机转速 $n_x \downarrow \rightarrow$ 供水流量 $Q_1 \downarrow \rightarrow$ 直至压力大小恢复到期望值,供水流量与用水流量重新达到平衡 $(Q_1 = Q_2)$;反之,当用水流量增加时,则 $Q_1 < Q_2$ 时,则 $X_F \downarrow \rightarrow$ 偏差信号 $X_D = (X_T - X_F) \uparrow \rightarrow$ 变频器输出频率 $f_x \uparrow \rightarrow$ 电动机转速 $n_x \uparrow \rightarrow$ 供水流量 $Q_1 \uparrow \rightarrow$ 直至新的平衡 $(Q_1 = Q_2)$。

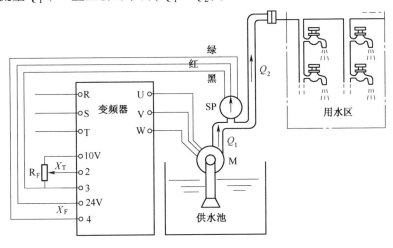

图 4-32 变频恒压供水系统

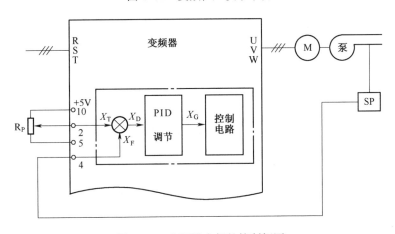

图 4-33 变频器内部的控制框图

项目 ⑤ 带式输送机闭环控制系统的调试与维护

项目描述

带式输送机是对已加工或装配的工件进行分拣,使不同颜色的工件从不同的料槽分流。当工件放到传送带上并为进料定位 U 形板内置的光纤传感器检测到时,即启动变频器,工件开始送入分拣区进行分拣。传送过程中,工件移动的距离则通过对旋转编码器产生的脉冲进行高速计数确定。本项目选择带式输送机作为教学载体(见图 5-1),该载体主要组成部件包括一台三菱 FX3U-48MR/ES-A 的 PLC、三菱 FR-D720S-0.75K-CHT 变频器等。

图 5-1 带式输送机实物图

本项目所用带式输送机的传送和分拣机构主要由传送带、出料滑槽、推料(分拣)气缸、进料检测(光电或光纤)传感器、属性检测(电感式和光纤)传感器以及磁性开关等组成。它的功能是把已经加工、装配好的工件从进料口输送至分拣区;通过属性检测传感器的检测,确定工件的属性,然后按工作任务要求进行分拣,把不同类别的工件推入三条物料槽中。其中,装置侧装配总成如图 5-2 所示。

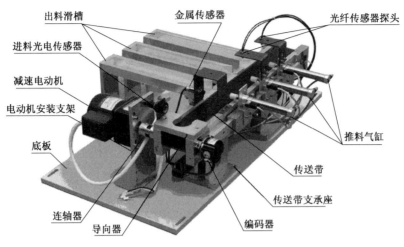

图 5-2　装置侧装配总成

任务1　带式输送机的启停和正反转控制

学习目标

(1) 认识带式输送机。

(2) 能采用 PLC 对变频器进行启停和正反转控制。

(3) 会将 PLC 与变频器进行连接并使用。

相关知识

一、带式输送机

1. 带式输送机的结构

带式输送机(Belt Conveyer)又称胶带输送机,俗称"皮带输送机",外形图如图 5-3 所示。目前输送带除了橡胶带外,还有其他材料的输送带(如 PVC、PU、特氟龙、尼龙带等)。带式输送机由驱动装置拉紧输送带,中部构架和托辊组成输送带作为牵引和承载构件,借以连续输送散碎物料或成品件。

通用带式输送机由输送带、托辊、滚筒及驱动装置、制动器、张紧装置、装载、卸载、清扫器等装置组成。

(1) 输送带:常用的有橡胶带和塑料带两种。橡胶带适用于工作环境温度在 −15 ~ 40℃ 之间。物料温度不超过 50 ℃;超过 50 ℃以上,订货时需要告知厂家,可以选用耐高温输送带。向上输送散粒料的倾角为 12° ~ 24°;对于大倾角输送可用裙边带。塑料带具有耐油、酸、碱等优点,但对于气候的适应性差,易打滑和老化。带宽是带式输送机的主要技术参数。

(2)托辊:有槽形托辊、平形托辊、调心托辊、缓冲托辊。槽形托辊(由三个辊子组成)支承承载分支,用以输送散粒物料;平形托辊可以使输送带垂直度不超过一定限度以保证输送带平稳地运行,减少输送带运行阻力;调心托辊用以调整带的横向位置,避免跑偏;缓冲托辊装在受料处,以减小物料对带的冲击。

(3)滚筒:分驱动滚筒和改向滚筒。驱动滚筒是传递动力的主要部件,分单滚筒(胶带对滚筒的包角为210°~230°)、双滚筒(包角达350°)和多滚筒(用于大功率)等。

(4)张紧装置:其作用是使输送带达到必要的张力,以免在驱动滚筒上打滑,并使输送带在托辊间的挠度保证在规定范围内。包括螺旋张紧装置、重锤张紧装置、车式拉紧装置。

图 5-3　带式输送机的外形图

2. 带式输送机的安装维护

(1)启动和停机。带式输送机一般应在空载的条件下启动。在顺次安装有数台带式输送机时,应采用可以闭锁的启动装置,以便通过集控室按一定顺序启动和停机。除此之外,为防止突发事故,每台输送机还应设置就地启动或停机的按钮,可以单独停止任意一台。为了防止输送带由于某种原因而被纵向撕裂,当输送机长度超过 30 m 时,沿着输送机全长,应间隔一定距离(如 25~30 m)安装一个停机按钮。

(2)带式输送机的安装。带式输送机的安装一般按下列几个阶段进行:

①安装带式输送机的机架:机架的安装是从头架开始的,然后顺次安装各节中间架,最后装设尾架。在安装机架之前,首先要在带式输送机的全长上拉引中心线,因保持带式输送机的中心线在一直线上是带式输送带正常运行的重要条件,所以在安装各节机架时,必须对准中心线,同时也要搭架子找平,机架对中心线的允许误差,每米机长为±0.1 mm。但在带式输送机全长上对机架中心的误差不得超过 35 mm。当全部单节安设并找准之后,可将各单节连接起来。

②安装驱动装置:安装驱动装置时,必须注意使带式输送机的传动轴与带式输送机的中心线垂直,使驱动滚筒宽度的中央与输送机的中心线重合,减速器的轴线与传动轴线平行。同时,所有轴和滚筒都应找平。轴的水平误差,根据带式输送机的宽窄,允许在 0.5~1.5 mm 的范围内。在安装驱动装置的同时,可以安装尾轮等拉紧装置,拉紧装置的滚筒轴线,应与带式输送机的中心线垂直。

③安装托辊:在机架、传动装置和拉紧装置安装之后,可以安装上下托辊的托辊架,使输送

带具有缓慢变向的弯弧,弯转段的托滚架间距为正常托辊架间距的1/2~1/3。托辊安装后,应使其回转灵活轻快。

(3)带式输送机的维护。为了保证带式输送机运转可靠,最主要的是及时发现和排除可能发生的故障。为此,操作人员必须随时观察输送机的工作情况,如发现异常应及时处理。机械工人应定期巡视和检查任何需要注意的情况或部件,这是很重要的。例如,一个托辊,并不显得十分重要,但输送磨损物料的高速输送带可能很快把它的外壳磨穿,出现一个刀刃,这个刀刃就可能严重地损坏一条价格昂贵的输送带。受过训练的工人或有经验的工作人员能及时发现即将发生的事故,并防患于未然。带式输送机的输送带在整个输送机成本中占相当大的比重。为了减少更换和维修输送带的费用,必须重视对操作人员和维修人员进行输送带的运行和维修知识的培训。

二、三菱 PLC(FX3U-48MR)

三菱 FX3U-48MR/ES-A 型 PLC 是三菱第三代小型可编程控制器。具有速度、容量、性能、功能的新型、高性能机器。业内最高水平的高速处理,内置定位功能得到大幅提升。

控制规模:24 点输入,24 点输出;可扩展到 128 点。自带两路输入电位器,8 000 步存储容量,并且可以连接多种扩展模块和特殊功能模块。晶体管型主机单元能同时输出 2 点100 kHz脉冲。并且配备有 7 条特殊的定位指令,包括零返回、绝对或相对地址表达方式及特殊脉冲输出控制。可安装显示模块 FX1N-5DM,能监控和编辑定时器、计数器和数据寄存器。网络和数据通信功能:支持 RS-232,RS-485,RS-422 通信。通过 FX2N-16CCL 及 FX2N-32CCL,可充当 CC-LINK 主站或从站。

三、FR-D720S 介绍

FR-D700 系列变频器是一种紧凑型多功能变频器。功率范围为 0.4~7.5 kW,通用磁通矢量控制,1 Hz 时 150% 转矩输出。采用长寿命元器件,内置 Modbus-RTU 协议,内置制动晶体管,扩充 PID、三角波功能,带安全停止功能。

变频器 FR-D720S 与 PLC 的安装,外接电源线必须连接至 R/L1,S/L2,T/L3(没有必要考虑相序)。绝对不能接 U、V、W,否则会损坏变频器。FR-D720S 的外接单相电源 220 V 如图 5-4(a)所示;FR-D740 的外接三相电源 380 V 如图 5-4(b)所示。

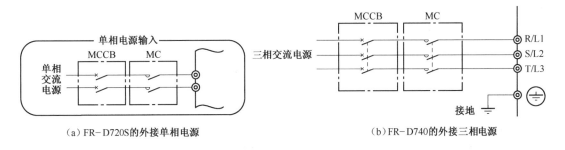

(a)FR-D720S的外接单相电源　　　　(b)FR-D740的外接三相电源

图 5-4　变频器的电源连接

电动机连接到 U、V、W,接通正转开关(信号)时,电动机的转动方向从负载轴方向看,为逆时针方向,连接方式如图 5-5 所示。

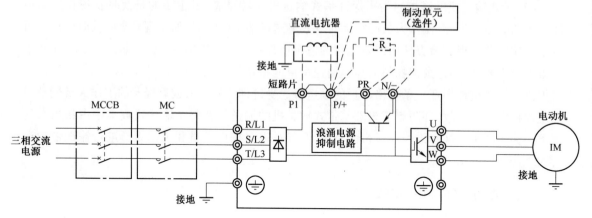

图 5-5 变频器连接电动机

主电路端子功能说明如表 5-1 所示。

表 5-1 主电路端子功能说明

端子记号	端子名称	功 能 说 明
R/L1 S/L2 T/L3	电流/电源输入	连接工频电源。当使用高功率因数变流器(FR-HC)及共直流母线变流器(FR-CV)时不要连接任何部件
U、V、W	变频器输出	连接三相笼形异步电动机
+、P1	直流电抗器连接	拆下端子+、P1 的短路片,连接直流电抗器
+、PR	制动电阻连接	在端子+和 PR 间连接选购的制动电阻(FR-ABR、MRS),0.1 kΩ、0.2 kΩ 电阻不能连接
+、-	制动单元连接	连接制动单元(FR-BU2)、共直流母线变流器(FR-CV)以及高功率因数变流器(FR-HC)
⏚	保护接地	变频器机架接地用,必须接大地

任务要求

某一条带式输送机是用变频器控制的,通过外部信号控制变频器实现对交流异步电动机的运行/停止、正转/反转等控制。

任务分析

变频器的输入信号中包括对运行/停止、正转/反转、微动等运行状态进行操作的开关型指令信号,如图 5-6 所示。变频器通常利用继电器接点或具有继电器接点开关特性的元器件(如晶体管)与 PLC 相连,得到运行状态指令。

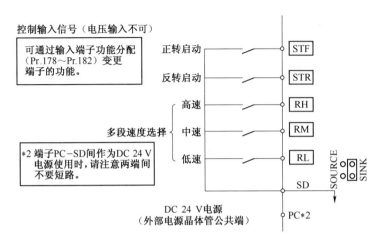

图5-6　变频器开关型输入信号

在使用继电器进行连接时,常常因为接触不良而带来误动作;在使用晶体管进行连接时,则需考虑晶体管本身的电压、电流容量等因素,保证系统的可靠性。

在设计变频器的输入信号电路时还应该注意,当输入信号电路连接不当时有时也会造成变频器的误动作。例如,当输入信号电路采用继电器等感性负载时,继电器开闭产生的浪涌电流带来的噪声有可能引起变频器的误动作,应尽量避免。

当输入开关信号进入变频器时,有时会发生外部电源和变频器控制电源(DC 24 V)之间的串扰。正确的连接是利用PLC电源,将外部晶体管的集电极经过二极管接到PLC。

任务实施

1. 带式输送机的启停控制

按前叙述要求连接好变频器电源和电动机。为了实现带式输送机的启停控制,采用开关指令信号的控制。

(1)PLC和变频器的连接。表5-2给出了该教学载体(带式输送机)的所有I/O定义,在本项目后面的任务中不再全部列举。

表5-2　带式输送机的所有I/O定义

输入信号				输出信号			
序号	PLC 输入点	信号名称	信号来源	序号	PLC 输出点	信号名称	信号输出 目标
1	X000	旋转编码器A相	装置侧	1	Y000	STF	变频器
2	X001	旋转编码器B相		2	Y001	STR	变频器
3	X002	旋转编码器Z相		3			
4	X003	进料口工件检测		4			
5	X004	电感式传感器		5			
6	X005	光纤传感器1		6	Y004	推杆1电磁阀	

序号	PLC 输入点	信号名称	信号来源	序号	PLC 输出点	信号名称	信号输出目标
7	X006	光纤传感器 2	装置侧	7	Y005	推杆 2 电磁阀	
8	X007	推杆 1 推出到位		8	Y006	推杆 3 电磁阀	
9	X010	推杆 2 推出到位		9	Y007	HL1（黄）	
10	X011	推杆 3 推出到位		10	Y010	HL2（绿）	
11	X012	启动按钮	按钮/指示灯模块	11	Y011	HL3（红）	按钮/指示灯模块
12	X013	停止按钮		12	Y014	RH	
13	X014	急停按钮		13	Y015	RM	变频器
14	X015	单站/全线		14	Y016	RL	变频器
15	X017	推杆 1 缩回到位					变频器
16	X020	推杆 2 缩回到位					
17	X021	推杆 3 缩回到位					
18	X022	废料检测					

本任务中主要使用的 I/O 点为 Y0 控制变频器的 STF 端信号。

（2）变频器的参数设置。本任务只要设置变频器的一些基本参数，如表 5-3 所示。

表 5-3　变频器的参数设置

参数号	参数意义	出厂设定	设定范围	备　　注
Pr. 1	上限频率	120 Hz		
Pr. 2	下限频率	0		
Pr. 7	加速时间	5 s	0~3 600 s/360 s	根据 Pr. 21 加减速时间单位的设定值进行设定。初始值的设定范围为 0~3 600 s、设定单位为 0.1 s
Pr. 8	减速时间	5 s	0~3 600 s/360 s	

（3）启停控制程序设计

控制要求：当按下启动按钮后，输送带开始单向运行，变频器输出一定的频率，运行 10 s 后自动停止，运行过程中也可以按下停止按钮，输送带立即停止，程序如图 5-7 所示。

2. 带式输送机的正反转控制

按前述要求连接好变频器电源和电动机，为了实现带式输送机的正反转控制，采用开关指令信号进行控制。

（1）PLC 和变频器的连接。本任务中主要使用的 I/O 点为 Y0 控制变频器的 STF 端信号，Y1 控制变频器的 STR 端信号，其余暂时不用。

（2）自动正反转控制程序设计：

控制要求 1：当按下启动按钮后，HL2 运行指示灯点亮，输送带开始正转，5 s 后输送带自动切换成反转，反转连续运行 5 s 后，又自动切换成正转，后面依次循环运行，任何时候按下停止按钮,电动机停止运行和运行指示灯熄灭,程序如图 5-8 所示。

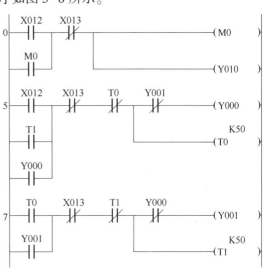

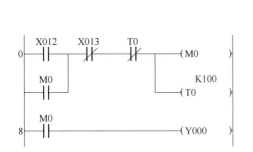

图 5-7　输送带启停控制程序

图 5-8　自动正反转切换程序

控制要求 2:当按下启动按钮后,HL2 运行指示灯点亮,在入料口(X003)放入一工件,输送带开始正转,传输工件,当工件输送到末端废料检测处(X022),输送带从正转自动切换成反转,又把工件重新输送到入料口,如此反复运行,任何时候按下停止按钮,电动机停止运行和运行指示灯熄灭,程序如图5-9所示。

(3)观察设备运行。记录设备运行的情况,比如变频器运行频率等。可以适当地修改变频器的加减速时间为 1 s,通过面板读出变频器运行时的电流输出、电压输出、转速等参数。

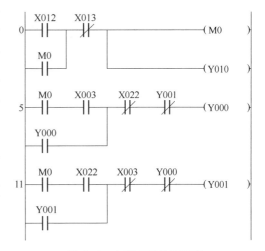

图 5-9　入料废料检测程序

课后练习

一、单选题

1. 我国的工业频率是(　　)。

　　A. 45 Hz　　　　　　　B. 50 Hz　　　　　　　C. 55 Hz　　　　　　　D. 60 Hz

2. 变频器是通过电力电子器件的通断作用将工频交流电流变换为(　　)可调的一种电能控制装置。

　　A. 电压　　　　　　B. 电压频率均　　　　　C. 频率　　　　　　　D. 电流频率均

3. 为了适应多台电动机的比例运行控制要求,变频器设置了(　　)功能。

　　A. 频率增益　　　　B. 转矩补偿　　　　　　C. 矢量控制　　　　　D. 回避频率

4. 变频器的额定容量为在连续不变的负载中,允许配用的最大负载容量。只允许 150%

负载时运行( )。

    A. 1 min   B. 1 s   C. 1 h   D. 10 min

    5. 工业洗衣机甩干时转速快,洗涤时转速慢,烘干时转速更慢,故需要变频器的( )功能。

    A. 转矩补偿   B. 频率偏置   C. 段速控制   D. 电压自动控制

二、填空题

    1. 通用带式输送机由_____、托辊、_____、_____、_____、装载、卸载、清扫器等装置组成。

    2. FR-D700 系列变频器的功率范围为_____,通用磁通矢量控制,1 Hz 时_____转矩输出,内置_____协议,内置制动_____,扩充_____、三角波功能,带安全停止功能。

    3. 变频器 FR-D720S 外接电源线连接至_____,电动机连接到_____,接通 STF 信号时,电动机的转动方向从负载轴方向看,为_____方向。

三、简答题

    1. FR-D720S 变频器如何连接交流电源 220 V 和 380 V?

    2. 列举 FR-D720S 变频器的主电路端子功能?

任务2 带式输送机的多级调速控制

学习目标

(1)认识气动元件和传感器。

(2)会 PLC 与变频器多级调速连接和参数设置。

(3)能进行 PLC 与变频器多级调速编程与调试。

相关知识

一、气动的应用

气压传动系统的工作原理是利用空气压缩机将电动机或其他原动机输出的机械能转变为空气的压力能。然后在控制元件的控制和辅助元件的配合下,通过执行元件把空气的压力能转变为机械能,从而完成直线或回转运动并对外做功。气动元件主要由气源发生器和处理组件、气动控制元件、气动执行元件和气动辅助元件等四部分组成。

1. 气源处理组件

气源处理组件及其回路原理图如图 5-10 所示。气源处理组件是气动控制系统中的基本组成器件,它的作用是除去压缩空气中所含的杂质及凝结水,调节并保持恒定的工作压力。在使用时,应注意经常检查过滤器中凝结水的水位,在超过最高标线以前,必须排放,以免被重新吸入。气源处理组件的气路入口处安装一个快速气路开关,用于启/闭气源,当把气路开关向左拔出时,气路接通气源;反之,把气路开关向右推入时,气路关闭。

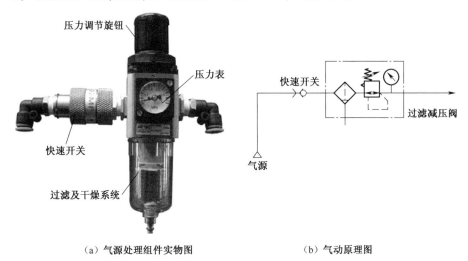

（a）气源处理组件实物图　　　　　　　（b）气动原理图

图5-10　气源处理组件及其回路原理图

气源处理组件输入气源来自空气压缩机,所提供的压力为 0.6~1.0 MPa,输出压力为 0~0.8 MPa 可调。输出的压缩空气通过快速三通接头和气管输送到各工作单元。

2. 标准双作用直线气缸

双作用直线气缸是指活塞的往复运动均由压缩空气来推动。气缸的两个端盖上都设有进排气通口,从无杆侧端盖气口进气时,推动活塞向前运动;反之,从杆侧端盖气口进气时,推动活塞向后运动。双作用直线气缸具有结构简单,输出力稳定,行程可根据需要选择的优点,但由于是利用压缩空气交替作用于活塞上实现伸缩运动的,回缩时压缩空气的有效作用面积较小,所以产生的力要小于伸出时产生的推力。

为了使气缸的动作平稳可靠,应对气缸的运动速度加以控制,常用的方法是使用单向节流阀来实现。单向节流阀是由单向阀和节流阀并联而成的流量控制阀,常用于控制气缸的运动速度,所以又称速度控制阀。

图5-11 给出了在双作用直线气缸装上两个单向节流阀的连接示意图,这种连接方式称为排气节流方式。当压缩空气从 A 端进气、从 B 端排气时,单向节流阀 A 的单向阀开启,向气缸无杆腔快速充气;由于单向节流阀 B 的单向阀关闭,有杆腔的气体只能经节流阀排气,调节节流阀 B 的开度,便可改变气缸伸出时的运动速度;反之,调节单向节流阀 A 的开度则可改变气缸缩回时的运动速度。这种控制方式,活塞运行稳定,是最常用的方式。

节流阀上带有气管的快速接头,只要将合适外径的气管往快速接头上一插就可以将管连接好,使用十分方便。图5-12 是安装了带快速接头的限出型气缸节流阀的气缸外观。

3. 单电控电磁换向阀、电磁阀组

顶料或推料气缸活塞的运动是依靠向气缸一端进气,并从另一端排气;再反过来,从一端进气,另一端排气来实现的。气体流动方向的改变则由能改变气体流动方向或通断的控制阀即方向控制阀加以控制。在自动控制中,方向控制阀常采用电磁控制方式实现方向控制,称为电磁换向阀。

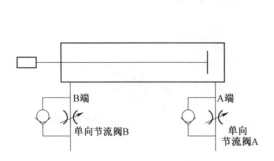

图 5-11 两个单向节流阀的连接示意图

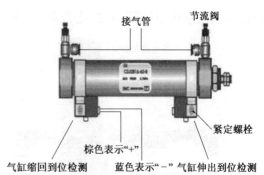

图 5-12 安装了带快速接头的限出
型气缸节流阀的气缸外观

电磁换向阀是利用其电磁线圈通电时,静铁芯对动铁芯产生电磁吸力使阀芯切换,达到改变气流方向的目的。图 5-13 所示是单电控二位三通电磁换向阀的工作原理示意图。

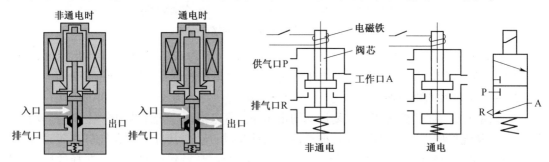

图 5-13 单电控二位三通电磁换向阀的工作原理示意图

所谓"位"指的是为了改变气体方向,阀芯相对于阀体所具有的不同的工作位置;"通"的含义则指换向阀与系统相连的通口,有几个通口即为几通。图 5-13 中,只有两个工作位置,具有供气口 P、工作口 A 和排气口 R,故为二位三通阀。

图 5-14 分别给出了二位三通、二位四通和二位五通单电控电磁换向阀的图形符号,图形中有几个方格就是几位,方格中的"┬"和"┴"符号表示各接口互不相通。

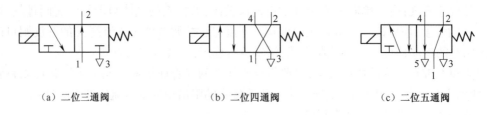

（a）二位三通阀　　　　　（b）二位四通阀　　　　　（c）二位五通阀

图 5-14 部分单电控电磁换向阀的图形符号

单电控电磁换向阀带有手动换向和加锁钮,有锁定(LOCK)和开启(PUSH)两个位置。用小螺丝刀把加锁钮旋到 LOCK 位置时,手控开关向下凹进去,不能进行手控操作。只有在 PUSH 位置,可用工具向下按,信号为"1",等同于该侧的电磁信号为"1";常态时,手控开关的信号为"0"。在进行设备调试时,可以使用手控开关对阀进行控制,从而实现对相应气路的控制。

两个电磁阀是集中安装在汇流板上的。汇流板中两个排气口末端均连接了消声器,消声器的作用是减少压缩空气向大气排放时的噪声。这种将多个阀与消声器、汇流板等集中在一起构成的一组控制阀的集成称为阀组,而每个阀的功能是彼此独立的。电磁阀组和气动回路图如图5-15所示。

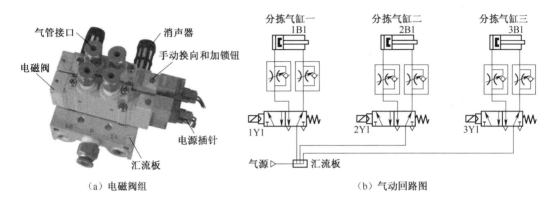

（a）电磁阀组　　　　　　　　　　　　（b）气动回路图

图5-15　电磁阀组和气动回路图

二、传感器的应用

1. 磁性开关

本装置使用的气缸都是带磁性开关的气缸。这些气缸的缸筒采用导磁性弱、隔磁性强的材料,如硬铝、不锈钢等。在非磁性体的活塞上安装一个永久磁铁的磁环,这样就提供了一个反映气缸活塞位置的磁场。而安装在气缸外侧的磁性开关则是用来检测气缸活塞位置,即检测活塞运动行程的。

有触点式的磁性开关用舌簧开关作为磁场检测元件。舌簧开关成形于合成树脂块内,并且一般动作指示灯、过电压保护电路也塑封在内。当气缸中随活塞移动的磁环靠近舌簧开关时,舌簧开关的两个簧片被磁化而相互吸引,触点闭合;当磁环移开舌簧开关后,簧片失磁,触点断开。触点闭合或断开时发出电控信号,在PLC的自动控制中,可以利用该信号判断推料及顶料气缸的运动状态或所处的位置,以确定工件是否被推出或气缸是否返回。

在磁性开关上设置的LED用于显示其信号状态,供调试时使用。磁性开关动作时,输出信号"1",LED亮;磁性开关不动作时,输出信号"0",LED不亮。

磁性开关的安装位置可以调整,调整方法是松开它的紧定螺栓,让磁性开关顺着气缸滑动,到达指定位置后,再旋紧紧定螺栓。

磁性开关有蓝色和棕色两根引出线,使用时蓝色引出线应连接到PLC输入公共端,棕色引出线应连接到PLC输入端。磁性开关的内部电路如图5-16中点画线框内所示。

2. 电感式接近开关

电感式接近开关是利用电涡流效应制造的传感器。电涡流效应是指,当金属物体处于一个交变的磁场中,在金属内部会产生交变的电涡流,该电涡流又会反作用于产生它的磁场的一种物理效应。如果这个交变的磁场是由一个电感线圈产生的,则这个电感线圈中的电流就会发生变化,用于平衡涡流产生的磁场。

利用这一原理,以高频振荡器(LC 振荡器)中的电感线圈作为检测元件,当被测金属物体接近电感线圈时产生了涡流效应,引起振荡器振幅或频率的变化,由传感器的信号调理电路(包括检波、放大、整形、输出等电路)将该变化转换成开关量输出,从而达到检测的目的。电感式接近开关工作原理框图如图 5-17 所示。

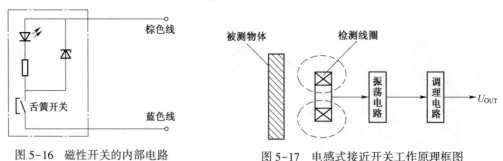

图 5-16　磁性开关的内部电路　　　　图 5-17　电感式接近开关工作原理框图

3. 漫射式光电接近开关

光电传感器是利用光的各种性质,检测物体的有无和表面状态的变化等的传感器。其中,输出形式为开关量的传感器称为光电式接近开关。

光电式接近开关主要由光发射器和光接收器构成。如果光发射器发射的光线因检测物体不同而被遮掩或反射,到达光接收器的量将会发生变化。光接收器的敏感元件将检测出这种变化,并转换为电气信号,进行输出。大多使用可视光(主要为红色,也用绿色、蓝色来判断颜色)和红外光。

按照光接收器接收光的方式的不同,光电式接近开关可分为对射式、漫射式和反射式三种,如图 5-18 所示。

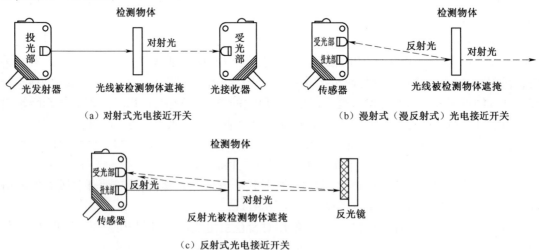

（a）对射式光电接近开关　　　　　　　（b）漫射式（漫反射式）光电接近开关

（c）反射式光电接近开关

图 5-18　光电式接近开关

图 5-19 为光电开关的内部电路原理图。

用来检测物料台上有无物料的光电开关是一个圆柱形漫射式光电接近开关,工作时向上发出光线,从而透过小孔检测是否有工件存在,该光电开关选用 SICK 公司产品 MHT15-N2317 型,其外形如图 5-20 所示。

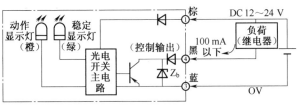

图 5-19 光电开关的内部电路原理图　　　　图 5-20 光电开关外形

4. 光纤传感器

光纤传感器由光纤检测头、光纤放大器两部分组成。光纤检测头和光纤放大器是分离的两个部分,光纤检测头的尾端部分分成两条光纤,使用时分别插入光纤放大器的两个光纤孔。光纤传感器组件如图 5-21 所示。

光纤传感器也是光电传感器的一种。光纤传感器具有下述优点:抗电磁干扰,可工作于恶劣环境,传输距离远,使用寿命长。此外,由于光纤头具有较小的体积,所以可以安装在很小空间的地方。

光纤传感器的灵敏度调节范围较大,当光纤传感器灵敏度调得较小时,反射性较差的黑色物体,光电探测器无法接收到反射信号;而反射性较好的白色物体,光电探测器就可以接收到反射信号;反之,若调高光纤传感器灵敏度,则即使对反射性较差的黑色物体,光电探测器也可以接收到反射信号。

图 5-22 为光纤传感器放大器单元的俯视图,调节其中部的旋转灵敏度高速旋钮就能进行放大器灵敏度调节(顺时针旋转,灵敏度增大)。调节时,会看到"入光量显示灯"发光的变化。当光电探测器检测到物料时,"动作显示灯"会亮,提示检测到物料。

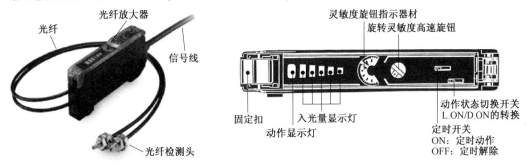

图 5-21 光纤传感器组件　　　　图 5-22 光纤传感器放大器单元的俯视图

E3X-NA11 型光纤传感器电路框图如图 5-23 所示,接线时请注意根据导线颜色判断电源

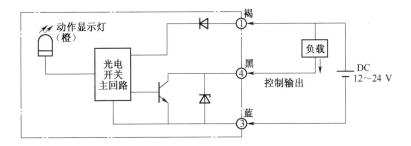

图 5-23 E3X-NA11 型光纤传感器电路框图

极性和信号输出线,切勿把信号输出线直接连接到电源+24 V端。

🔲 任务要求

某带式输送机是用变频器控制的,通过外部信号控制变频器实现对交流异步电动机的多种速度的任意控制。

🖊 任务分析

变频器在外部操作模式或组合操作模式 2 下,可以通过外接的开关器件的组合通断,改变速度控制端子的状态来实现变速。FR－D720 变频器的速度控制端子是 RH、RM、RL 和 REX,通过这些开关的 ON、OFF 操作组合可以实现 3 段、7 段、15 段速的控制,预先通过参数设定运行速度。

1. 多段速设定(Pr. 4~Pr. 6)

RH 信号 ON 时,以 Pr. 4 中设定的频率运行;RM 信号 ON 时,以 Pr. 5 中设定的频率运行;RL 信号 ON 时,以 Pr. 6 中设定的频率运行,见图4-30。

例如:RH、RM 信号均为 ON 时,RM 信号(Pr. 5)优先。

在初始设定下,RH、RM、RL 信号被分配在端子 RH、RM、RL 上。通过在 Pr. 178 ~ Pr. 182(输入端子功能选择)中设定"0(RL)"、"1(RM)"和"2(RH)",还可以将信号分配给其他端子。

2.4 速以上的多段速设定(Pr. 24~Pr. 27、Pr. 232~Pr. 239)

通过 RH、RM、RL、REX 信号的组合,可以设定 4 速~15 速。请在 Pr. 24 ~ Pr. 27、Pr. 232 ~ Pr. 239 中设定运行频率(初始值状态下 4 速~15 速为无法使用的设定),如图 5-24 所示。

REX 信号输入所使用的端子,请通过将 Pr. 178~Pr. 182(输入端子功能选择)设定为"8"来分配功能。

如果设定 Pr. 232 多段速设定(8 速)= 9999 时,将 RH、RM、RL 设为 OFF,REX 设为 ON 时,则将按照 Pr. 6 的频率动作。外部信号频率指令的优先次序是:"点动运行>多段速运行>端子 4 模拟量输入>端子 2 模拟量输入"。

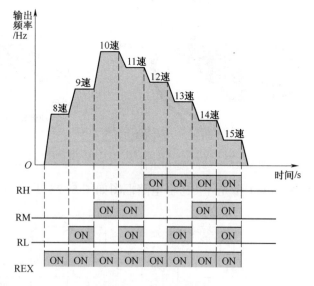

图 5-24　15 段速控制信号示意图

外部运行模式或 PU/外部组合运行模式(Pr. 79 = 3 或 4)时有效,Pr. 24 ~ Pr. 27、Pr. 232 ~

Pr. 239 的设定值不存在先后顺序。在 Pr. 59 遥控功能选择的设定不为 0 时,RH、RM、RL 信号成为遥控设定用信号,多段速设定将无效。

任务实施

1. PLC 和变频器的连接

本任务中所主要使用的 I/O 点为 Y0 控制变频器的 STF 端信号,Y1 控制变频器的 STR 端信号,Y14/Y15/Y16 分别控制变频器的 RH/RM/RL 端信号,如图 5-25 所示。

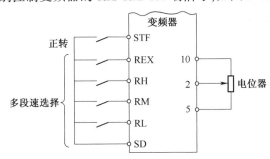

图 5-25 外部多功能端子的连接

2. 变频器的参数设置(见表 5-4)

表 5-4 变频器的参数设置

参数编号	参数	名 称	RL(Y16)	RM(Y15)	RH(Y14)
Pr. 4	50 Hz	1 速(高速)	OFF	OFF	ON
Pr. 5	30 Hz	2 速(中速)	OFF	ON	OFF
Pr. 6	10 Hz	3 速(低速)	ON	OFF	OFF
Pr. 24	5 Hz	4 速	ON	ON	OFF
Pr. 25	15 Hz	5 速	ON	OFF	ON
Pr. 26	20 Hz	6 速	OFF	ON	ON
Pr. 27	40 Hz	7 速	ON	ON	ON

3. 多级调速控制程序设计

控制要求:当按下启动按钮,在入料口检测工件后,输送带开始以 15 Hz 运行,当前进到光纤传感器 1 的位置后以 30 Hz 运行;当前进到光纤传感器 2 的位置后以 40 Hz 运行;当前进到废料检测处以 20 Hz 反转,返回到入料口停止系统运行(取走工件),下次重新启动和放入物料。启动运行时,HL2 运行指示灯常亮;当电动机正转时,HL1 运行指示灯以 1 Hz 闪烁;当电动机反转时,HL3 运行指示灯以 1 Hz 闪烁。

设计状态转移图。状态转移图与启停控制程序如图 5-26 所示。

梯形图程序。X12 启动和 X13 停止的启停程序控制,运行指示灯 Y10 绿灯常亮;在输送带正转时,Y7 黄灯闪烁;输送带反转时,Y11 红灯闪烁,如图 5-27 所示。

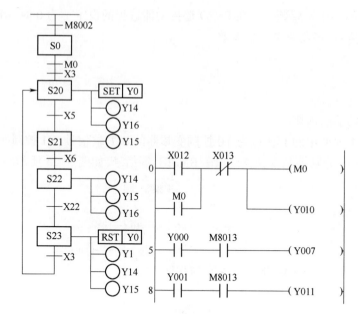

图 5-26   状态转移图与启停控制程序

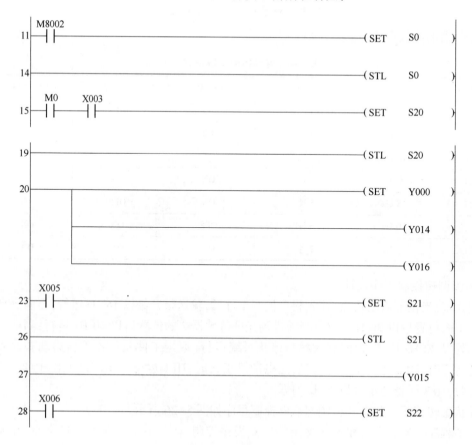

图 5-27   多段速控制程序

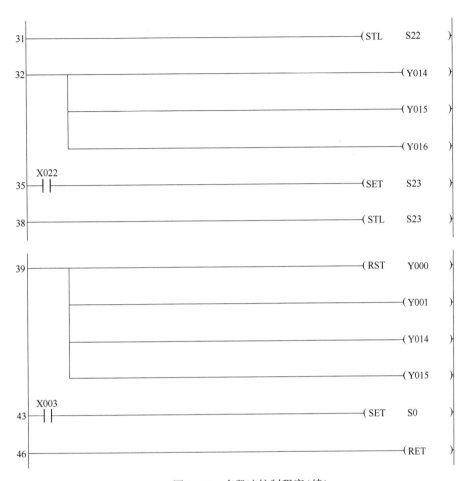

图 5-27　多段速控制程序(续)

4. 拓展练习

在进行多段速控制任务之前,可以先做输送带运行测试,试编制程序对每个段速频率分别运行 5 s 作为测试。按下启动按钮,变频器分别以 5 Hz、10 Hz、20 Hz、30 Hz、40 Hz、50 Hz 运行 5 s,这一过程自动加速,最后自动停止。

课后练习

一、单选题

1. 压缩空气经过一系列控制元件后,将能量传递至(　　　　),输出力(直线气缸)或者力矩(摆动气缸或气动马达)。

　　A. 动力元件　　　　　B. 执行元件　　　　　C. 控制元件

2. (　　　　)调节或控制气压的变化,并保持降压后的压力值固定在需要的值上,确保系统压力的稳定性,减小因气源气压突变时对阀门或执行器等硬件的损伤。

　　A. 干燥器　　　　　B. 压力表　　　　　C. 空气过滤器　　　　　D. 油雾器

3. (　　　　)是利用光照射到被测物体上后反射回来的光线而工作的。

A. 漫射式接近开关　B. 电感式接近开关　C. 光电式接近开关　D. 光纤传感器

4. 光纤传感器由(　　)和光纤放大器两部分组成。

A. 光纤头　　　　　　B. 光纤衰减器　　　　C. 光纤检测头　　　　D. 光纤线

5. (　　)是用来检测气缸活塞位置的,即检测活塞运动行程的。

A. 磁性开关　　　　　　　　　　　　　　　B. 电感式接近开关

C. 光电式接近开关　　　　　　　　　　　　D. 漫射式接近开关

6. FR-D720 三菱变频器在有正反转的情况下,最多可以出现(　　)种转速。

A. 7　　　　　　　B. 8　　　　　　　C. 14　　　　　　　D. 15

7. 在变频调速中,若在额定频率以上调时,当频率上调时,电压(　　)。

A. 上调　　　　　　B. 下降　　　　　　C. 不变　　　　　　D. 不一定

二、填空题

1. 气压传动系统通过_____把空气的压力能转变为_____,从而完成直线或回转运动并对外做功。气动元件主要由_____、_____、_____和气动辅助元件等四部分组成。

2. 电感式接近开关是利用_____效应制造的传感器。当金属物体处于一个交变的磁场中,在金属内部会产生交变的电涡流。如果这个交变的磁场是由一个_____产生的,则这个电感线圈中的电流就会发生变化,用于平衡涡流产生的磁场。传感器的信号_____将该变化转换成开关量输出,从而达到检测的目的。

3. FR-D720 变频器多段速控制在_____模式或_____模式下,通过外接的开关器件的组合通断,改变速度控制端子的状态来实现变速,FR-D720 变频器的速度控制端子是_____,通过这些开关的 ON、OFF 操作组合可以实现_____。

三、简答题

1. FR-D720 变频器多段速控制如何实现 3 段、7 段、15 段的速度控制? 如何进行变频器端口连接、参数设置等?

2. 列举变频器多段速控制应用案例。

任务 3　带式输送机的无级调速控制

📖 学习目标

(1)认识 PLC 模拟量模块和变频器模拟量端口。

(2)会 PLC 与变频器模拟量调速连接和参数设置。

(3)能进行 PLC 与变频器模拟量调速编程与调试。

📠 相关知识

一、FX0N-3A 模块

FX0N-3A 是三菱 PLC 模拟量输入/输出模块,是 8 位二进制分辨率的模拟量输入/输出模块。具有 2 通道模拟量输入和 1 通道模拟量输出的输入/输出混合模块。可以进行 2 通道的电压输入(DC 0~10 V、DC 0~5 V)，或者电流输入(DC 4~20 mA)(2 通道特性相同)；1 通道的模拟量输出，可以是电压输出(DC 0~10 V)或者电流输出(DC 4~20 mA)。FX0N-3A 的技术指标见表 5-5。

表 5-5　FX0N-3A 的技术指标

A/D	电压输入	电流输入
模拟量输入范围	DC 0~10 V，DC 0~5 V(输入电阻 200 kΩ)绝对最大输入：-0.5 V，+15 V	DC 4~20 mA(输入电阻 250 Ω)绝对最大输入：-2 mA，+60 mA
输入特性	不可以混合使用电压输入和电流输入，两个通道的输入特性相同	
有效的数字量输出	8 位二进制(数字值为 255 以上时，固定为 255)	
运算执行时间	TO 指令处理时间×2 + FROM 指令处理时间	
转换时间	100 ms	
D/A	电压输出	电流输出
模拟量输出范围	DC 0~10 V，DC 0~5 V(负载电阻 1 kΩ~1 MΩ)	DC 4~20 mA(负载电阻 500 Ω 下)
有效的数字量输入	8 位二进制	
运算执行时间	TO 指令处理时间 X3	
通用部分	电压输入/输出	电流输入/输出
分辨率	40 mV(10 V/250)、20 mV(5 V/250)	64 μA；4~20 mA/0~250 依据输入特性而变
名合精度	±1%（对应满量程）	
隔离方式	采用光耦隔离模拟量输入/输出、可编程控制器采用 DC/DC 转换器 隔离电源、模拟量输入/输出(各通道间不隔离)	
电源	DC 5 V，30 mA(可编程控制器内部供电)；DC 24 V，90 mA(可编程控制器内部供电)	
输入/输出占用点数	占用 8 点可编程控制器的输入或者输出（计算在输入侧或者输出侧都可）	
适用的 PLC	FX1N、FX2N、FX3U、FX1NC、FX2NC(需要 FX2NC-CNV-IF)、FX3UN(需要 FX2NC-CNV-IF 或者 FX3UC-1PS-5 V)	
质量	0.2 kg	

缓冲存储器(BFM)分配见表 5-6。

表 5-6　缓冲存储器(BFM)分配

BFM No.	b15~b8	b7	b6	b5	b4	b3	b2	b1	b0
#0	当前 A/D 转换输入通道的 8 位数据								
#1~#15									
#16	当前 D/A 转换输出通道的 8 位数据								
#17				D/A 转换启动		A/D 转换启动		A/D 转换通道选择	
#18~#31									

表格空白部分为缓冲存储器存储保留区域。

#0:输入通道1(CH1)与输入通道2(CH2)转换数据以二进制形式交替存储。

#17:功能见表5-7。

表 5-7　#17 缓冲存储器(BFM)功能

十六进制	二进制			说　明	
	b2	b1	b0		b0=0,选择输入通道1;
H000	0	0	0	选择输入通道1且复位 A/D 和 D/A 转换	b0=1,选择输入通道2; b1=0→1,启动 A/D 转换;
H001	0	0	1	选择输入通道2且复位 A/D 和 D/A 转换	b1=1→0,复位 A/D 转换;
H002	0	1	0	保持输入通道1的选择且启动 A/D 转换	b2=0→1,启动 D/A 转换;
H003	0	1	1	保持输入通道2的选择且启动 A/D 转换	b2=1→0,复位 D/A 转换
H004	1	0	0	启动 D/A 转换	

在使用模拟量模块时,安装连接所需通道后,启动 A/D 转换,从缓冲存储器(BFM)读入转换后的数据进行处理。同样,把准备输出的数据进行 D/A 转换。模拟量模块编程的流程图如图 5-28 所示。

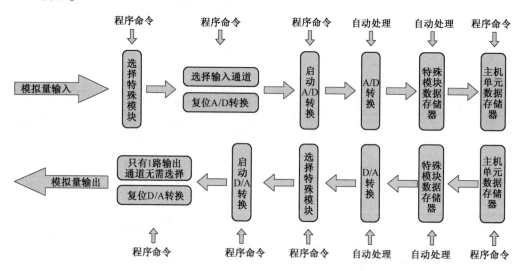

图 5-28　模拟量模块编程的流程图

二、变频器的模拟量端口

1. 变频器数值信号输入控制频率

变频器中也存在一些数值型(如频率、电压等)指令信号的输入,可分为数字输入和模拟输入两种。数字输入多采用变频器面板上的键盘操作和串行接口来给定;模拟输入则通过接线端子由外部给定,通常通过 0~5 V/10 V 的电压信号或 0/4~20 mA 的电流信号输入。由于接口电路因输入信号而异,因此必须根据变频器的输入阻抗选择 PLC 的输出模块。

当变频器和 PLC 的电压信号范围不同时,如变频器的输入信号电压范围为 0~10 V,而 PLC 的输出信号电压范围为 0~5 V 时;或 PLC 一侧的输出信号电压范围为 0~10 V,而变频器的输入信号电压范围为 0~5 V 时,由于变频器和晶体管的允许电压、电流等因素的限制,需用串联的方式接入限流电阻及分压方式,以保证进行开闭时不超过 PLC 和变频器相应的容量。

此外,在连线时还应注意将布线分开,保证主电路一侧的噪声不传到控制电路。

2. 模拟量输入的连接

模拟量输入端子的功能说明如表5-8所示。

模拟量端子连接图如图5-29所示。

表 5-8 模拟量输入端子的功能说明

端子号	端子名称	功 能 说 明	备 注
10	频率设定用电源	作为外接频率设定(速度设定)用电位器时的电源使用	DC(5±0.2)V;容许负载电流 10 mA
2	频率设定(电压)	如果输入 DC 0~5 V(0~10 V),在 5 V(10 V)时为最大输出频率,输入/输出成正比。通过 Pr.73 进行 DC 0~5 V 和 0~10 V 输入的切换操作	输入电阻(10±1)kΩ;最大容许电压 DC 20 V
4	频率设定(电流)	如果输入 DC 4~20 mA(或 0~5 V,0~10 V),在 20 mA 时为最大输出频率,输入/输出成正比。只有 AU 信号为 ON 时,端子 4 的输入信号才有效(端子 2 的输入将无效)。通过 Pr.267 进行 4~20 mA 和 0~5 V,0~10 V 输入的切换操作。电压输入(0~5 V,0~10 V)时将电压/电流输入切换开关切换至"V"	电流输入的情况下:输入电阻(233±5)Ω;最大容许电流 30 mA。电压输入的情况下:输入电阻(10±1)kΩ;最大容许电压 DC 20 V
5	频率设定公共端	频率设定信号(端子 2 或端子 4)及端子 AM 的公共端子,请不要接大地	

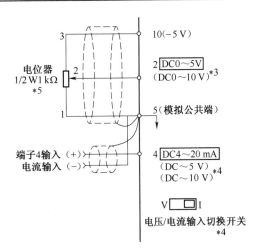

图 5-29 模拟量端子连接图

(1)以模拟量输入电压运行。频率设定信号在端子 2-5 之间,输入 DC 0~5 V(或者 DC 0~10 V)的电压,如图5-30所示。输入 5 V(10 V)时为最大输出频率。5 V 的电源既可以使用内部电源,也可以使用外部电源输入;10 V 的电源,请使用外部电源输入。内部电源在端子 10-5 之间输出 DC 5 V。

(2)以模拟量输入电流运行。在应用于风扇、泵等恒温、恒压控制时,将调节器的输出信号 DC 4~20 mA 输入到端子 4-5 之间,可实现自动运行,如图5-31所示。要使用端子 4,请将

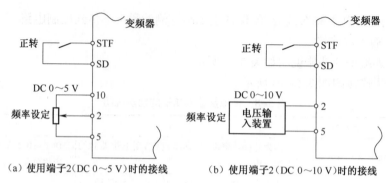

图 5-30　模拟量输入电压连接图

AU 信号设置为 ON。

3. 模拟量调速的维护

通常,变频器也通过接线端子向外部输出相应的监测模拟信号。电信号的范围通常为 0~5 V/10 V 及 0/4~20 mA 电流信号。无论哪种情况,都应注意:PLC 一侧的输入阻抗的大小要保证电路中电压和电流不超过电路的允许值,以保证系统的可靠性和减少误差。另外,由于这些监测系统的组成互不相同,有不清楚的地方应向厂家咨询。

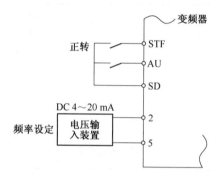

图 5-31　模拟量输入电流接线图

因为变频器在运行中会产生较强的电磁干扰,为保证 PLC 不因为变频器主电路断路器及开关器件等产生的噪声而出现故障,在变频器与 PLC 相连接时应该注意以下几点:

(1)对 PLC 本身应按规定的接线标准和接地条件进行接地,而且应注意避免和变频器使用共同的接地线,且在接地时使二者尽可能分开。

(2)当电源条件不太好时,应在 PLC 的电源模块及输入/输出模块的电源线上接入噪声滤波器和降低噪声用的变压器等,另外,若有必要,在变频器一侧也应采取相应的措施。

(3)当把变频器和 PLC 安装于同一操作柜中时,应尽可能使与变频器有关的电线和与 PLC 有关的电线分开。

(4)通过使用屏蔽线和双绞线达到提高噪声干扰的水平。

任务要求

某带式输送机是用变频器控制的,通过外部信号控制变频器实现对交流异步电动机的任意速度的随意控制。

任务分析

任意速度的控制信号来自于 PLC 模拟量模块的电压/电流输出,可以选择根据模拟量输入端子的规格、输入信号来切换正/反转、速度大小等。模拟量输入端子的规格见表 5-9。

表5-9　模拟量输入端子的规格

参数编号	名　称	初始值	设定范围	内　容	
73	模拟量输入选择	1	0	端子2输入0~10 V	无可逆运行
			1	端子2输入0~5 V	
			10	端子2输入0~10 V	有可逆运行
			11	端子2输入0~5 V	
267	端子4输入选择	0	0	端子4输入4~20 mA	
			1	端子4输入0~5 V	
			2	端子4输入0~10 V	

通过将 Pr.73 设定为"10"或"11",并对 Pr.125(Pr.126)端子2频率设定增益频率(端子4频率设定增益频率)、C2(Pr.902)端子2频率设定偏置频率、C7(Pr.905)端子4频率设定增益进行调整,可以通过端子2(端子4)实现可逆运行。

如通过端子2(0~5 V)输入进行可逆运行时,设定 Pr.73 = 11,使可逆运行有效。在 Pr.125(Pr.903)中设定最大模拟量输入时的频率,将 C3(Pr.902)设定为 C4(Pr.903)设定值的 1/2,DC 0~2.5 V 为反转,DC 2.5~5 V 为正转。

任务实施

1. 模拟量模块与变频器的连接

可以选择连接模拟量电流输入和模拟量电压输入的 CH1、CH2 通道中的端口,以及模拟电压(V_{OUT} 和 COM)和电流输出(I_{OUT} 和 COM)端口,连接注意极性。输入/输出通道的连接如图5-32所示。

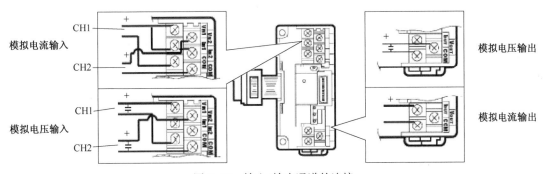

图5-32　输入/输出通道的连接

2. FX0N-3A 的输入/输出编程

(1)A/D 输入程序。主机单元将数据读出或写入 FX0N-3A 缓冲存储器(BFM)。当 X1 = ON 时,实现输入通道1的 A/D 转换,并将 A/D 转换对应值存储于主机单元 D01 中;当 X2 = ON 时,实现输入通道2的 A/D 转换,并将 A/D 转换对应值存储于主机单元 D02 中。A/D 输入程序如图5-33所示。

当按下 X1 时:

[T0 K0 K17 H00 K1]→(H00)写入 BFM#17,选择输入通道1且复位 A/D 转换;

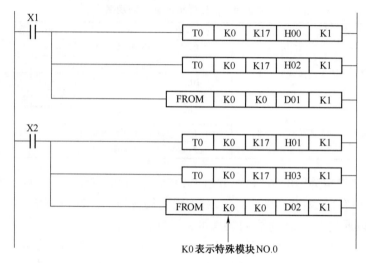

K0表示特殊模块NO.0

图 5-33　A/D 输入程序

[T0 K0 K17 H02 K1]→(H02)写入 BFM#17,保持输入通道 1 的选择且启动 A/D 转换;

[FROM K0 K0 D01 K1]→读取 BFM#0,输入通道 1 当前 A/D 转换对应值存储于主机单元(D01)中。

当按下 X2 时:

[T0 K0 K17 H01 K1]→(H01)写入 BFM#17,选择输入通道 2 且复位 A/D 转换;

[T0 K0 K17 H03 K1]→(H03)写入 BFM#17,保持输入通道 2 的选择且启动 A/D 转换;

[FROM K0 K0 D02 K1]→读取 BFM#0,输入通道 2 当前 A/D 转换对应值存储于主机单元(D02)中。

（2）D/A 输出程序。当 X0 = ON 时,实现输出通道的 D/A 转换,D/A 转换对应值为主机单元 D00。D/A 输出程序如图 5-34 所示。

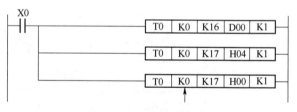

图 5-34　D/A 输出程序

当按下 X0 时:

[T0 K0 K16 D00 K1]→D/A 转换对应值(D00)写入 BFM#16;

[T0 K0 K17 H04 K1]→(H04)写入 BFM#17,启动 D/A 转换;

[T0 K0 K17 H00 K1]→(H00)写入 BFM#17,复位 D/A 转换。

3. 模拟量模块编程实现无级调速

按照 5 V/250 的对应,在 D10 寄存器中写入数值,启动 D/A 转换,并选择输入通道 1 进行转换输出。

控制要求:按下启动按钮,系统进入运行状态,在入料口放入一工件,延时 1 s 后输送带开始 20 Hz 运行,当前进到光纤传感器 2 的位置后开始 40 Hz 运行,最后到废料检测处输送带停止运行,可以把工件重新放到入料口运行,按下停止按钮后系统停止。进入运行状态时,HL2 指示灯常亮,输送带前进时 HL2 指示灯以 1 Hz 闪烁。

当 D10 输入数值 K100,代表设定频率为 20 Hz;

当 D10 输入数值 K200,代表设定频率为 40 Hz;

无级调速程序如图 5-35 所示。

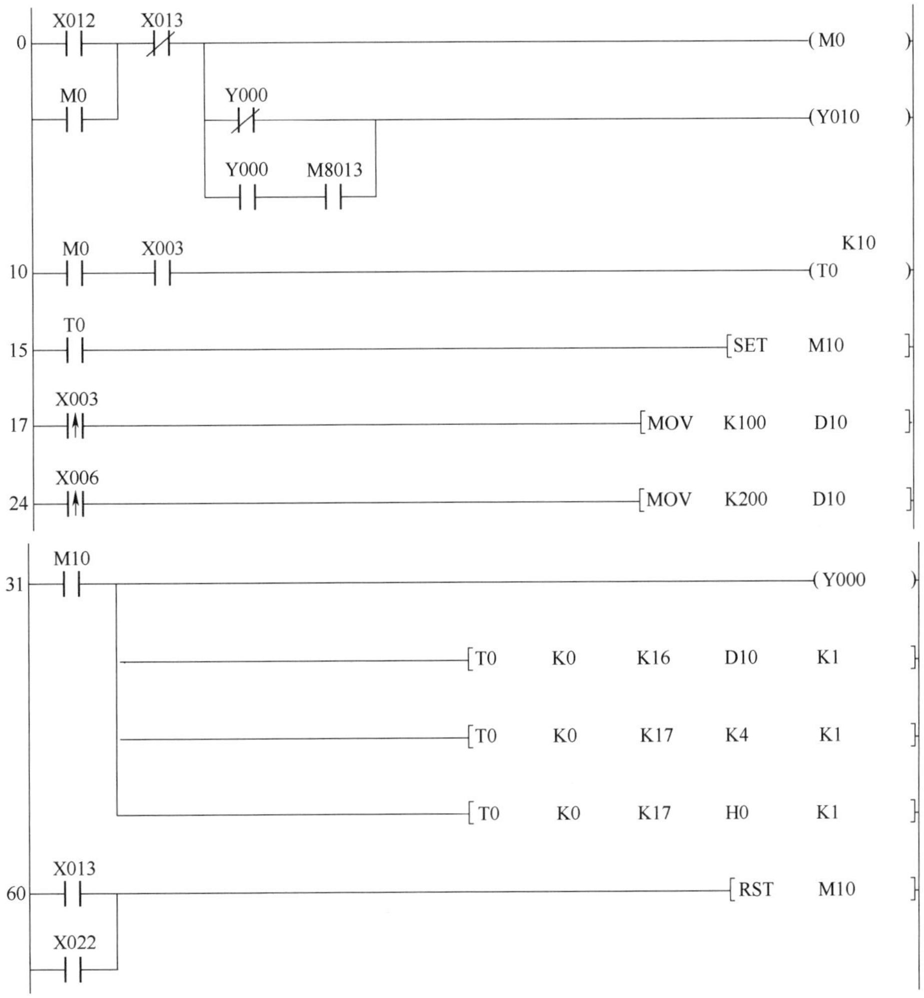

图 5-35　无级调速程序

在调试过程中,理论设定值的频率和实际运行值的频率之间产生误差的原因是什么? 这就是频率精度,指变频器的实际输出频率与设定频率之间的误差大小,又称频率准确度或频率稳定度。

通常,当频率为数字量设定时,精度高些(误差小些);而为模拟量设定时,精度低些(误差大些)。

课后练习

一、单选题

1. 在模拟量控制线中,由于模拟量信号的抗干扰能力较差,必须采用屏蔽线。在连接时,屏蔽层靠近变频器的一侧应（　　），另一端应悬空。

  A. 悬空   B. 接变频器的公共端

  C. 接地   D. 接继电器输出端子

 2. 变频器调速使用电位器调节，（　　）。

  A. Pr. 77 设定为 4，P1 设定上限值，P2 设定下限值

  B. Pr. 79 设定为 4，P1 设定上限值，P2 设定下限值

  C. Pr. 77 设定为 1，P1 设定上限值，P2 设定下限值

  D. Pr. 79 设定为 1，P1 设定上限值，P2 设定下限值

 3. FX 主机读取特殊扩展模块数据应采用（　　）指令。

  A. FROM   B. TO   C. RS   D. PID

 4. 变频器的输出不允许接（　　）。

  A. 纯电阻   B. 电感   C. 电容   D. 电动机

 5. 变频器全部外部端子与接地端子间用 500 V 的兆欧表测量时，其绝缘电阻应在（　　）以上。

  A. 0.5 MΩ   B. 1 MΩ   C. 5 MΩ   D. 10 MΩ

二、填空题

 1. 三菱 FX0N-3A 模拟量模块是_____位二进制分辨率，具有_____通道模拟量输入和_____通道模拟量输出。电压输入范围是_____，电流输入范围是_____。

 2. 变频器中有数值型指令信号的输入，可分为_____输入和_____输入两种。数字输入多采用变频器面板上的_____和_____来给定；模拟输入则通过_____由外部给定，通常通过_____信号或_____信号输入。

 3. 变频器模拟量输入电压运行频率设定信号在端子_____之间输入_____的电压。10 V 的电源请使用_____输入，内部电源在端子_____间输出 DC 5 V。

 4. 变频器模拟量输入电流运行时，将调节器的输出信号_____输入到端子_____之间，可实现自动运行。要使用端子 4，请将_____信号设置为 ON。

三、简答题

 1. 变频器运行中会产生较强的电磁干扰，为保证 PLC 不因为变频器主电路断路器及开关器件等产生的噪声而出现故障，在变频器与 PLC 相连接时应该注意哪些方面？

 2. 简述变频器模拟量输入电压和模拟量输入电流运行时的连接方式、参数设置和编程。

 3. 三菱 FX 系列 PLC 中除了 FROM/TO 指令外，还有什么指令可以实现外部数据输入/输出功能？

任务4　带式输送机的物料分拣

学习目标

 （1）会使用编码器作为输送带定位闭环控制。

（2）会使用变频器的转速反馈闭环控制。

（3）会使用 PLC 与变频器的通信反馈闭环控制。

相关知识

一、编码器的应用

编码器（Encoder）是将信号（如比特流）或数据进行编制，转换为可用以通信、传输和存储的信号形式的设备。编码器把角位移或直线位移转换成电信号，前者称为码盘，后者称为码尺。按照读出方式，编码器可分为接触式和非接触式两种；按照工作原理，编码器可分为增量式和绝对式两类。增量式编码器是将位移转换成周期性的电信号，再把这个电信号转变成计数脉冲，用脉冲的个数表示位移的大小；绝对式编码器的每一个位置对应一个确定的数字码，因此它的示值只与测量的起始和终止位置有关，而与测量的中间过程无关。编码器还可按以下方式来分类。

1. 按码盘的刻孔方式不同分类

（1）增量式：即每转过单位的角度就发出一个脉冲信号（也有的发正余弦信号，然后对其进行细分，斩波出频率更高的脉冲），通常为 A 相、B 相、Z 相输出，A 相、B 相为相互延迟 1/4 周期的脉冲输出，根据延迟关系可以区别正反转，而且通过取 A 相、B 相的上升和下降沿可以进行 2 倍频或 4 倍频；Z 相为单圈脉冲，即每圈发出一个脉冲。增量式编码器输出的三组方波脉冲如图 5-36 所示。

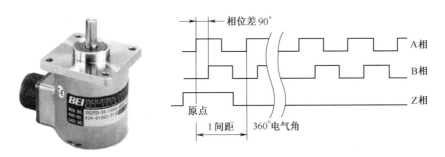

图 5-36　增量式编码器输出的三组方波脉冲

（2）绝对式：即对应一圈，每个基准的角度发出一个唯一与该角度对应二进制的数值，通过外部记圈器件可以进行多个位置的记录和测量。

2. 按信号的输出类型分类：

可分为电压输出、集电极开路输出、推拉互补输出和长线驱动输出。

3. 按编码器机械安装形式分类

（1）有轴型：有轴型又可分为夹紧法兰型、同步法兰型和伺服安装型等。

（2）轴套型：轴套型又可分为半空型、全空型和大口径型等。

4. 按编码器工作原理分类

可分为光电式、磁电式和触点电刷式。

本项目教学载体上使用了具有 A、B 两相 90°相位差的通用型旋转编码器,用于计算工件在输送带上的位置。编码器直接连接到输送带主动轴上。该旋转编码器的三相脉冲采用 NPN 型集电极开路输出,分辨率为 500 线,工作电压为 DC 12~24 V。本项目教学载体没有使用 Z 相脉冲,A、B 两相输出端直接连接到 PLC 的高速计数器输入端。

计算工件在输送带上的位置时,需确定每两个脉冲之间的距离,即脉冲当量。主动轴的直径 $d = 43$ mm,则减速电动机每旋转一周,输送带上工件移动距离 $L = \pi \cdot d \approx 3.14 \times 43$ mm = 135.02 mm。故脉冲当量 $\mu = L/500 \approx 0.270$ mm。按图 5-37 所示的安装尺寸,当工件从下料口中心线移至传感器中心时,旋转编码器发出约 430 个脉冲;移至第一个推杆中心点时,发出约 614 个脉冲;移至第二个推杆中心点时,发出约 963 个脉冲;移至第三个推杆中心点时,发出约 1 284 个脉冲。

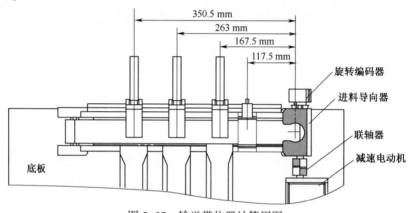

图 5-37　输送带位置计算用图

应该指出的是,上述脉冲当量的计算只是理论上的。实际上,各种误差因素不可避免,例如输送带主动轴直径(包括输送带厚度)的测量误差,输送带的安装偏差、张紧度,在工作台面上定位偏差等,都将影响理论计算值。因此,理论计算值只能作为估算值。脉冲当量的误差所引起的累积误差会随着工件在输送带上运动距离的增大而迅速增加,甚至达到不可容忍的地步。因而安装调试时,除了要仔细调整尽量减少安装偏差外,尚须现场测试脉冲当量值。

二、高速计数器的使用

高速计数器是 PLC 的编程软元件,相对于普通计数器,高速计数器用于频率高于机内扫描频率的机外脉冲计数。由于计数信号频率高,计数以中断方式进行,计数器的当前值等于设定值时,计数器的输出接点立即工作。

FX3U 型 PLC 内置有 21 点高速计数器 C235~C255,每一个高速计数器都规定了其功能和占用的输入点。

1. 高速计数器的功能分配

C235~C245 共 11 个高速计数器,用作一相一计数输入的高速计数,即每一计数器占用 1 点高速计数输入点,计数方向可以是增序或者减序计数,取决于对应的特殊辅助继电器 M8□□□ 的状态。例如,C245 占用 X002 作为高速计数输入点,当对应的特殊辅助继电器 M8245 被置位时,作增序计数;C245 还占用 X003 和 X007,分别作为该计数器的外部复位和置位输入端。

C246~C250共5个高速计数器,用作一相二计数输入的高速计数,即每一计数器占用2点高速计数输入,其中一点为增计数输入,另一点为减计数输入。例如,C250占用X003作为增计数输入,占用X004作为减计数输入;另外,占用X005作为外部复位输入,占用X007作为外部置位输入。同样,计数器的计数方向也可以通过编程对应的特殊辅助继电器M8□□□状态指定。

C251~C255共5个高速计数器,用作二相二计数输入的高速计数,即每一计数器占用2点高速计数输入,其中一点为A相计数输入,另一点为与A相相位差90°的B相计数输入。

高速计数器C251~C255的功能和占用的输入点如表5-10所示。

表5-10　高速计数器C251~C255的功能和占用的输入点

项目	X000	X001	X002	X003	X004	X005	X006	X007
C251	A	B						
C252	A	B	R					
C253				A	B	R		
C254	A	B	R				S	
C255				A	B	R		S

如前所述,所使用的是具有A、B两相90°相位差的通用型旋转编码器,且Z相脉冲信号没有使用。由表5-10,可选用高速计数器C251。这时,编码器的A、B两相脉冲输出应连接到X000点和X001点。

每一个高速计数器都规定了不同的输入点,但所有的高速计数器的输入点都在X000~X007范围内,并且这些输入点不能重复使用。例如,使用了C251,因为X000、X001被占用,所以,规定为占用这两个输入点的其他高速计数器(如C252、C254等)都不能使用。

2. 高速计数器的编程

如果外部高速计数源(旋转编码器输出)已经连接到PLC的输入端,那么在程序中就可直接使用相对应的高速计数器进行计数。例如,在图5-38中,设定C255的设置值为K999999999,当C255的当前值等于1 000时,计数器的输出接点立即工作,从而控制相应的输出Y010为ON。

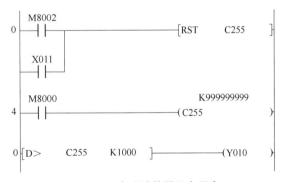

图5-38　高速计数器基本程序

由于中断方式计数,且当前值=预置值时,计数器会及时动作,但实际输出信号却依赖于扫描周期。可以用比较的方式,解决高速计数器的各个不同数值时的执行结果。

如果希望计数器动作时就立即输出信号,就要采用中断工作方式,使用高速计数器的专用指令。FX3U型PLC高速处理指令中有四条是关于高速计数器的,都是32位指令。

(1)高速计数器置位指令HSCS(FNC53)——比较置位指令,如图5-39所示。

功能:应用于高速计数器的置位,使计数器的当前值达到预置值时,计数器的输出触点立即动作。"立即"的含义:用中断的方式使置位和输出立即执行,而与扫描周期无关。

使用 HSCS 指令,能中断处理比较外部输出,所以 C255 的当前值变为 99→100 或 101→100 时,Y010 立即置位。

(2)高速计数器比较复位指令 HSCR(FNC54),如图 5-40 所示。若用 HSCR 指令,由于比较外部输出采用中断处理,C255 的当前值变为 199→200 或 201→200 时,不受扫描周期的影响,Y010 立即复位。

C255 的当前值变为 400,C255 立即复位,当前值为 0,输出触点不工作,如图 5-41 所示。

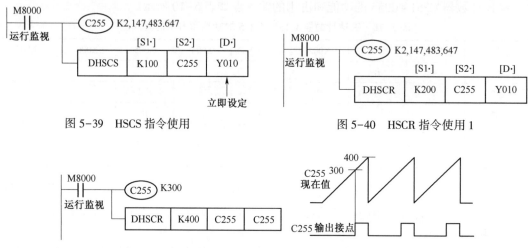

图 5-39 HSCS 指令使用   图 5-40 HSCR 指令使用 1

图 5-41 HSCR 指令使用 2

(3)高速计数器区间比较指令 HSZ (FNC55),如图 5-42 所示。

如果 K1000 > C251 当前值,则 Y000 为 ON。

如果 K1000≤C251 当前值≤K2000,则 Y001 为 ON。

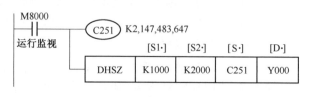

图 5-42 DHSZ 指令使用

如果 K1000<C251 当前值,则 Y002 为 ON。

(4)速度检测指令 SPD(FNC56),如图 5-43 所示。

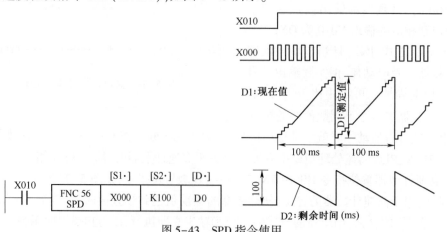

图 5-43 SPD 指令使用

功能:用来检测在给定时间内从高速计数输入端输入的脉冲数,并计算出速度。

将[S1·]指定的输入脉冲在[S2·]指定的时间(单位为 ms)内计数,将其结果存入 D 指定的软元件中。通过反复操作,能在 D 中得到脉冲密度(即与旋转速度成比例的值)。D 为占有 3 点的软元件。

在图 5-43 中,X010 置 ON 时,D1 对 X000 的 OFF→ON 动作计数,100 ms 后将其结果存入 D0 中,随之 D1 复位,再次对 X000 的动作计数。D2 用于测定剩余时间。在此,被指定的输入 X000~X005 不能与高速计数器及终端输入重复使用。

任务要求

某带式输送机是用变频器控制的,并对输送带上物料进行分拣。其中,使用编码器实现输送带定位控制,使用多个传感器进行物料分拣入库。

任务分析

本分拣控制装置是对已加工或装配的工件进行分拣。装置上安装了漫射式光电传感器、光纤传感器和磁感应接近式传感器等,实现不同颜色的工件从不同的料槽分流的功能。

本装置传送和分拣的基本工作过程:将送来的工件放到输送带上并为入料口漫射式光电传感器检测到时,将信号传输给 PLC,通过 PLC 的程序启动变频器,电动机运转驱动输送带工作,把工件带进分拣区。如果进入分拣区的工件为白色,则检测白色工件的光纤传感器动作,作为 1 号槽推料气缸启动信号,将白色工件推到 1 号槽里;如果进入分拣区的工件为黑色,则检测黑色工件的光纤传感器动作,作为 2 号槽推料气缸启动信号,将黑色工件推到 2 号槽里。

任务实施

1. 输送带脉冲当量的现场测试

根据输送带主动轴直径计算旋转编码器的脉冲当量,其结果只是一个估算值。在安装调试时,除了要仔细调整,尽量减少安装偏差外,尚须现场测试脉冲当量值。一种测试方法的步骤如下:

(1)单元安装调试时,必须仔细调整电动机与主动轴联轴的同心度和输送带的张紧度。调节张紧度的两个调节螺栓应平衡调节,避免输送带运行时跑偏。输送带张紧度以电动机在输入频率为 1 Hz 时能顺利启动,低于 1 Hz 时难以启动为宜。测试时,可把变频器设置为 Pr.79=1,Pr.3=0,Pr.161=1;这样就能在操作面板上进行启动/停止操作,并且把 M 旋钮作为电位器使用进行频率调节。

(2)安装调整结束后,变频器参数设置为 Pr.79=2(固定的外部运行模式),Pr.4=25(高速段运行频率设定值)。

(3)编写图 5-44 所示的程序,编译后传送到 PLC。

(4)运行 PLC 程序,并置于监控方式。在输送带进料口中心处放下工件后,按启动按钮启

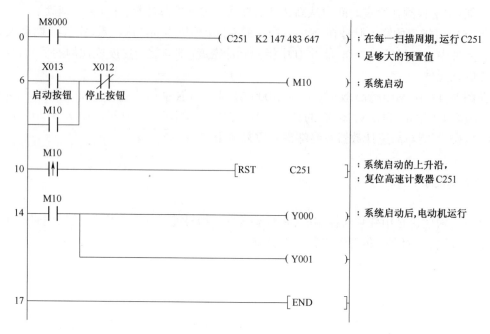

图 5-44　脉冲当量现场测试程序

动运行。工件被传送一段较长的距离后,按下停止按钮停止运行。记录相关数据,见表 5-11。把监控界面上观察到的高速计数脉冲值,填写到表 5-11"高速计数脉冲数"一栏中,将输送带上工件移动距离的测量值填写到表 5-11"工件移动距离"一栏中,脉冲当量 μ 计算值＝工件移动距离/高速计数脉冲数。

表 5-11　脉冲当量现场测试数据

内容 序号	工件移动距离 (测量值)	高速计数脉冲数 (测量值)	脉冲当量 μ (计算值)
第一次	357.8	1 391	0.257 1
第二次	358	1 392	0.257 1
第三次	360.5	1 394	0.258 6

(5)重新把工件放到进料口中心处,按下启动按钮即进行第二次测试。进行三次测试后,求出脉冲当量 μ 平均值为 $\mu=(\mu_1+\mu_2+\mu_3)/3$。

按实际安装尺寸重新计算旋转编码器到各位置应发出的脉冲数:当工件从下料口中心线移至传感器中心时,旋转编码器发出 456 个脉冲;移至第一个推杆中心点时,发出 650 个脉冲;移至第二个推杆中心点时,约发出 1 021 个脉冲;移至第三个推杆中心点时,约发出 1 361 个脉冲。

在本任务中,编程高速计数器的目的是根据 C251 当前值确定工件位置,与存储到指定的变量存储器的特定位置数据进行比较,以确定程序的流向。

2. 输送带分拣编程控制

分拣效果 1

控制要求:在按下启动按钮后,在入料口放入工件,延时后输送带开始按要求频率正转,如果放入的工件外壳是金属的,则认为该工件为正品,推入2号料槽;如果外壳是非金属的,则认为该工件为次品,则调入废料箱中。

在此程序设计中考虑了X004电感传感器的金属或非金属的检测,当缺少编码器的定位,使用传统的时间控制方式,来确定废料箱的位置。而在2号料槽口的光纤传感器用来检测金属工件到位。

分拣效果1的程序如图5-45所示。

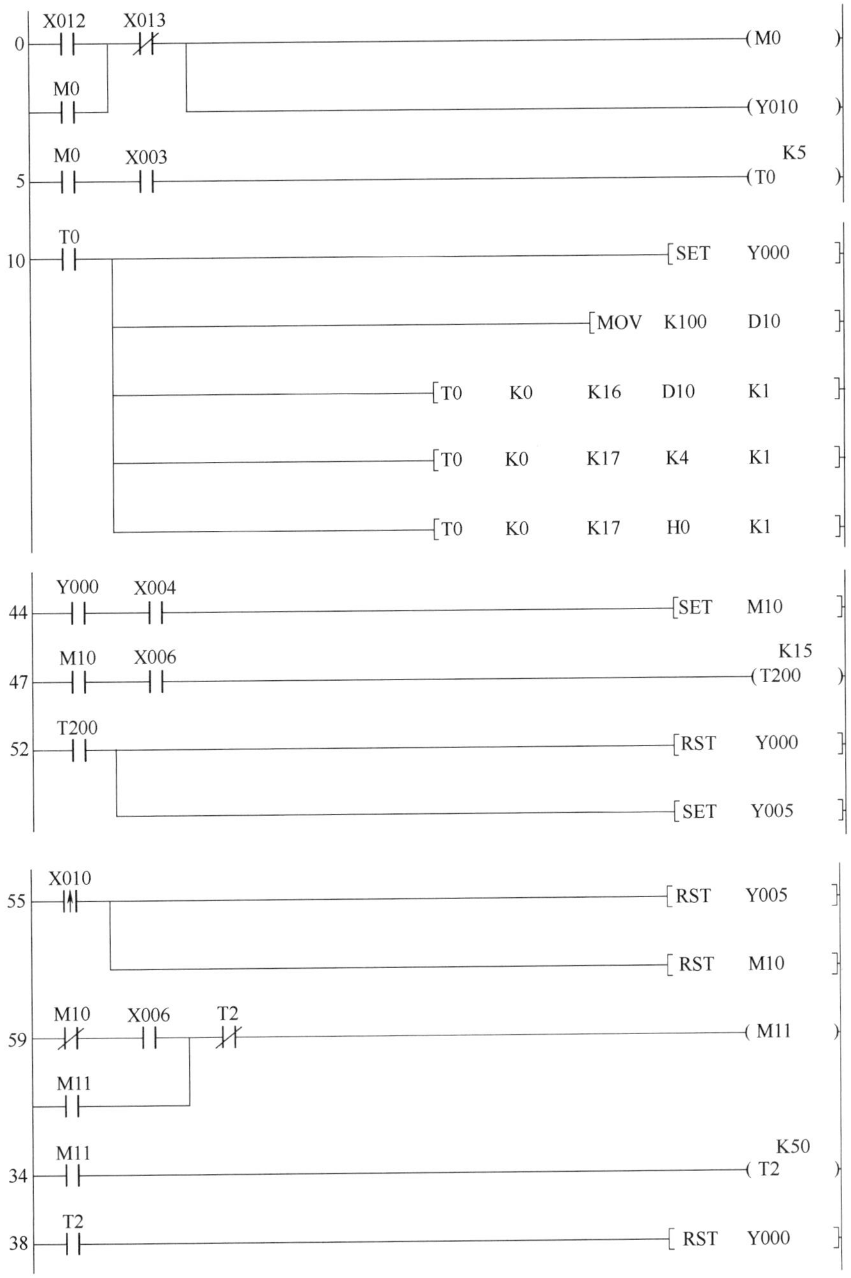

图5-45　分拣效果1的程序

分拣效果 2

控制要求:加电检查初始态,所有气缸处于缩回状态,入料口无工件,再开始按下启动按钮进入运行状态。在入料口放入一工件,延时后输送带开始按要求频率正转,工件运输到电感–光纤安装支架处检测大工件的金属或非金属,以及小工件的黑或白。

分别用 M1 和 M2 信号来区分工件,选择性分支编程有四种结果:

(1)选择性分支进入 S21 状态,输送带运行到编码器计数 600 时,则金属外壳+小白工件推入 1 号料槽。

(2)选择性分支进入 S22 状态,输送带运行到编码器计数 950 时,则金属外壳+小黑工件推入 2 号料槽。

(3)选择性分支进入 S23 状态,输送带运行到编码器计数 1 310 时,则非金属外壳+小白工件推入 3 号料槽。

(4)选择性分支进入 S24 状态,输送带运行到 X022 处,则非金属外壳+小黑工件掉入废料槽。

分拣效果 2 的程序如图 5-46 所示。

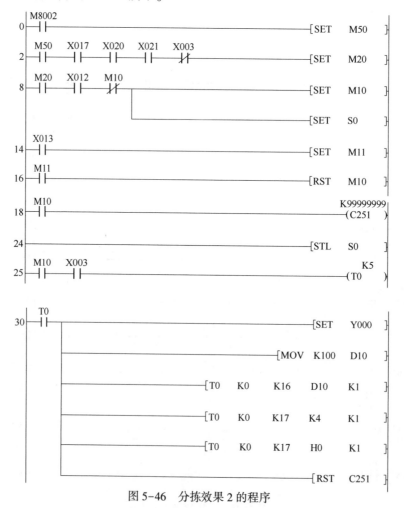

图 5-46　分拣效果 2 的程序

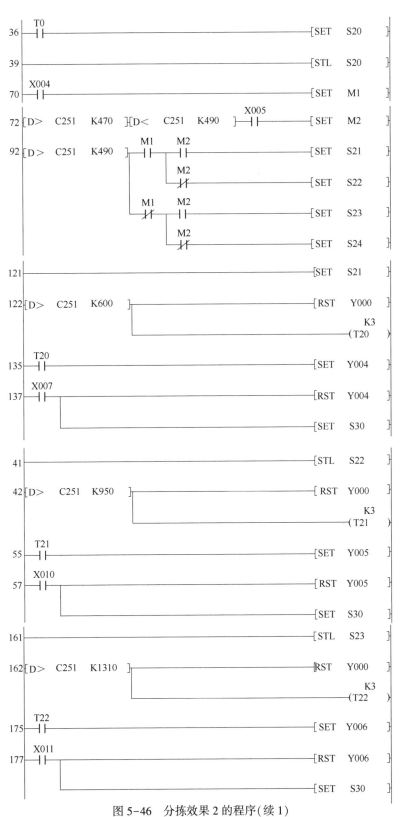

图 5-46　分拣效果 2 的程序(续 1)

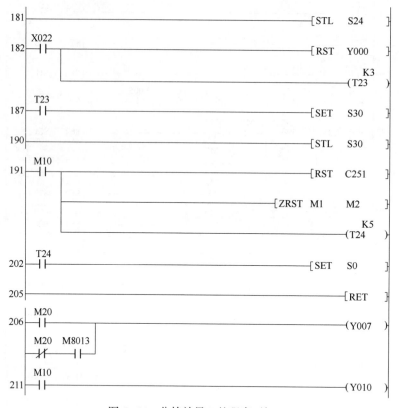

图 5-46　分拣效果 2 的程序(续 2)

⚙️**课后练习**

一、单选题

1. 不能连接编码器信号输入端的是(　　)。

　　A. X001　　　　　　　　B. X002　　　　　　　　C. X003　　　　　　　D. X010

2. 增量式编码器通常由 A 相、B 相、(　　)输出。

　　A. Z 相　　　　　　　　B. C 相　　　　　　　　C. Y 相

3. 当采用"A、B 两相 90°相位差脉冲"时可采用(　　)计数

　　A. 2 倍频计数　　　　B. 1 倍频计数和 4 倍频计数　　　C. 3 倍频计数

4. 增量式编码器 Z 相是指(　　)。

　　A. 单圈脉冲　　　　　B. 2 圈脉冲　　　　　　　C. 0.5 圈脉冲

5. 增量式编码器是将位移转换成(　　)的电信号。

　　A. 周期性　　　　　　B. 非周期性　　　　　　C. 随机性

二、填空题

1. 编码器按测量方式可分为 _____ 和 _____；按编码方式可分为 _____、_____ 和 _____。

2. 旋转编码器是通过测量被测物体的旋转角度并将测量到的_____转化为_____输出。

3. 绝对式旋转编码器是指用光信号扫描分度盘_____上的格雷码刻度盘以确定_____的绝对位置值,然后将检测到的格雷码数据转换为电信号以_____的形式输出测量的位移量。

4. 编码器把角位移或直线位移转换成电信号,前者称为_____,后者称为_____。

5. 增量式编码器 A 相、B 相为相互延迟_____周期的脉冲输出。增量型编码器 Z 相是指_____,即每圈发出一个脉冲。绝对式编码器每个_____角度发出一个唯一与该角度对应_____的数值,通过外部记圈器件可以进行多个位置的记录和测量。

6. 编码器按信号的输出类型分为_____、_____、_____和长线驱动输出。

7. 高速计数器是 PLC 的编程软元件,计数以_____方式进行,计数器的当前值等于_____时,计数器的输出接点立即工作。FX3U 型 PLC 内置有_____点高速计数器,编号范围为_____,每一个高速计数器都规定了其功能和占用的输入点。

三、简答题

已知:电动机转速为 1 500 r/min,编码器分辨率 1 000 p/r(1000 脉冲/转),求编码器输出频率。

任务5　带式输送机的闭环控制

学习目标

(1) 会使用编码器作为输送带定位闭环控制。
(2) 会使用变频器的转速反馈闭环控制。
(3) 会使用 PLC 与变频器的通信反馈闭环控制。

相关知识

一、PLC 的模拟量反馈

1. 变频器闭环调速

给所使用的电动机装置设速度检测器(PG),将实际转速反馈给控制装置进行控制的,称为"闭环";不用 PG 运转的就称为"开环"。通用变频器多为开环方式,也有的机种利用选件可进行 PG 反馈。无速度传感器闭环控制方式是依据建立的数学模型根据磁通推算电动机的实际速度,相当于用一个虚拟的速度传感器形成闭环控制。

变频器控制电动机,电动机上同轴连旋转编码器。旋转编码器根据电动机的转速变化而输出电压信号 V_{i1} 反馈到 PLC 模拟量输入模块的电压输入端,在 PLC 内部与给定值经过运算处理后,通过 PLC 模拟量输出模块的电压输出端输出一路可变电压信号 V_{out} 来控制变频器的输出,达到闭环控制的目的。变频器闭环调速示意图如图 5-47 所示。

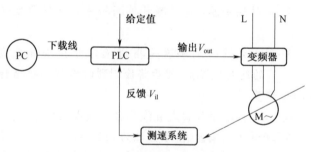

图 5-47 变频器闭环调速示意图

2. 基于 PLC 模拟量的闭环调速

对变频器进行参数设置,设置完毕后,断电保存参数:Pr. 30 = 1、Pr. 73 = 1、Pr. 79 = 4、Pr. 160 = 0、Pr. 340 = 0 等。

完成 PLC 及模拟量模块和变频器的连接,PLC 模拟量输出模块连接到变频器的 2 脚、5 脚,测速编码器连接到模拟量模块的输入端上,PLC 模拟量的闭环调述图接线如图 5-48 所示。

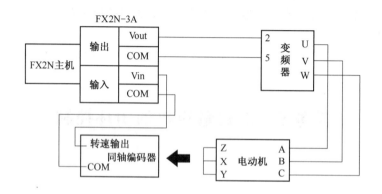

图 5-48 PLC 模拟量的闭环调速接线图

正确将导线连接完毕后,将程序下载至 PLC 主机,将 RUN/STOP 开关拨到 RUN。

先设定给定值,单击标准工具条上的"软元件测试"快捷按钮(或选择"在线"菜单下"调试"项中的"软元件测试"命令),进入软元件测试对话框。在"字软元件/缓冲存储区"栏中的"软元件"项中输入 D0,设置 D0 的值,确定电动机的转速。输入设定值 N,N 为十进制数,如 $N = 1\,000$,则电动机的转速目标值就为 1 000 r/min。

按变频器面板上的 RUN 按钮,启动电动机转动。电动机转动平稳后,记录给定目标转速、电动机实际转速及它们之间的偏差,再改变给定值,观察电动机转速的变化并记录数据。(注意:由于闭环调节本身的特性,所以电动机要过一段时间才能达到目标值)。

参考程序如图 5-49 所示。

二、变频器的 RS-485 通信

变频器的 RS-485 通信,PU 接口用通信电缆连接个人计算机或 PLC 等,用户可以通过客户端程序对变频器进行操作、监视或读/写参数。

在 Modbus RTU 协议的情况下,也可以通过 PU 接口进行通信。PU 端子功能如表 5-12 所示,PU 端子插针排列如图 5-50 所示。

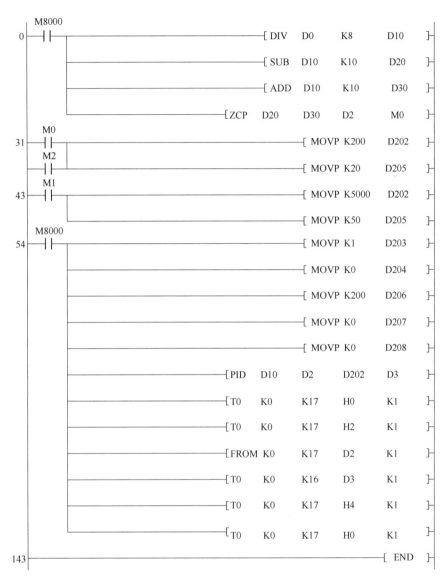

图 5-49　PLC 模拟量的闭环调速程序

表 5-12　PU 端子功能

种类	端子记号	端子名称	端子功能说明
RS-485	—	PU 接口	通过 PU 接口,可进行 RS-485 通信; 标准规格:EIA-485(RS-485); 传输方式:多站点通信; 通信速率:4 800~38 400 bit/s; 总长距离:500 m

②、⑧号插针为参数单元用电源。进行 RS-485 通信时请不要使用。

FR-D700 系列、E500 系列、S500 系列混合存在,进行 RS-485 通信的情况下,若错误连接了上述 PU 接口的②、⑧号插针(参数单元电源),可能会导致变频器无法动作或损坏。

请勿连接至个人计算机的 LAN 端口、FAX 调制解调器用插口或电话用模块接口等。由于电气规格不一致,可能会导致产品损坏。

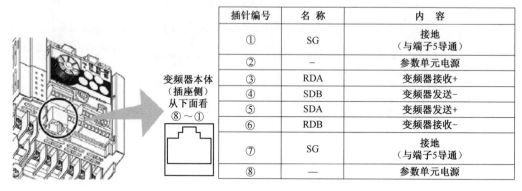

插针编号	名称	内容
①	SG	接地 (与端子5导通)
②	—	参数单元电源
③	RDA	变频器接收+
④	SDB	变频器发送−
⑤	SDA	变频器发送+
⑥	RDB	变频器接收−
⑦	SG	接地 (与端子5导通)
⑧	—	参数单元电源

图 5-50 PU 端子插针排列

任务要求

基于 PLC 的 RS-485 通信与变频器的 RS-485 通信,同时利用电动机的编码器信号反馈,构成系统闭环控制。

任务分析

电动机上同轴连旋转编码器,变频器控制电动机。变频器按照设定值工作,带动电动机运行,同时电动机带动编码盘旋转,电动机每转一圈,从编码盘脉冲端输出 500 个脉冲信号到 PLC 的高速计数端 X000,这样就可以根据计数器所计脉冲数计算出电动机转速。当计数器计数到设定阈值后执行减速程序段,控制电动机减速至停止,完成定位控制。

PLC 与变频器的通信连接如图 5-51 所示。电动机转速曲线如图 5-52 所示。

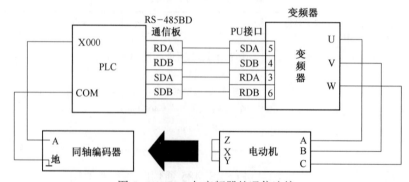

图 5-51 PLC 与变频器的通信连接

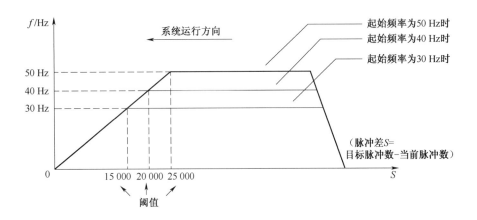

图 5-52　电动机转速曲线

注意:上述"阈值"只是系统中的一个设定参数,它是根据大量实验所得到的一个数据,在实验过程中,可根据实际情况加以适当修改,以达到最佳的控制效果。

任务实施

(1)按表 5-13 对变频器进行通信参数设置。

表 5-13　变频器通信参数设置

Pr. 79	Pr. 117	Pr. 118	Pr. 119	Pr. 120	Pr. 121	Pr. 122	Pr. 123	Pr. 340
0	1	48	10	0	9 999	9 999	9 999	1

在修改其他的参数时,首先把 Pr. 340 改成 0,Pr. 79 改成 1;然后掉电,再加电把变频器打开;再按 PU 键使变频器 PU 指示灯亮,然后修改其他的参数,再掉电;把参数保存入变频器,然后加电,再将 Pr. 340 参数改为 1,Pr. 79 改为 0;然后再加电保存参数。

单击标准工具条上的"软件测试"快捷按钮(或选择"在线"菜单下"调试"项中的"软件测试"命令),进入软件测试对话框。

(2)在"字软元件/缓存存储区"栏中的"软元件"项中输入 D10,设置 D10 的值,确定电动机的起始转速。输入设定值 N,N 为十进制数,为变频器设定的频率。(如 $N = 30$,则变频器的设定起始频率为 30 Hz),建议频率设定不要过大或过小。

(3)在"字软元件/缓存存储区"栏中的"软元件"项中输入 D0,设置 D0 的值,确定电机的转速。(如输入十进制数"100",则电动机将在启动的条件下转动 100 圈后停止运行)。

(4)在位软元件中的软元件输入 M0,由 M0 强制 ON 控制电动机转动。电动机将在转动设定圈数后停止运行。如想在此过程中让其停止,单击"强制 OFF"按钮即可。

PLC 与变频器通信功能程序如图 5-53 所示。

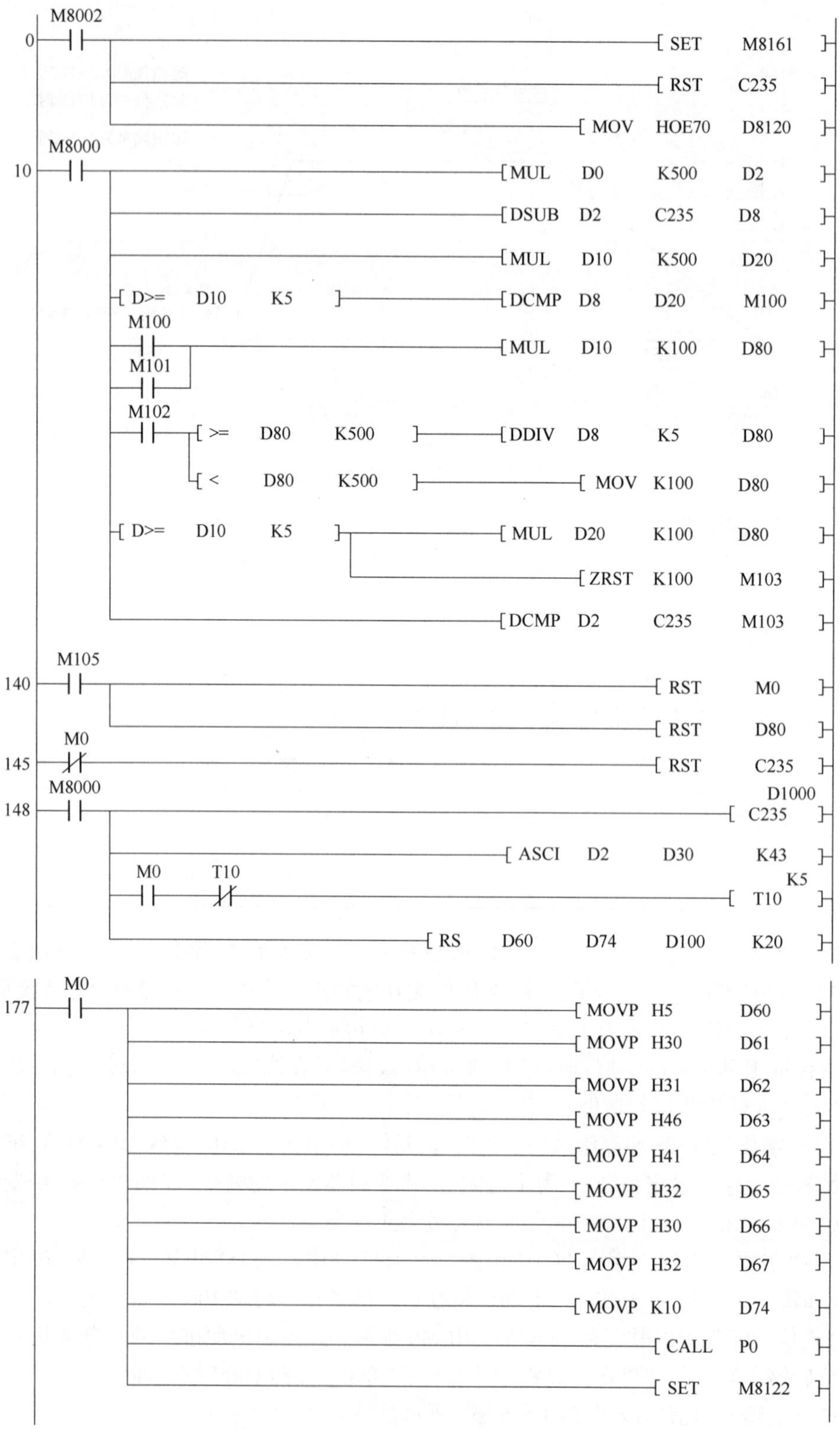

图 5-53　PLC 与变频器通信功能程序

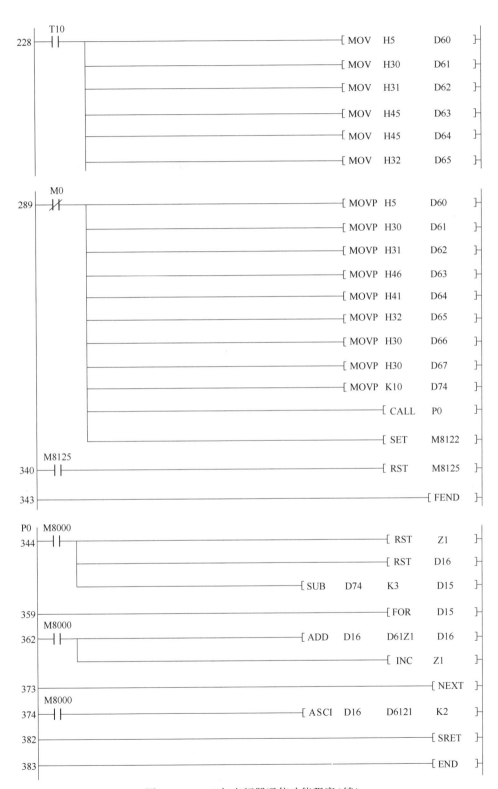

图 5-53　PLC 与变频器通信功能程序（续）

课后练习

一、单选题

1. PLC 的 RS-485 专用通信模块的通信距离是(　　　)；通信模板的通信距离是 50 m。

　A. 1 200 m　　　　　　B. 200 m　　　　C. 500 m　　　　D. 15 m

2. PLC 主机和外部电路的通信方式采用(　　　)。

　A. 输入采用软件，输出采用硬件　　　　　B. 输入采用硬件，输出采用软件

　C. 输入、输出都采用软件　　　　　　　　D. 输入、输出都采用硬件

3. 变频器的 PID 功能中，I 是指(　　　)运算。

　A. 积分　　　　　　B. 微分　　　　　C. 比例　　　　D. 求和

4. 通信为 RS-485 接口，(　　　)串行。

　A. 同步　　　　　　B. 并行　　　　　C. 异步

二、填空题

1. 用速度检测器(PG)将实际转速反馈给控制装置称为_____，不用 PG 运转的就称为_____。通用变频器多为_____，也有的机种利用选件可进行 PG 反馈。

2. 变频器控制电动机上同轴连_____，根据电动机的转速变化而输出_____信号反馈到_____模块的电压输入端，在 PLC 内部与_____经过运算处理后，再通过 PLC 的 V_{out} 来控制变频器的输出，达到_____的目的。

3. 通信为 RS-485 接口，异步串行，_____双工传输。默认通信协议方式采用_____方式。默认数据格式为_____位起始位，_____位数据位，_____位停止位，默认传输速率为_____ bit/s。

三、简答题

1. 除了使用特定的测速装置，以及模拟量信号处理构成的转速反馈闭环控制，还有其他控制方式吗？

2. 简述 RS-485 通信的五点注意事项。

拓展应用

在现代工业控制系统中，PLC 和变频器的综合应用最为普遍。比较传统的应用一般是使用 PLC 的输出接点驱动中间继电器控制变频器的启动、停止或是多段速；更为精确一些的一般采用 PLC 加 D/A 扩展模块连续控制变频器的运行或是多台变频器之间的同步运行。但是对于大规模自动化生产线，一方面变频器的数目较多，另一方面电动机分布的距离不一致。采用 D/A 扩展模块做同步运动控制容易受到模拟量信号的波动和因距离不一致而造成的模拟量信号衰减不一致的影响，使整个系统的工作稳定性和可靠性降低。而使用 RS-485 通信控制，仅通过一条通信电缆连接，就可以完成变频器的启动、停止、频率设定；并且很容易实现多电动机之间的同步运行。该系统成本低、信号传输距离远、抗干扰性强。

1. 硬件连接

PLC 与变频器之间通过网线连接(网线的 RJ-45 插头和变频器的 PU 插座连接),使用两对导线连接,即将变频器的 SDA 与 PLC 通信板(FX3U-485-BD)的 RDA 连接,变频器的 SDB 与 PLC 通信板(FX3U-485-BD)的 RDB 连接,变频器的 RDA 与 PLC 通信板(FX3U-485-BD)的 SDA 连接,变频器的 RDB 与 PLC 通信板(FX2N-485-BD)的 SDB 连接,变频器的 SG 与 PLC 通信板(FX2N-485-BD)的 SG 连接。E700 系列变频器 PU 端口及通信线连接如图 5-54 所示。

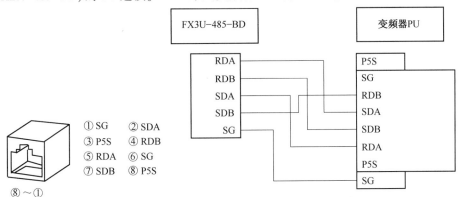

图 5-54　E700 系列变频器 PU 端口及通信线连接

2. 三菱变频器的设置

PLC 和变频器之间进行通信,通信规格必须在变频器的初始化中设定,如果没有进行初始化设定或有一个错误的设定,数据将不能进行传输。每次参数初始化设定完以后,需要复位变频器。如果改变与通信相关的参数后,变频器没有复位,通信将不能进行。变频器通信参数设置见表 5-14。

表 5-14　变频器通信参数设置

参数号	名　称	设　定　值	说　明
Pr.117	站号	1	设定变频器站号为 1
Pr.118	通信速率	192	设定波特率为 19 200 bit/s
Pr.119	停止位长/数据位长	1	设定停止位为 1 位,数据位为 8 位
Pr.120	奇偶校验有/无	2	设定为偶校验
Pr.121	通信再试次数	9 999	即使发生通信错误,变频器也不停止
Pr.122	通信校验时间间隔	9 999	通信校验终止
Pr.123	等待时间设定	9 999	用通信数据设定
Pr.124	CR、LF 有/无选择	0	选择无 CR、LF

对于 Pr.122 参数,一定要设成 9 999;否则,当通信结束以后且通信校验互锁时间到时,变频器会产生报警并且停止(E.PUE)。

对于 Pr.79 参数,要设成 2 或 6,即外部/切换操作模式。

注:E700 系列变频器要设定上述通信参数,首先要将 Pr.160 设成 0。

3. PLC 程序设计

三菱 FX 系列 PLC 在进行计算机连接(专用协议)和无协议通信(RS 指令)时,首先均需对通信格式进行设定。其中,包含波特率、数据长度、奇偶校验、停止位和协议格式等。

FX 参数设置如图 5-55 所示,即数据长度为 8 位,偶校验,1 位停止位,波特率为 19 200 bit/s,无标题符和终结符,没有添加和校验码,采用无协议通信(RS-485)。

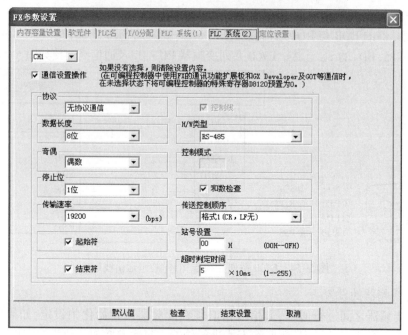

图 5-55 FX 参数设置

利用三菱变频器协议与变频器进行通信的 PLC 程序如图 5-56 所示。

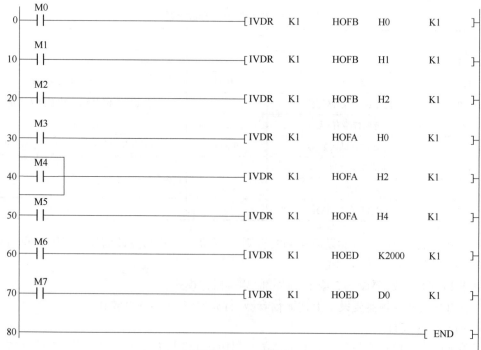

图 5-56 PLC 程序

关于上述 PLC 程序的说明：

（1）当 M0 接通以后，变频器进入网络运行模式。

（2）当 M1 接通以后，变频器进入外部运行模式。

（3）当 M2 接通以后，变频器进入 PU 运行模式。

（4）当 M3 接通以后，变频器停止。

（5）当 M4 接通以后，变频器正转。

（6）当 M5 接通以后，变频器反转。

（7）当 M6 接通以后，变频器以 20 Hz 运行。

（8）当 M7 接通以后，写入变频器的运行频率（D0）。

按照上述内容，进行 PLC 与变频器的 RS-485 通信安装调试。

项目 ⑥ 行走机械手的速度与位置控制系统的调试与维护

项目描述

本项目主要以丝杠作为教学载体,驱动电动机既可以安装步进电动机,也可以安装伺服电动机,具有教学灵活性。第一种方式采用步进驱动系统实现行走机械手的速度与位置控制,也可以手动多速控制。第二种方式采用伺服驱动系统实现行走机械手的速度与位置控制,也可以手动多速控制,并可以结合光电编码器、高速计数器和其他类型的电动机实现行走机械手的定位控制。项目装置实物图如图6-1所示。

图 6-1 项目装置实物图

任务 1 步进电动机控制系统的连接与调试

学习目标

(1)认识行走机械手的运动控制方式和原理。

（2）认识三菱PLC高速脉冲指令及使用方法。

（3）会用步进驱动器和步进电动机实现运动定位控制。

相关知识

一、步进电动机

1. 步进电动机的工作原理

步进电动机是一种感应电动机，是将电脉冲信号转变为角位移或线位移的开环控制元件。在非超载的情况下，电动机的转速、停止的位置只取决于脉冲信号的频率和脉冲数，而不受负载变化的影响，当步进驱动器接收到一个脉冲信号，它就驱动步进电动机按设定的方向转动一个固定的角度，称为"步距角"，它的旋转是以固定的角度一步一步运行的。可以通过控制脉冲个数来控制角位移量，从而达到准确定位的目的；同时，可以通过控制脉冲频率来控制电动机转动的速度和加速度，从而达到调速的目的。

下面以一台最简单的三相反应式步进电动机为例进行说明。图6-2是三相反应式步进电动机的原理图。定子铁芯为凸极式，共有三对（六个）磁极，每两个空间相对的磁极上绕有一相控制绕组。转子用软磁性材料制成，也是凸极结构，只有四个齿，齿宽等于定子的极宽。

当A相控制绕组通电，其余两相均不通电，电动机内建立以定子A相极为轴线的磁场。由于磁通具有力图走磁阻最小路径的特点，使转子齿1、3的轴线与定子A相极轴线对齐，如图6-2（a）所示。若A相控制绕组断电、B相控制绕组通电时，转子在反应转矩的作用下，逆时针转过30°，使转子齿2、4的轴线与定子B相极轴线对齐，即转子走了一步，如图6-2（b）所示。若在断开B相，使C相控制绕组通电，转子逆时针方向又转过30°，使转子齿1、3的轴线与定子C相极轴线对齐，如图6-2（c）所示。若此按A→B→C→A的顺序轮流通电，转子就会一步一步地按逆时针方向转动，其转速取决于各相控制绕组通电与断电的频率，旋转方向取决于控制绕组轮流通电的顺序；若按A→C→B→A的顺序通电，则转子按顺时针方向转动。

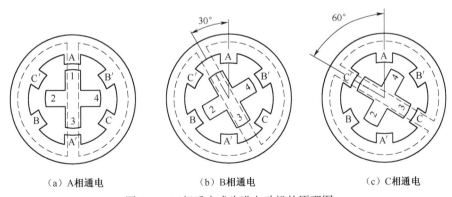

(a) A相通电　　　　　　(b) B相通电　　　　　　(c) C相通电

图6-2　三相反应式步进电动机的原理图

上述通电方式称为三相单三拍。"三相"是指三相步进电动机，"单三拍"是指每次只有一相控制绕组通电，控制绕组每改变一次通电状态称为一拍，"三拍"是指改变三次通电状态为一个循环。把每一拍转子转过的角度称为步距角。三相单三拍运行时,步距角为 30°。显然,这个角度太大,不能付诸使用。

如果把控制绕组的通电方式改为 A→AB→B→BC→C→CA→A,即一相通电接着两相通电,间隔地轮流进行,完成一个循环需要经过六次改变通电状态,称为三相单、双六拍通电方式。当 A、B 两相绕组同时通电时,转子齿的位置应同时考虑到两对定子极的作用,只有 A 相极和 B 相极对转子齿所产生的磁拉力相平衡的中间位置,才是转子的平衡位置。这样,单、双六拍通电方式下转子平衡位置增加了一倍,步距角为 15°。

2. 步进电动机的分类

步进电动机在构造上有三种主要类型:反应式(Variable Reluctance,VR)、永磁式(Permanent Magnet,PM)和混合式(Hybrid Stepping,HS)。

(1)反应式:反应式步进电动机定子上有绕组,转子由软磁材料组成。结构简单、成本低、步距角小,可达 1.2°,但动态性能差、效率低、发热大、可靠性难保证。

(2)永磁式:永磁式步进电动机的转子用永磁材料制成,转子的极数与定子的极数相同。其特点是动态性能好、输出力矩大,但这种电动机精度差,步距角大(一般为 7.5°或 15°)。

(3)混合式:混合式步进电动机综合了反应式和永磁式步进电动机的优点,其定子上有多相绕组,转子上采用永磁材料,转子和定子上均有多个小齿以提高步距精度。其特点是输出力矩大、动态性能好、步距角小,但结构复杂、成本相对较高。

按定子上绕组来分,有两相、三相和五相等系列。最受欢迎的是两相混合式步进电动机,占 97% 以上的市场份额,其原因是性价比高,配上细分驱动器后效果良好。该种电动机的基本步距角为 1.8°/步,配上半步驱动器后,步距角减少为 0.9°/步;配上细分驱动器后其步距角可细分达 256 倍(0.007°/微步)。由于摩擦力和制造精度等原因,实际控制精度略低。同一步进电动机可配不同细分的驱动器以改变精度和效果。

3. 步进电动机的使用

目前打印机、绘图仪、机器人等设备都以步进电动机为动力核心。进一步减小步距角的措施是采用定子磁极带有小齿,转子齿数很多的结构。这样结构的步进电动机其步距角可以做得很小。一般而言,实际的步进电动机产品,都采用这种方法实现步距角的细分。

本任务采用的装置是滚珠丝杠载体,如图 6-1 所示。控制形式是三菱 FX3U-48MT 型 PLC 控制驱动步进电动机或伺服电动机,两种电动机械安装可以替换。

滚珠丝杠是将回转运动转换为直线运动,或将直线运动转换为回转运动的理想产品。滚珠丝杠由螺杆、螺母和滚珠组成。它的功能是将旋转运动转换成直线运动,这是滚珠丝杠的进一步延伸和发展,这项发展的重要意义就是将轴承从滚动动作变成滑动动作。由于具有很小的摩擦阻力,滚珠丝杠被广泛应用于各种工业设备和精密仪器。滚珠丝杠的各类实物图如图6-3 所示。

本任务先选用其中的是 Kinco(步科)三相步进电动机 3S57Q-04056,它的步距角是在整步方式下为 1.8°,半步方式下为 0.9°。

除了步距角外,步进电动机还有例如保持转矩、阻尼转矩等技术参数,这些技术参数的物理意义请参阅有关步进电动机的专门资料。3S57Q-04056 部分技术参数如表 6-1 所示。

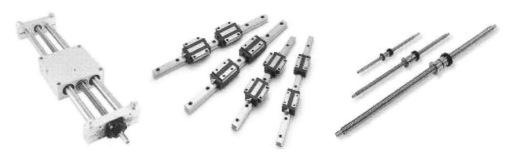

图 6-3　滚珠丝杠的各类实物图

表 6-1　3S57Q-04056 部分技术参数

参数名称	步距角/(°)	相电流/A	保持转矩/(N·m)	阻尼转矩/(N·m)	电动机惯量/(kg·cm^2)
参数值	1.8	5.8	1.0	0.04	0.3

安装步进电动机,必须严格按照产品说明的要求进行。步进电动机是一精密装置,安装时注意不要敲打它的轴端,更不要拆卸电动机。

不同的步进电动机的接线有所不同,3S57Q-04056 的接线图如图 6-4 所示。三个相绕组的六根引出线,必须按头尾相连的原则连接成三角形。改变绕组的通电顺序就能改变步进电动机的转动方向。

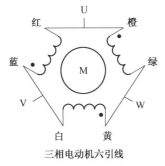

线色	电动机信号
红色	U
橙色	
蓝色	V
白色	
黄色	W
绿色	

三相电动机六引线

图 6-4　3S57Q-04056 的接线图

二、步进驱动器

1. 认识步进驱动器

步进电动机不能直接接到工频交流或直流电源上工作,而必须使用专用的步进电动机驱动器,它由脉冲发生控制单元、功率驱动单元、保护单元等组成。驱动单元与步进电动机直接耦合,也可理解成步进电动机微机控制器的功率接口。驱动器和步进电动机是一个有机的整体,步进电动机的运行性能是电动机及其驱动器二者配合所反映的综合效果。

步进电动机控制系统如图 6-5 所示。

驱动要求:

(1)能够提供较快的电流上升和下降速度,使电流波形尽量接近矩形。具有供截止期间释放电流流通的回路,以降低绕组两端的反电动势,加快电流衰减。

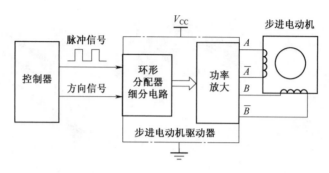

图 6-5　步进电动机控制系统

（2）具有较高功率及效率。步进电动机的相数是指电动机内部的线圈组数。目前常用的有两相、三相、四相、五相步进电动机。电动机相数不同，其步距角也不同，一般两相电动机的步距角为 $1.8°$、三相为 $1.5°$、五相的为 $0.72°$。在没有细分驱动器时，用户主要靠选择不同相数的步进电动机来满足步距角的要求。如果使用细分驱动器，则相数将变得没有意义，用户只需在驱动器上改变细分数，即可以改变步距角。步进驱动器实物图如图 6-6 所示。

图 6-6　步进驱动器实物图

2. 步进驱动器的工作原理

现选择分析一种基于 AT89C2051 的四相步进电动机驱动器系统电路。AT89C2051 将控制脉冲从 P1 口的 P1.4~P1.7 输出，经 74LS14 反相后进入 9014，经 9014 放大后控制光电开关，光电隔离后，由功率管 TIP122 将脉冲信号进行电压和电流放大，驱动步进电动机的各相绕组。使步进电动机随着不同的脉冲信号分别做正转、反转、加速、减速和停止等动作。图 6-7 中 L1 为步进电动机的一相绕组。AT89C2051 选用频率为 22 MHz 的晶振，选用较高频率晶振的目的是为了在方式 2 下尽量减小 AT89C2051 对上位机脉冲信号周期的影响。

图 6-7 中的 R_{L1} 和 R_{L4} 为绕组内阻，50 Ω 电阻是一外接电阻，起限流作用，也是一个改善回路时间常数的元件。D1 和 D4 为续流二极管，使电动机绕组产生的反电动势通过续流二极管（D1 和 D4）而衰减掉，从而保护了功率管 TIP122 不受损坏。

在 50 Ω 外接电阻上并联一个 200 μF 电容，可以改善注入步进电动机绕组的电流脉冲上升沿，提高了步进电动机的高频性能。与续流二极管串联的 200 Ω 电阻可减小回路的放电时间常数，使绕组中电流脉冲的下降沿变陡，电流下降时间变短，也起到提高高频工作性能的作用。

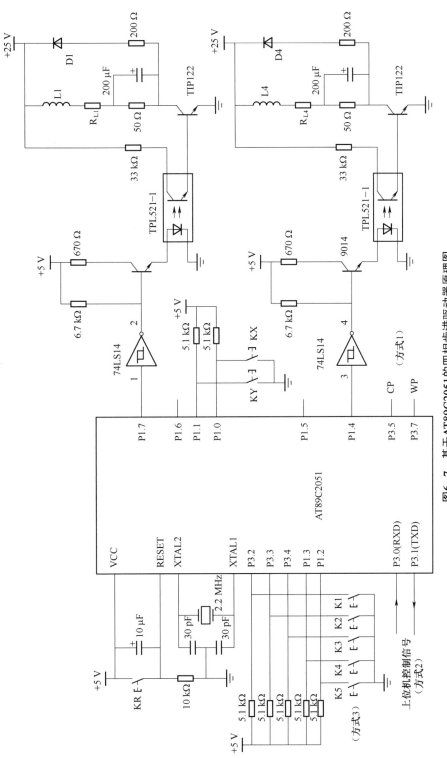

图6-7 基于AT89C2051的四相步进驱动器原理图

有三种基本的步进电动机驱动模式:整步、半步、细分。其主要区别在于电动机线圈电流的控制精度(即励磁方式)。

(1)整步驱动:在整步运行中,同一种步进电动机既可配整/半步驱动器也可配细分驱动器,但运行效果不同。步进驱动器按脉冲/方向指令对两相步进电动机的两个线圈循环励磁(即将线圈进行充电,从而来设定其接入电流)。这种驱动方式的每个脉冲将使电动机移动一个基本步距角,即 1.80°(标准两相电动机的一圈共有 200 个步距角)。

(2)半步驱动:在单相励磁时,电动机转轴停至整步位置上,驱动器收到下一脉冲后,如给另一相励磁且保持原来相继处在励磁状态,则电动机转轴将移动半个步距角,停在相邻两个整步位置的中间。如此循环地对两相线圈进行单相然后双相励磁,步进电动机将以每个脉冲0.9°的半步方式转动。所有瑞亚宝公司的整/半步驱动器都可以执行整步和半步驱动,由驱动器拨码开关的拨位进行选择。和整步方式相比,半步方式具有精度高一倍和低速运行时振动较小的优点,所以实际使用整/半步驱动器时一般选用半步方式。

(3)细分驱动:细分驱动方式具有低速振动极小和定位精度高两大优点。对于有时需要低速运行(即电动机转轴有时工作在 60 r/min 以下)或定位精度要求小于 0.9°的步进应用中,细分驱动器获得了广泛应用。其基本原理是对电动机的两个线圈分别按正弦和余弦形的台阶进行精密电流控制,从而使得一个步距角的距离分成若干个细分步完成。例如,十六细分的驱动方式,可使每圈 200标准步的步进电动机达到每圈 200×16 = 3 200 步的运行精度(即 0.112 5°)。

3. 使用步进驱动器

一般来说,每一台步进电动机大都有其对应的驱动器,例如,Kinco 三相步进电动机 3S57Q-04056 与之配套的驱动器是 Kinco 3M458 三相步进电动机驱动器。图 6-8 是步科3M458 外观图。该驱动器可采用直流 24~40 V 电源供电,本装置有专用的开关稳压电源(DC 24 V 6 A)供电,输出电流和输入信号规格如下:

(1)输出相电流为 3~5.8 A,输出相电流通过拨动开关设定,驱动器采用自然风冷的冷却方式。

图 6-8   步科 3M458 外观图

(2)控制信号输入电流为 6~20 mA,控制信号的输入电路采用光耦隔离。输送单元 PLC输出公共端 V_{CC} 使用的是 DC 24 V 电压,所使用的限流电阻 R1 为 2 kΩ。

步进电动机驱动器的组成包括脉冲分配器和脉冲放大器两部分,主要解决向步进电动机的各相绕组分配输出脉冲和功率放大两个问题。

脉冲分配器是一个数字逻辑单元,它接收来自控制器的脉冲信号和转向信号,把脉冲信号按一定的逻辑关系分配到每一相脉冲放大器上,使步进电动机按选定的运行方式工作。由于步进电动机各相绕组是按一定的通电顺序并不断循环来实现步进功能的,因此脉冲分配器又称环形分配器。实现这种分配功能的方法有多种,例如,可以由双稳态触发器和门电路组成,也可由可编程逻辑器件组成。

脉冲放大器是进行脉冲功率放大的。因为从脉冲分配器能够输出的电流很小(毫安级),

而步进电动机工作时需要的电流较大,因此需要进行功率放大。此外,输出的脉冲波形、幅度、波形上升沿陡度等因素对步进电动机运行性能有重要的影响。3M458 驱动器采取如下一些措施,大大改善了步进电动机运行性能:

(1)内部驱动直流电压达 40 V,能提供更好的高速性能。

(2)具有电动机静态锁紧状态下的自动半流功能,可大大降低电动机的发热。而为调试方便,驱动器还有一对脱机信号输入线 FREE+ 和 FREE−,当这一信号为 ON 时,驱动器将断开输入到步进电动机的电源回路。如果没有使用这一信号,目的是使步进电动机在加电后,即使静止时也保持自动半流的锁紧状态。

(3)3M458 驱动器采用交流伺服驱动原理,把直流电压通过脉宽调制技术变为三相阶梯式正弦电流,如图 6-9 所示。

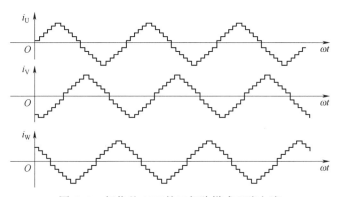

图 6-9　相位差 120° 的三相阶梯式正弦电流

(4)阶梯式正弦电流按固定时序分别流过三相绕组,其每个阶梯对应电动机转动一步。通过改变驱动器输出正弦电流的频率来改变电动机转速,而输出的阶梯数则确定了每步转过的角度,当角度越小的时候,那么其阶梯数就越多,即细分就越大。从理论上说,此角度可以设得足够小,所以细分数可以是很大的。3M458 最高可达 10 000 步/转的驱动细分功能,细分可以通过拨动开关设定。

(5)细分驱动方式不仅可以减小步进电动机的步距角,提高分辨率,而且可以减少或消除低频振动,使电动机运行更加平稳、均匀。

在 3M458 驱动器的侧面连接端子中间有一个红色的八位 DIP 功能设定开关,可以用来设定驱动器的工作方式和工作参数,包括细分设置、静态电流设置和运行电流设置。图 6-10 是该 DIP 开关功能划分说明,表 6-2(a)、(b)分别为细分设置表和输出电流设置表。

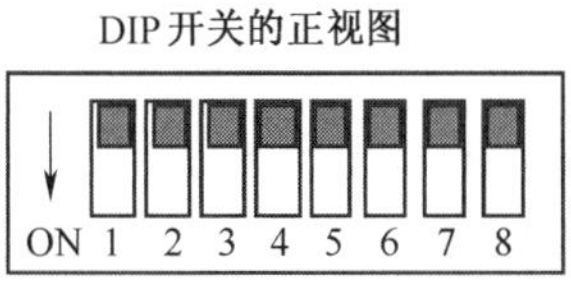

DIP 开关的正视图

开关序号	ON 功能	OFF 功能
DIP1～DIP3	细分设置用	细分设置用
DIP4	静态电流全流	静态电流半流
DIP5～DIP8	电流设置用	电流设置用

图 6-10　3M458 DIP 开关功能划分说明

表 6-2 细分设置表及输出电流设置表

（a） 细分设置表

DIP1	DIP2	DIP3	细分
ON	ON	ON	400 步/转
ON	ON	OFF	500 步/转
ON	OFF	ON	600 步/转
ON	OFF	OFF	1 000 步/转
OFF	ON	ON	2 000 步/转
OFF	ON	OFF	4 000 步/转
OFF	OFF	ON	5 000 步/转
OFF	OFF	OFF	10 000 步/转

（b） 输出电流设置表

DIP5	DIP6	DIP7	DIP8	输出电流
OFF	OFF	OFF	OFF	3.0A
OFF	OFF	OFF	ON	4.0A
OFF	OFF	ON	ON	4.6A
OFF	ON	ON	ON	5.2A
ON	ON	ON	ON	5.8A

本装置中步进电动机传动组件的基本技术数据是：3S57Q-04056 步进电动机步距角为 1.8°，即在无细分的条件下 200 个脉冲，电动机转一圈（通过驱动器设置细分精度最高可以达到 10 000 个脉冲，电动机转一圈）。驱动器细分设置为 10 000 步/转，则直线运动组件的同步轮齿距为 5 mm，共 12 个齿，旋转一圈搬运机械手位移 60 mm，即每步机械手位移 0.006 mm；电动机驱动电流设为 5.2 A，静态锁定方式为静态半流。

4. 使用步进电动机应注意的问题

控制步进电动机运行时，应注意防止步进电动机运行中失步的问题。

步进电动机失步包括丢步和越步。丢步时，转子前进的步数少于脉冲数；越步时，转子前进的步数多于脉冲数。丢步严重时，将使转子停留在一个位置上或围绕一个位置振动；越步严重时，设备将发生冲过。

使机械手返回原点的操作，常常会出现越步情况。当机械手装置回到原点时，原点开关动作，使指令输入 OFF。但如果到达原点前速度过高，惯性转矩将大于步进电动机的保持转矩而使步进电动机越步。因此，回原点的操作应确保足够低速为宜；当步进电动机驱动机械手装配高速运行时紧急停止，出现越步情况不可避免，因此急停复位后应采取先低速返回原点重新校准，再恢复原有操作的方法。（注：所谓保持扭矩是指电动机各相绕组通额定电流，且处于静态锁定状态时，电动机所能输出的最大转矩，它是步进电动机最主要的参数之一。）

由于电动机绕组本身是感性负载，输入频率越高，励磁电流就越小。输入频率高，磁通量变化加剧，涡流损失加大。因此，输入频率增高，输出力矩降低。最高工作频率的输出力矩只能达到低频转矩的 40% ~ 50% 。进行高速定位控制时,如果指定频率过高,会出现丢步现象。

此外,如果机械部件调整不当,会使机械负载增大。步进电动机不能过负载运行,哪怕是瞬间,都会造成失步,严重时停转或不规则原地反复振动。

三、PLC 与步进驱动器等的连接及 PLC 高速脉冲指令

1. PLC 与步进驱动器及电动机的连接

PLC 可以通过本体的输出点或各种扩展模块或单元,向步进电动机、伺服电动机等执行机构输出脉冲指令、定位指令,从而进行驱动定位控制。

本任务主要介绍脉冲指令,从控制器中发出脉冲信号给伺服电动机或者步进电动机驱动器,脉冲信号的脉冲数量就决定了电动机的转动量,而脉冲信号的频率决定了电动机转动的速度。电动机转动拖动直线位移装置,让定位对象进行直线运动。控制了电动机的转动角度和转动速度,实际上也就是控制了定位对象直线运动的位移量以及移动速度。

由图 6-11 可见,步进驱动器的功能是接收来自控制器(PLC)一定数量和频率的脉冲信号以及电动机旋转方向的信号,为步进电动机输出三相功率脉冲信号。图 6-12 所示为 Kinco 3M458 的典型接线图。光电隔离元件的作用:电气隔离,抗干扰。

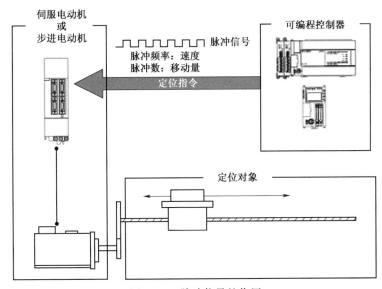

图 6-11 脉冲信号的作用

控制信号有三种接法:共阳极接法、共阴极接法、差分信号接法。不论什么接法都要确保驱动器光耦合器的电流在 10 ~ 15 mA 范围内,否则,电流过小,驱动器工作不可靠、不稳定,会有丢步等问题;电流过大,会损坏驱动器。

2. PLC 高速脉冲指令

(1)脉冲输出指令(PLSY)。脉冲输出指令(PLSY)是用来发出指定频率、指定脉冲总量的高速脉冲串的指令。

图 6-13 所示指令格式中,[S1·]用来指定发出脉冲的频率,当指令为 16 位时,允许设定的范围为 1 ~ 32 767 Hz;而当指令为 32 位时,[S1·]允许设定的范围为 1 ~ 200 000 Hz。[S2·]

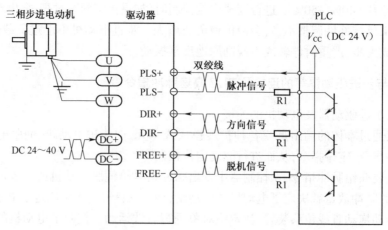

图 6-12 Kinco 3M458 的典型接线图

用来指定发出脉冲的数量,当指令为 16 位时,允许设定的范围为 1～32 767,[S2·]允许设定的脉冲数为 1～2 147 483 647。[D·]为发出脉冲的开关量输出接口的编号,允许设定的接口为晶体管型接口的 Y0 和 Y1。

图 6-13 PLSY 的指令格式与发出脉冲图

PLSY 指令有很多的特殊寄存器辅助工作,比较常用的有:如 M8029,当输出脉冲到达设定值数时,脉冲输出停止,执行指令结束标志位 M8029 置 1;若执行条件为 OFF,则 M8029 复位,务必在紧邻需要监视的指令后使用 M8029。复位后重新执行指令时,[S1·]的内容可以变更,但[S2·]的内容不能变更。将[S2·]中发送脉冲个数设为 0 时,可无限制发出脉冲串。

再比如,记录脉冲个数的数据寄存器,Y0 或 Y1 输出脉冲的个数分别保存在(D8141、D8140)和(D8143、D8142)中,Y0 和 Y1 的总数保存在(D8137、D8136)中。各数据寄存器的内容可以通过[DMOV K0 D81□□]加以清除。

脉冲输出指令(PLSY)采用开环控制的方式,即控制器发出命令之后,脉冲信号的数量和频率就指定了,控制器发完脉冲就结束。至于电动机有没有运行到位,控制器就不管了。频率一旦指定,电动机在高频运行,特别是开始突然升速和末端突然降速时,往往存在着失步的风险,这样就达不到所要定位的位置。因此,在工业控制中,常常在开始时和结束时将输出的脉冲频率逐渐升高或降低,从而达到防止失步的目的。

(2)带加减速的脉冲输出指令(PLSR)。图 6-14 所示指令格式中各操作数的设定内容如下:

[S1·]是最高频率,设定范围为 10～20 kHz,并以 10 的倍数设定。若指定 1 位数时,则结束运行。在进行定减速时,按指定的最高频率的 1/10 作为减速时的一次变速量,即[S1·]的1/10。在应用该指令于步进电动机时,一次变速量应设定在步进电动机不失调的范围。

[S2·]是总输出脉冲数(PLS),设定范围:16 位运算指令,110～32 767(PLS);32 位运算

指令,110~2 147 483 647(PLS);若设定不满 110 值时,脉冲不能正常输出。

[S3·]是加减速时间(ms),加速时间与减速时间相等。加减速时间设定范围为 5 000 ms 以下,应按以下条件设定:

①加减速时,需设定在 PLC 扫描时间最大值(D8012)的 10 倍以上;若设定不足 10 倍时, 加减速不一定计时。

②加减速时间最小值设定应满足[S3·]>90000/[S1·]×5,若小于该式的最小值,加减速时间的误差将增大,此外,设定不到 90000/[S1·]值时,在 90000/[S1·]值时结束运行。

③加减速时间最大值设定应满足[S3·]<[S2·]/[S1·]×818。

④加减速的变速数按[S1·]/10 进行,次数固定在 10 次。

在不能按以上条件设定时,应降低[S1·]设定的最高频率。

[D·]为指定脉冲输出的地址号,只能是 Y0 及 Y1,且不能与其他指令共用。其输出频率为 10~20 kHz,当指令设定的最高频率、加减速时的变速速度超过了此范围时,自动在该输出范围内调低或进位。FNC59(PLSR)指令的输出脉冲数存入的特殊数据寄存器与 FNC57 (PLSY)相同。

PLSR 指令执行效果如图 6-15 所示。

图 6-14 PLSR 指令格式

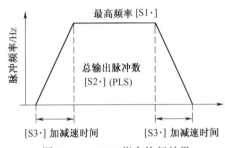

图 6-15 PLSR 指令执行效果

(3)脉宽调制指令(PWM)。在工业中,常常遇到一些需要用模拟量来描述或者控制的场合,而又不具备模拟量输出模块。这时,采用脉宽调制指令来描述模拟量往往是一种较好的解决方法。PWM 指令可以指定脉冲宽度、脉冲周期,产生脉宽可调的脉冲输出。

图 6-16 中[S1·]指定 D10 存入脉冲宽度 t,t 理论上可以在 0~32 767 ms 范围内选取,但不能大于周期[S2·]。图 6-16 中 D10 的内容只能在[S2·]指定脉冲周期 T0=50 以内变化, 否则会出现错误;[D·]指定脉冲输出口(晶体管输出型 PLC 中 Y0 或 Y1)为 Y1,其平均输出对应为 0~100%。当 X000 接通时,Y1 输出为 ON/OFF 脉冲,脉宽调制比为 $t/T0$,可进行中断处理。

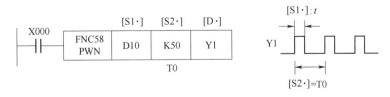

图 6-16 PWM 指令格式与发出脉冲图

3. 回原点控制

在采用伺服电动机进行定位控制时,不论是初始状态,或是重新加电,都需要进行原点回位的动作,以保证定位的准确。如图 6-17 所示,某一工作台当按下归位按钮时,就能从初始位置以一定的速度后退;当接近原点时,工作台低速后退,到达原点时停止。

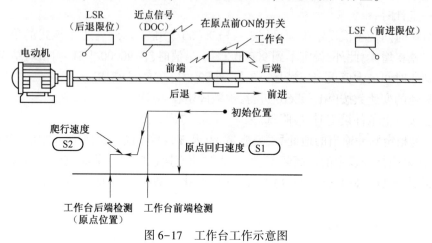

图 6-17 工作台工作示意图

原点回位指令 ZRN(见图 6-18)。

S1 是原点回归速度,需要指定回归原点开始时的速度,16 位指令范围为 10 ~ 32 767 Hz;32 位指令范围为 10 ~ 100 000 Hz。

图 6-18 原点回位指令

S2 是爬行速度,当近点信号置 ON 时的速度,指定范围为 10 ~ 32 767 Hz。

S3 是近点信号,指定近点信号的输入。

D 是脉冲输出地址,仅能指定晶体管输出型 PLC 中 Y0 或 Y1。

当该指令执行时,首先电动机将以 S1 的初始速度做后退动作,一旦近点信号置 ON,那么电动机将以 S2 的爬行速度运行;当近点信号重新变为 OFF 时,停止脉冲输出。同时,如果 D 为 Y0,那么[D8141,D8140]将清零;如果 D 为 Y1,那么[D8143,D8142]将清零。一旦清零,Y2(D 为 Y0)或 Y3(D 为 Y1)将给出清零信号;然后 M8029 将置 ON,给出执行完成信号。

4. 相对位置控制和绝对位置控制

(1)相对位置控制。在定位控制中,以相对驱动方式执行单速定位的指令,用带正负的符号指定从当前位置开始的移动距离的方式,又称增量(相对)驱动方式。

如图 6-19 所示,在上海如果我们的当前位置在徐家汇,现在要去上海火车站,距离是20.7 km,那么,就只需要从当前位置向火车站方向移动 20.7 km 就可以到达目的地了。

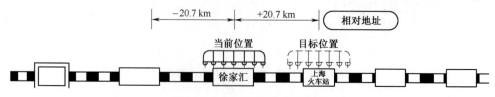

图 6-19 相对位置移动示意图

相对位置控制指令 DRVI(见图 6-20)。

图 6-20　相对位置控制指令

S1 是指定输出的脉冲数,16 位指令的数量范围为 -32 768 ~ +32 767;32 位指令的数量范围为 -999 999 ~ +999 999。

S2 是指定输出脉冲的频率,16 位指令的数量范围为 10 ~ +32 767 Hz;32 位指令的数量范围为 10 ~ 100 000 Hz。

D1 是输出脉冲的输出端口,晶体管输出型 PLC 中 Y0 或 Y1。

D2 是指定方向的输出端口。

当该指令的执行条件满足时,可编程控制器就向 D1 发脉冲。方向由 S1 决定,当 S1 为正值时,D2 为 ON;当 S1 为负值时,D2 为 OFF。这样,以 S2 指定的频率发送脉冲,并采用 [D8141,D8140](D1 为 Y0)以及 [D8143,D8143](D1 为 Y1)记录相对位置脉冲数,反转即数值减小。脉冲发送完,M8029 置 ON。

(2)绝对位置控制。在定位控制中,除相对位置控制之外,还有就是绝对位置控制。绝对位置是依据原点的,如图 6-21 所示。

图 6-21　绝对位置移动示意图

我们的位置是在徐家汇,位置是在 83.9 km 处。现在要去上海火车站,位置是在 104.6 km 处。那么,去 104.6 km 处,就到达目的地了。

绝对位置控制指令(见图 6-22)。

图 6-22　绝对位置控制指令

S1 是目标位置(绝对地址),16 位指令的数量范围为 -32 768 ~ +32 767;32 位指令的数量范围为 -999 999 ~ +999 999。

S2 是指定输出脉冲频率,16 位指令的数量范围为 10 ~ +32 767 Hz;32 位指令的数量范围为 10 ~ 100 000 Hz。

D1 是输出脉冲的输出端口,晶体管输出型 PLC 中 Y0 或 Y1。

D2 是指定方向的输出端口。

当该指令的执行条件满足时,可编程控制器就向 D1 发脉冲。方向由 S1 与当前位置决定,当 S1 减当前位置为正值时,D2 为 ON;当 S1 减当前位置为负值时,D2 为 OFF。这样以 S2 指定的频率发送脉冲,并采用[D8141,D8140](D1 为 Y0)以及[D8143,D8143](D1 为 Y1)记录绝对位置脉冲数,反转即数值减小。脉冲发送完,M8029 置 ON。

任务要求

某一切纸机需要可编程控制器驱动步进电动机进行送纸动作,步进电动机带动压轮(周长为 40 mm)进行送纸动作,也就是说步进电动机转动 1 圈,送纸 40 mm。该切纸机的切刀由电磁阀带动。每送一定长度的纸,切刀动作,切开纸,如图 6-23 所示。

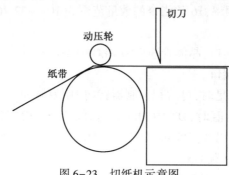

图 6-23 切纸机示意图

任务分析

根据机械结构与精度要求(误差小于 0.1 mm),将驱动器细分度设为 4 细分,也就是驱动器接收到 800 个脉冲,步进电动机转 1 圈,那么 40 mm/800 脉冲,就意味着,PLC 输出 1 个脉冲,切纸机送纸 0.05 mm。现在要求要将纸张切成 50 mm 大小。那么意味着 PLC 每发出 1 000 个脉冲,切刀就要做 1 次切纸动作。

(1)I/O 地址分配。该设备主要连接器件有光电编码器、各类传感器、限位保护、按钮指示灯盒、步进驱动器及步进电动机、伺服驱动器及伺服电动机等。该设备 PLC 的 I/O 分配如表 6-3 所示。

表 6-3 PLC 的 I/O 分配

输 入 信 号				输 出 信 号			
序号	PLC 输入点	信号名称	信号来源	序号	PLC 输出点	信号名称	信号输出目标
1	X000	旋转编码器 A 相		1	Y000	PLS-	
2	X001	旋转编码器 B 相		2	Y001	DIR-	步进驱动器
3	X002	旋转编码器 Z 相		3	Y002	FRE-	
4	X003	电感式传感器 1(左)	装置侧	4			
5	X004	电感式传感器 2(中)		5	Y004	HL1(黄)	
6	X005	电感式传感器 3(右)		6	Y005	HL2(绿)	按钮/指示灯模块
7	X006	左限位		7	Y006	HL3(红)	
8	X007	右限位		8			

	输　入　信　号				输　出　信　号		
序号	PLC 输入点	信号名称	信号来源	序号	PLC 输出点	信号名称	信号输出目标
9	X010	SB1 启动按钮	按钮/指示 灯模块	9			
10	X011	SB2 停止按钮		10			
11	X012	SA 单站/全线		11			
12	X013	QS 急停按钮					
13	X014	左超限位					
14	X015	右超限位					

（2）回原点参考程序。设备加电后自动搜索原点 X0（设备选择 X6 左限位或 X3 电感式传感器），回到原点后进行原点中心的对齐，最后对脉冲寄存器 D8140 重新清零。程序如图 6-24 所示。

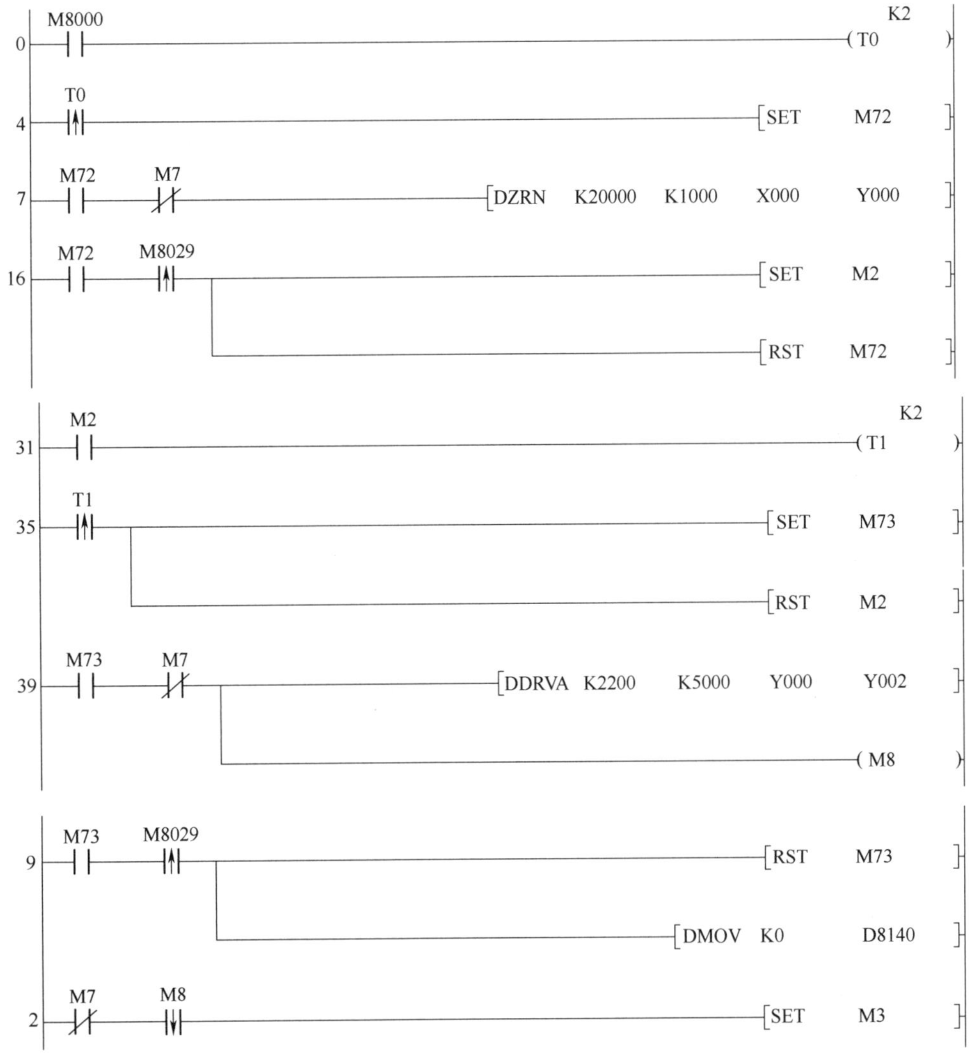

图 6-24　回原点程序

任务实施

（1）切纸控制程序设计。本任务采用的步进驱动器的型号为 XDL-15，根据图 6-25，驱动器的控制端 P1 中 1 端接收 PLC 脉冲，2 端控制电动机方向，4 端为驱动器的使能端，一般默认使能端始终有效，因此该引脚往往不接。驱动器控制端使用了公共端（3 端），接 +24 V 驱动。

PLC 的 Y0 作为脉冲输出端，连接了步进电动机驱动器的脉冲信号端子；PLC 的 Y2 作为方向控制输出，连接了驱动器的 2 端。X10 接启动按钮，X11 接停止按钮，X5 接切刀位置开关（切刀在切纸结束时接通），Y6 控制切刀电磁阀。

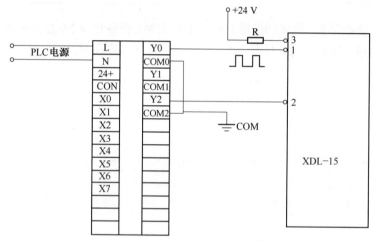

图 6-25　PLC 与步进电动机驱动器的接线图

不考虑电动机转动的方向，认为切纸机只朝一个方向运行，控制程序如图 6-26 所示。具体实验装置 I/O 分配见表 6-3。

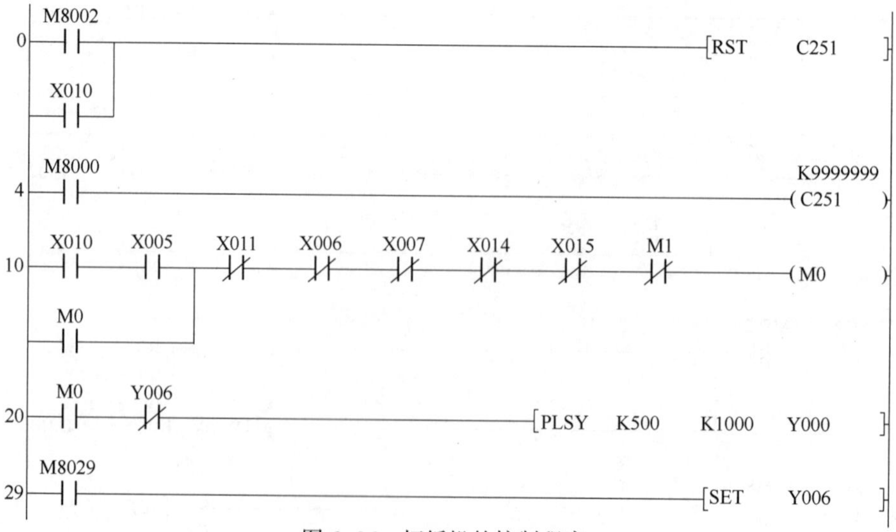

图 6-26　切纸机的控制程序

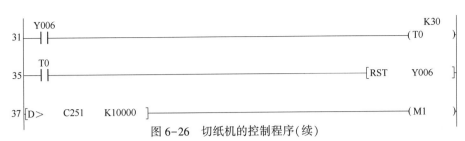

图6-26　切纸机的控制程序(续)

当启动按钮按下之后,采用了一个自锁程序,将启动信号传递给M0。而M0则驱动脉冲输出指令PLSY以500 Hz的频率(这里的频率值可以改变,从而改变电动机的速度),发出脉冲。脉冲为1 000个,从Y000中发出。一旦脉冲全部发完就表示已经到位,那么M8029给出上升沿信号,驱动切刀动作,并停止PLSY的驱动。切刀动作完成,T0延时给出信号,让切刀回位。这样又可以让Y000发出脉冲,从而形成不断往复的重复动作。除非停止按钮按下,让自锁解除,使M0复位。高速计数器C251在运行过程中进行脉冲计数,设置上限为10 000;程序加入了左右限位和左右超限位保护。

(2)小车控制程序设计。设备加电后可以手动或自动搜索原点X6,回到原点后进行原点中心的对齐,并对脉冲寄存器D8140重新清零。这些准备工作在前面原点程序中已经介绍,在此不再重复。在满足原点条件后,可以开始启动,按下启动按钮X10,丝杠开始运行,每个位置停止2 s,设置每个运行的相对(增量)位置脉冲为4 300、5 200、5 500、-15 000,最后回到原点。小车运动示意图如图6-27所示。

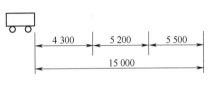

图6-27　小车运动示意图

相对位置程序如图6-28所示。

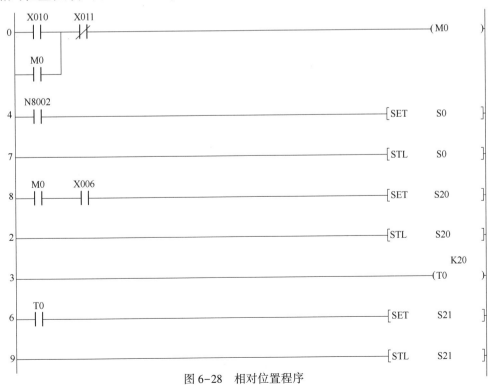

图6-28　相对位置程序

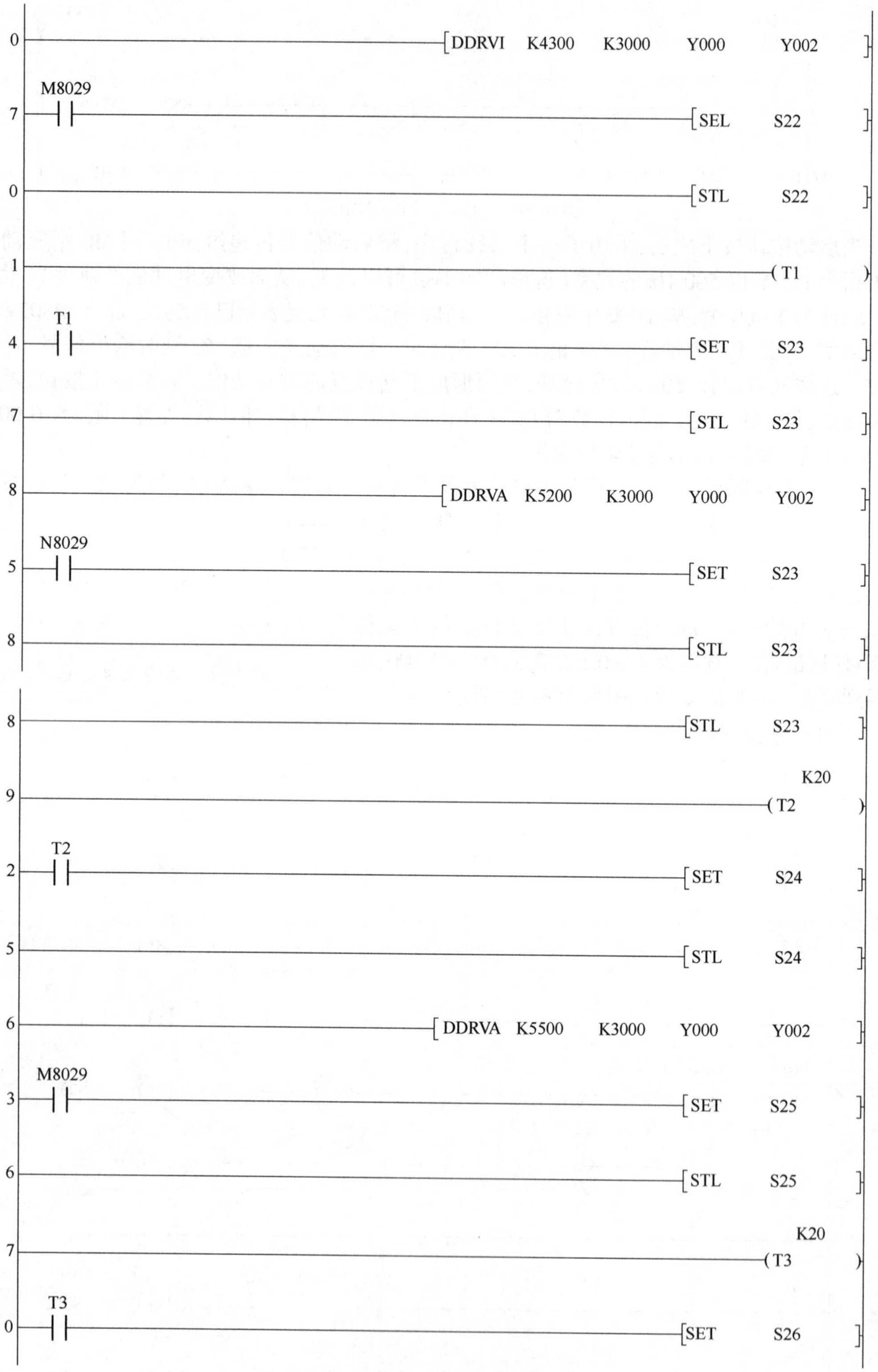

```
 0 ─────────────────────────────────────────[ DDRVI   K4300    K3000    Y000      Y002  ]─┤

      M8029
 7 ───┤ ├─────────────────────────────────────────────────────────────[ SEL    S22  ]─┤

 0 ─────────────────────────────────────────────────────────────────────[ STL    S22  ]─┤

 1 ──────────────────────────────────────────────────────────────────────────( T1   )─┤

       T1
 4 ───┤ ├─────────────────────────────────────────────────────────────[ SET    S23  ]─┤

 7 ─────────────────────────────────────────────────────────────────────[ STL    S23  ]─┤

 8 ─────────────────────────────────────────[ DDRVA   K5200    K3000    Y000      Y002  ]─┤

      N8029
 5 ───┤ ├─────────────────────────────────────────────────────────────[ SET    S23  ]─┤

 8 ─────────────────────────────────────────────────────────────────────[ STL    S23  ]─┤


 8 ─────────────────────────────────────────────────────────────────────[ STL    S23  ]─┤

                                                                                    K20
 9 ──────────────────────────────────────────────────────────────────────────( T2   )─┤

       T2
 2 ───┤ ├─────────────────────────────────────────────────────────────[ SET    S24  ]─┤

 5 ─────────────────────────────────────────────────────────────────────[ STL    S24  ]─┤

 6 ─────────────────────────────────────────[ DDRVA   K5500    K3000    Y000      Y002  ]─┤

      M8029
 3 ───┤ ├─────────────────────────────────────────────────────────────[ SET    S25  ]─┤

 6 ─────────────────────────────────────────────────────────────────────[ STL    S25  ]─┤

                                                                                    K20
 7 ──────────────────────────────────────────────────────────────────────────( T3   )─┤

       T3
 0 ───┤ ├─────────────────────────────────────────────────────────────[ SET    S26  ]─┤
```

图 6-28　相对位置程序(续 1)

```
13 ─────────────────────────────────────────[STL    S26 ]

14 ──────────────[DDRVA   K－15000   K3000   Y000   Y002 ]

   M8029
11 ─┤├──────────────────────────────────────[SET    S0  ]

14 ─────────────────────────────────────────[RET        ]
```

图 6-28　相对位置程序(续 2)

设备加电后可以手动或自动搜索原点 X006,回到原点后进行原点中心的对齐,并对脉冲寄存器 D8140 重新清零。这些准备工作在前面原点程序中已经介绍,在此不再重复。在满足原点条件后,可以开始启动,按下启动按钮 X010,丝杠开始运行,每个位置停止 2 s,设置每个运行的绝对位置脉冲为 4 300、9 500、15 000、0,最后回到原点。

在上述相对位置程序(图 6-28)的基础上进行修改。

第一段前进运行的绝对位置 4 300 脉冲,程序如图 6-29 所示。

```
9 ──────────────────────────────────────────[STL    S21 ]

20 ──────────────[DDRVA   K4300    K3000    Y000   Y002 ]

   M8029
37 ─┤├──────────────────────────────────────[SET    S22 ]
```

图 6-29　第一段绝对位置修改程序

第二段前进运行的绝对位置 9 500 脉冲,程序如图 6-30 所示。

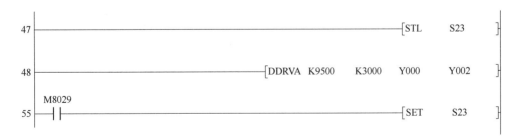

```
47 ─────────────────────────────────────────[STL    S23 ]

48 ──────────────[DDRVA   K9500    K3000    Y000   Y002 ]

   M8029
55 ─┤├──────────────────────────────────────[SET    S23 ]
```

图 6-30　第二段绝对位置修改程序

第三段前进运行的绝对位置 15 000 脉冲,程序如图 6-31 所示。

第四段后退运行的绝对位置 0 脉冲,即退回原点,程序如图 6-32 所示。

图 6-31　第三段绝对位置修改程序

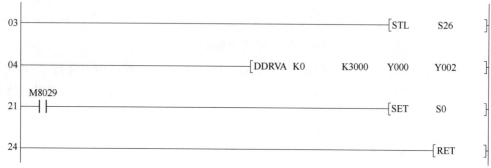

图 6-32　第四段绝对位置修改程序

课后练习

一、单选题

1. 正常情况下步进电动机的转速取决于(　　)。
　　A. 控制绕组通电频率　B. 绕组通电方式　　C. 负载大小　　　　D. 绕组的电流

2. 某三相反应式步进电动机的转子齿数为50,其齿距角为(　　)。
　　A. 7.2°　　　　　　　B. 120°　　　　　　C. 360°电角度　　　D. 120°电角度

3. 某四相反应式步进电动机的转子齿数为60,其步距角为(　　)。
　　A. 1.5°　　　　　　　B. 0.75°　　　　　　C. 45°电角度　　　D. 90°电角度

4. 步进电动机是利用电磁原理将电脉冲信号转换成(　　)信号。
　　A. 电流　　　　　　　B. 电压　　　　　　C. 位移　　　　　　D. 功率

5. 步进电动机的步距角是由(　　)决定的。
　　A. 转子齿数　　　　　B. 脉冲频率　　　　C. 转子齿数和运行拍数　D. 运行拍数

6. 步进电动机通电后不转,但出现尖叫声,可能是(　　)。
　　A. 电脉冲频率太高引起电动机堵转
　　B. 电脉冲频率变化太频繁
　　C. 电脉冲的升速曲线不理想引起电动机堵转
　　D. 以上情况都有可能

7. PLC的输出方式为晶体管型时,它适用于(　　)负载。
　　A. 感性　　　　　　　B. 交流　　　　　　C. 直流　　　　　　D. 交直流

二、填空题

1. 三相反应式步进电动机的通电状态包括_____、_____和_____。

2. 五相反应式步进电动机多相通电时,其最大静转矩为_____。

3. 提高步进电动机的带负载能力的方法有_____和_____。

4. 步进电动机的工作方式有_____和_____。

5. 步进电动机的开环控制精度主要由步进电动机的_____和_____决定;为了进一步提高步进电动机的控制精度,可以采用_____来提高控制精度。

6. 可编程控制器的输出接口电路有三种形式:_____输出、_____输出和晶闸管输出。

三、简答题

1. 如何控制步进电动机的角位移和转速?步进电动机有哪些优点?

2. 步进电动机的转速和负载大小有关系吗?怎样改变步进电动机的转向?

3. 为什么转子的一个齿距角可以看作是360°电角度?

4. 反应式步进电动机的步距角和哪些因素有关?

5. 步进电动机的负载转矩小于最大静转矩时,电动机能否正常步进运行?

6. 为什么随着通电频率的增加,步进电动机的带负载能力会下降?

四、设计题

某机床的工作台、刀架、主轴分别由双速电动机 M1、步进电动机 M2 及三相交流异步电动机 M3 驱动。主轴电动机 M3 采用变频器调速,具有第一、第二、第三、第四共四级递增的转速,其值由选手采用触摸屏在系统启动前预置,数值的大小由选手模拟加工工件的材质自拟,M3 运转过程中,触摸屏显示其当前运转频率的大小。第四级转速的加速时间为 0.5 s,减速时间为 0.2 s。该机床可由触摸屏上的启停按钮 SB4,也可由机床操作台上的启动按钮 SB3、停止按钮 SB2 启停。系统启动前,可由触摸屏预置每次需要加工的工件数,加工过程中显示当前已加工的工件数。

系统加电后,触摸屏上的电源指示灯 HL1 以 0.5 Hz/s 闪烁,指示电源完好。

按下启动按钮后,工作台由原位高速快进,同时 HL1 熄灭、触摸屏上的运行指示灯 HL2 长亮;工作台快进到加工工位后转为低速工进,同时刀架由原位进给;刀架进给到位后刀架停止,工作台继续低速工进,同时主轴电动机以第一级转速正转启动运行加工,10 s 后切换为第二级转速正转运行加工,再过 10 s 后切换为第三级转速正转运行加工,再过 10 s 后切换为第四级转速正转运行加工,再过 10 s 后主轴电动机停止加工,工作台继续低速工进,2 s 后转为低速后退,再过 2 s 后,主轴电动机以第四级转速反转启动运行加工,10 s 后切换为第三级转速反转运行加工,再过 10 s 后切换为第二级转速反转运行加工,再过 10 s 后切换为第一级转速反转运行加工,再过 10 s 后主轴电动机停止加工,同时刀架以进给时的速度后退;刀架后退到位后停止,同时工作台转为高速继续后退;工作台快退至原位后停止,同时 HL1 以 0.5 Hz/s 闪烁、HL2 灯熄灭,10 s 安装完新工件后,如此循环工作。

按下停止按钮,系统完成当前循环后(即加工完当前工件)停止。系统启动后,若连续加工了已预置的工件数,则系统自动停止;若加工的工件已达预置的工件数,但不是连续加工的,则系统不停止。

系统应具有急停功能,即加工过程中遇到突发情况,按下设备操作面板上的急停按钮SB1,则设备上的所有运转部件立即停止,工件报废,同时 HL2 熄灭,触摸屏上的急停指示灯 HL4 以 2 Hz/s 闪烁报警。急停解除后,手动恢复设备至初始位置,按下设备操作面板上的启动按钮 SB3,进行下一次加工。

系统应具有断电保持功能,即加工过程中,若电网突然断电,则设备上的所有运转部件立即停止。当恢复供电时,HL2 熄灭,触摸屏上的断电指示灯 HL5 以 2 Hz/s 闪烁,若按下触摸屏上的恢复按钮 SB6,则工作接着断电时的状态继续。

步进电动机参数参考设置:正向脉冲频率为 400 Hz/s,反向脉冲频率为 800 Hz/s,步进驱动器细分设置为 2,电流设置为 1.5 A;热继电器的整定电流为 0.45~0.5 A。

任务 2　交流伺服电动机控制系统的连接与调试

学习目标

(1)认识伺服电动机和伺服驱动器。
(2)会 PLC 与伺服电动机及伺服驱动器的连接和应用。

相关知识

一、伺服电动机

1. 伺服电动机及工作原理

伺服电动机(Servo Motor)是指在伺服系统中控制机械元件运转的电动机,是一种补助电动机间接变速装置。伺服电动机可使控制速度、位置精度非常准确,可以将电压信号转化为转矩和转速以驱动控制对象。伺服电动机转子转速受输入信号控制,并能快速反应,在自动控制系统中,用作执行元件,且具有机电时间常数小、线性度高、始动电压等特性,可把所收到的电信号转换成电动机轴上的角位移或角速度输出。其主要特点是,当信号电压为零时无自转现象,转速随着转矩的增加而匀速下降。伺服电动机实物图如图 6-33 所示,内置编码器的伺服电动机如图 6-34 所示。

图 6-33　伺服电动机实物图

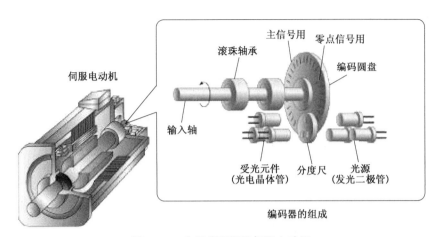

图6-34　内置编码器的伺服电动机

2. 伺服电动机的分类

伺服电动机有交流伺服电动机和直流伺服电动机之分。

（1）交流伺服电动机。交流伺服电动机定子的构造基本上与电容分相式单相异步电动机相似，如图6-35所示。其定子上装有两个位置互差90°的绕组，一个是励磁绕组 f，它始终接在交流电压 U_f 上；另一个是控制绕组 C，连接控制信号电压 U_c，所以，交流伺服电动机又称两个伺服电动机。

交流伺服电动机的转子通常做成鼠笼式，但为了使伺服电动机具有较宽的调速范围、线性的机械特性，无"自转"现象和快速响应的性能，它与普通电动机相比，应具有转子电阻大和转动惯量小这两个特点。目前应用较多的转子结构有两种形式：一种是采用高电

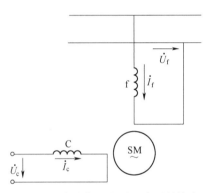

图6-35　交流伺服电动机定子的构造

阻率的导电材料制成的高电阻率导条的鼠笼式转子，为了减小转子的转动惯量，转子做得细长；另一种是采用铝合金制成的空心杯形转子，杯壁很薄，仅 0.2~0.3 mm，为了减小磁路的磁阻，要在空心杯形转子内放置固定的内定子。空心杯形转子的转动惯量很小，反应迅速，而且运转平稳，因此被广泛采用。

交流伺服电动机在没有控制电压时，定子内只有励磁绕组产生的脉动磁场，转子静止不动；在有控制电压时，定子内便产生一个旋转磁场，转子沿旋转磁场的方向旋转，在负载恒定的情况下，电动机的转速随控制电压的大小而变化，当控制电压的相位相反时，伺服电动机将反转。

交流伺服电动机的工作原理虽然与分相式单相异步电动机相似，但前者的转子电阻比后者大得多，所以，交流伺服电动机与单相异步电动机相比，有三个显著特点：

①启动转矩大。由于转子电阻大，其转矩特性曲线如图6-36中曲线1所示，与普通异步电动机的转矩特性曲线2相比，有明显的区别。它可使临界转差率 $s_0>1$，这样不仅使转矩特性（机械特性）更接近于线性，而且具有较大的启动转矩。因此，当定子一有控制电压，转子立

即转动,即具有启动快、灵敏度高的特点。

②运行范围较宽。如图 6-36 所示,转差率 s 在 0 到 1 的范围内伺服电动机都能稳定运转。

③无自转现象。正常运转的伺服电动机,只要失去控制电压,电动机立即停止运转。当伺服电动机失去控制电压后,它处于单相运行状态,由于转子电阻大,定子中两个相反方向旋转的旋转磁场与转子作用所产生的两个转矩特性(T_1-s_1、T_2-s_2 曲线)以及合成转矩特性($T-s$ 曲线)如图 6-37 所示,与普通的单相异步电动机的转矩特性(图中 $T'-s$ 曲线)不同。这时的合成转矩 T 是制动转矩,从而使电动机迅速停止运转。

图 6-38 是伺服电动机单相运行时的机械特性曲线。负载一定时,控制电压 U_c 越高,转速也越高,在控制电压一定时,负载增加,转速下降。

交流伺服电动机的输出功率一般是 $0.1 \sim 100$ W。当电源频率为 50 Hz 时,电压有 36 V、110 V、220 V、380 V;当电源频率为 400 Hz 时,电压有 20 V、26 V、36 V、115 V。交流伺服电动机运行平稳、噪声小。但控制特性是非线性,并且由于转子电阻大、损耗大、效率低,因此与同容量直流伺服电动机相比,体积大、质量大,所以只适用于 $0.5 \sim 100$ W 的小功率控制系统。

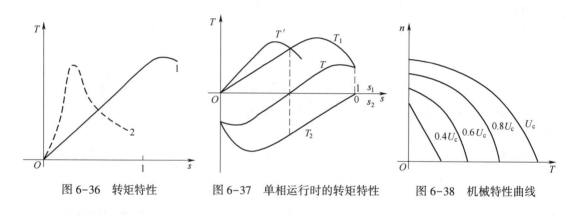

图 6-36 转矩特性　　　　图 6-37 单相运行时的转矩特性　　　　图 6-38 机械特性曲线

(2)直流伺服电动机。直流伺服电动机的结构和一般直流电动机一样,只是为了减小转动惯量而做得细长一些。它的励磁绕组和电枢分别由两个独立电源供电。也有永磁式的,即磁极是永久磁铁。通常采用电枢控制,就是励磁电压一定,建立的磁通量 Φ 也是定值,而将控制电压 U_c 加在电枢上,其接线图如图 6-39 所示。

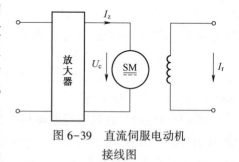

图 6-39 直流伺服电动机接线图

直流伺服电动机的机械特性($n=f(T)$)和他励直流电动机一样。图 6-40 所示为直流伺服电动机在不同控制电压下(U_c 为额定控制电压)的机械特性曲线。由图 6-40 可见,在一定负载转矩下,当磁通不变时,如果升高电枢电压,电动机的转速就升高;反之,降低电枢电压,转速就下降。当 $U_c=0$ 时,电动机立即停转。要电动机反转,可改变电枢电压的极性。

直流伺服电动机和交流伺服电动机相比,它具有机械特性较硬、输出功率较大、不自转、启动转矩大等优点。

3. 伺服电动机的使用

伺服电动机部件图如图 6-41 所示,主要外部部件有电源电缆、内置编码器、编码器电缆等。其中,编码器电缆和电源电缆为选件。对于带电磁制动的伺服电动机,单独需要电磁制动电缆。

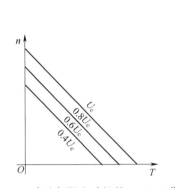

图 6-40 直流伺服电动机的 $n=f(T)$ 曲线

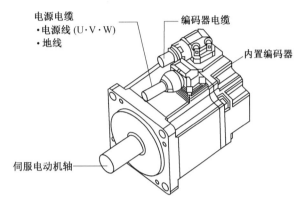

图 6-41 伺服电动机部件图

在使用伺服电动机时,需要先计算一些关键的电动机参数,如位置分辨率、电子齿轮、速度和指令脉冲频率等,以此为依据进行后面伺服驱动器的参数设置。

(1)位置分辨率和电子齿轮计算。位置分辨率(每个脉冲的行程 ΔL)取决于伺服电动机每转的行程 ΔS 和编码器反馈脉冲数量 P_t,它们的关系如式(6-1)所示。反馈脉冲数量取决于伺服电动机系列。

$$\Delta L = \frac{\Delta S}{P_t} \tag{6-1}$$

式中:ΔL——每个脉冲的行程,mm/pulse;

ΔS——伺服电动机每转的行程,mm/rev;

P_t——反馈脉冲数量,pulse/rev。

当驱动系统和编码器确定之后,位置分辨率和电子齿轮关系图如图 6-42 所示。在控制系统中 ΔL 为固定值。但是,每个指令脉冲的行程可以根据需要利用参数进行设置。

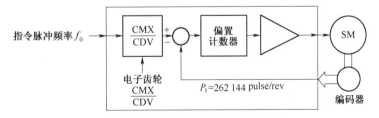

图 6-42 位置分辨率和电子齿轮关系图

指令脉冲乘以参数中设置的 CMX/CDV 则为位置控制脉冲。每个指令脉冲的行程可用式(6-2)表示,即

$$\Delta L_0 = \frac{P_t}{\Delta S} \cdot \frac{\text{CMX}}{\text{CDV}} = \Delta L \frac{\text{CMX}}{\text{CDV}} \tag{6-2}$$

式中:CMX——电子齿轮(指令脉冲乘数分子);

CDV——电子齿轮(指令脉冲乘数分母)。

利用上述关系式,每个指令脉冲的行程可以设置为整数值。

(2)速度和指令脉冲频率计算。伺服电动机以指令脉冲和反馈脉冲相等时的速度运行。因此,指令脉冲频率和反馈脉冲频率相等,电子齿轮比与反馈脉冲关系图如图6-43所示。参数设置(CMX,CDV)的关系如式(6-3)所示,即

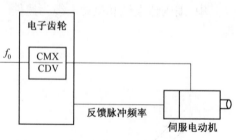

$$f_0 \cdot \frac{CMX}{CDV} = P_t \cdot \frac{N_0}{60} \qquad (6\text{-}3)$$

图6-43 电子齿轮比与反馈脉冲关系图

式中:f_0——指令脉冲频率(采用差分线性驱动器时),p/s;

  CMX——电子齿轮(指令脉冲乘数分子);

  CDV——电子齿轮(指令脉冲乘数分母);

  N_0——伺服电动机转速,r/min;

  P_t——反馈脉冲数量,p/r。

根据式(6-3),可以推导出伺服电动机的电子齿轮和指令脉冲频率的计算公式。

二、伺服驱动器

1. 伺服驱动器及工作原理

伺服驱动器(Servo Drives)又称伺服控制器或伺服放大器,是用来控制伺服电动机的一种控制器,其作用类似于变频器作用于普通交流电动机,属于伺服系统的一部分,主要应用于高精度的定位系统。一般通过位置、速度和力矩三种方式对伺服电动机进行控制,实现高精度的传动系统定位,是目前传动技术的高端产品。

目前主流的伺服驱动器均采用数字信号处理器(DSP)作为控制核心,可以实现比较复杂的控制算法,实现数字化、网络化和智能化。功率器件普遍采用以智能功率模块(IPM)为核心设计的驱动电路,IPM内部集成了驱动电路,同时具有过电压、过电流、过热、欠电压等故障检测保护电路,在主回路中还加入软启动电路,以减小启动过程对驱动器的冲击。功率驱动单元首先通过三相全桥整流电路对输入的三相电或者市电进行整流,得到相应的直流电。经过整流好的三相电或市电,再通过三相正弦PWM电压型逆变器变频来驱动三相永磁式同步交流伺服电动机。功率驱动单元的整个过程简单地说就是 AC/DC/AC 的过程,整流单元(AC/DC)主要的拓扑电路是三相全桥半控整流电路。伺服驱动器工作原理框图如图6-44所示。

2. 伺服驱动器的控制方式

一般伺服驱动器都有三种控制方式:速度控制方式、转矩控制方式、位置控制方式。

速度控制和转矩控制都是用模拟量来控制的;位置控制是通过发脉冲来控制的。如果对电动机的速度、位置都没有要求,只要输出一个恒转矩,当然是用转矩控制方式;如果对位置和速度有一定的精度要求,而对实时转矩不是很关心,用转矩控制方式不太方便,用速度或位置控制方式比较好;如果上位控制器有比较好的闭环控制功能,用速度控制方式效果会好一些;如果本身要求不是很高,或者基本没有实时性的要求,用位置控制方式对上位控制器没有很高

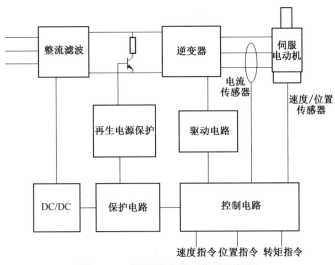

图 6-44 伺服驱动器工作原理框图

的要求。就伺服驱动器的响应速度来看,转矩控制方式运算量最小,驱动器对控制信号的响应最快;位置控制运算量最大,驱动器对控制信号的响应最慢。

（1）转矩控制方式。转矩控制方式是通过外部模拟量的输入或直接的地址赋值来设定电动机轴对外输出转矩大小的。具体表现:如 10 V 对应 5 N·m,当外部模拟量设定为 5 V 时,电动机轴输出为 2.5 N·m;如果电动机轴负载低于 2.5 N·m 时,电动机正转;如果外部负载等于 2.5 N·m 时,电动机不转;大于 2.5 N·m 时,电动机反转(通常在有重力负载情况下产生)。可以通过即时改变模拟量的设定来改变设定的力矩大小,也可通过通信方式改变对应的地址的数值来实现。主要应用在对材质的受力有严格要求的缠绕和放卷的装置中,例如绕线装置或拉光纤设备,转矩的设定要根据缠绕的半径的变化随时更改,以确保材质的受力不会随着缠绕半径的变化而改变。

（2）位置控制方式。位置控制方式一般是通过外部输入的脉冲的频率来确定转动速度的大小,通过脉冲的个数来确定转动的角度,也有些伺服电动机可以通过通信方式直接对速度和位移进行赋值。由于位置控制方式可以对速度和位置都有很严格的控制,所以一般应用于定位装置。应用领域有数控机床、印刷机械等。

（3）速度控制方式。通过模拟量的输入或脉冲的频率都可以进行转动速度的控制,在有上位控制装置的外环 PID 控制时,速度控制方式也可以进行定位,但必须把电动机的位置信号或直接负载的位置信号给上位反馈,以做运算用。位置控制方式也支持直接负载外环检测位置信号,此时的电动机轴端的编码器只检测电动机转速,位置信号就由直接的最终负载端的检测装置来提供,这样的优点在于可以减少中间传动过程中的误差,增加了整个系统的定位精度。

3. 三菱伺服驱动器

（1）三菱伺服驱动器的系列型号:

MR-C 系列:30~400 W;

MR-J 系列:50 W~3.5 kW;

MR-J2 系列:50 W~3.5 kW;

MR-J2-Super 系列:50 W~55 kW;

MR-H-N 系列:50 W~55 kW(30~50 kW 为 440 V);

MR-E-A/AG 系列:100 W~2 kW;

MR-Jr 系列:10~30 W。

(2)MR-J2S 三菱伺服驱动器。三菱通用交流伺服驱动器 MR-J2S 系列是在 MR-J2 系列的基础上开发的具有更高性能和更高功能的伺服系统,其控制方式有位置控制、速度控制和转矩控制以及它们之间的切换控制方式可供选择。实物图如图 6-45(a)所示。

(3)MR-J3 三菱伺服驱动器。三菱通用交流伺服驱动器 MR-J3 系列是在 MR-J2S 系列的基础上开发的具有更高性能和更高功能的伺服系统,其控制方式有位置控制、速度控制和转矩控制以及它们之间的切换控制方式可供选择。实物图如图 6-45(b)所示。

(4)MR-ES 三菱伺服驱动器。三菱通用交流伺服驱动器 MR-ES 系列是在 MR-J2S 系列的基础上开发的,保持了高性能,但是限定了功能的交流伺服系列。

MR-ES 系列从控制方式上又可分成 MR-E-A-KH003(位置控制方式和速度控制方式),MR-E-AG-KH003(模拟量输入的速度控制方式和转矩控制方式)。实物图如图 6-45(c)所示。

(a) MR-J2S 系列 (b) MR-J3系列 (c) MR-ES系列

图 6-45　三菱伺服驱动器实物图

MR-ES 系列的配套伺服电动机的最新编码器采用 131 072p/r 分辨率的增量位置编码器。产品型号:

MR-E-A-KH003:位置控制型伺服放大器;

MR-E-AG-KH003:模拟量控制型伺服放大器(速度控制和转矩控制)。

4. 伺服驱动器和伺服电动机的连接

本项目教学载体选用的是三菱伺服驱动器(MR-E-20A-KH003)和伺服电动机(HF-KN23J-S100)。

伺服驱动器与伺服电动机在接线上需注意电源端子的连接处必须实行绝缘处理,否则可能会引起触电。同时,在接线时需要注意伺服放大器和伺服电动机电源的相位(U、V、W),要正确连接;否则,会引起伺服电动机运行异常。更不要把商用电源直接接到伺服电动机上,否则会引起故障。

在接线的同时不要给伺服电动机的接触针头直接提供测试铅条或类似测试器,这样做会使针头变形,产品接触不良。伺服放大器与伺服电动机的连接方法会因伺服电动机的系列、容量及是否有电磁制动器的不同而异。

接地时,要将伺服电动机的地线接至伺服放大器的保护接地(PE)端子上;将伺服放大器的地线经过控制柜的保护端子接地。

带有电磁制动器的伺服放大器的制动线路,应由专门的 DC 24 V 电源供电。

(1)伺服系统设备型号说明:

①三菱伺服驱动器的型号说明,如图 6-46 所示。

②三菱伺服电动机的型号说明,如图 6-47 所示。

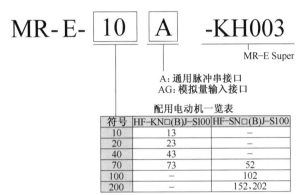

图 6-46　三菱伺服驱动器的型号说明

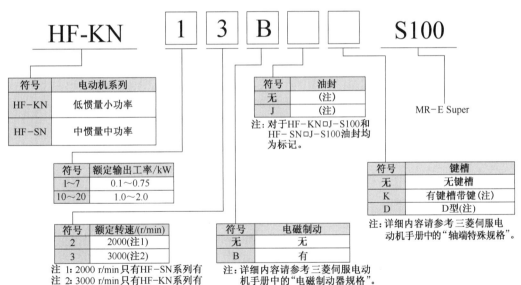

图 6-47　三菱伺服电动机的型号说明

(2)伺服驱动器和伺服电动机的连接。下面以 MR-E-A-KH003 型伺服驱动器与 QD75D 的连接为示例(位置伺服、增量型),按照位置控制方式运行。

①伺服驱动器电源。伺服驱动器的电源端子(L1、L2、L3)连接三相电源,如果使用再生用选购件,MR-E-100A 版本以下型号时,电源和再生用连接器的 D-P 间的连接导线已拆去,而且所用的线是双绞线,如图 6-48 所示。

②CN1 连接图。主要的几个信号为定位模块的脉冲发出等,编码器的 A、B、Z 的信号脉冲,以及急停、复位、正转行程限位、反转行程限位、故障、零速检测等。CN1 连接图如图 6-49 所示。

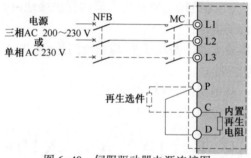

图 6-48　伺服驱动器电源连接图

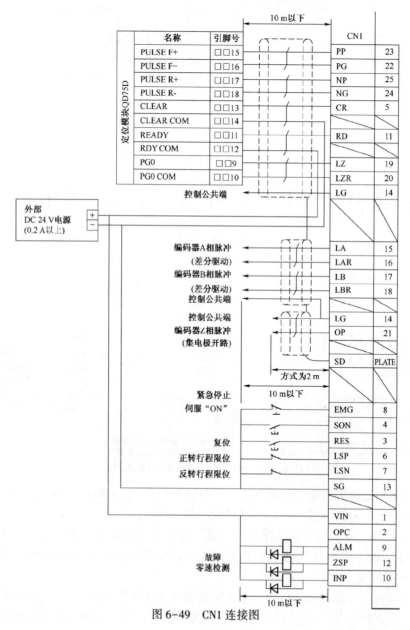

图 6-49　CN1 连接图

③CN2 和伺服电动机连接图。CN2 连接伺服电动机内置编码器,伺服驱动器输出 U、V、W 依次连接伺服电动机 2、3、4 引脚,相序不能有错,伺服报警信号接入内部电磁制动器。CN2 和伺服电动机连接图如图 6-50 所示。

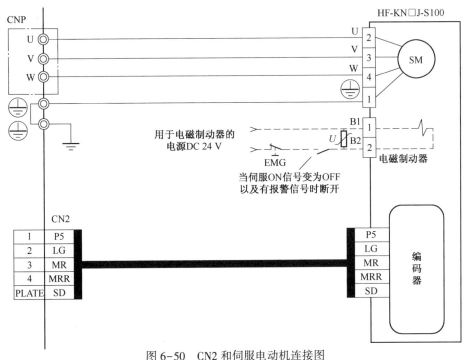

图 6-50　CN2 和伺服电动机连接图

④CN3 连接图。CN3 接口与个人 PC 的 RS-232 串口读/写(信号线长度在 15 m 以下),可以通过双通道示波器监控输出。CN3 连接图如图 6-51 所示。

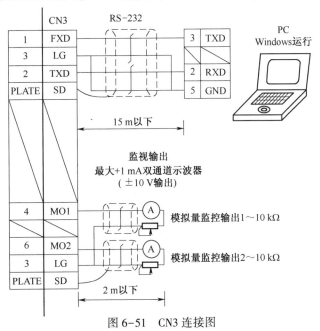

图 6-51　CN3 连接图

⑤三菱 MR-J2 伺服驱动器参数设置，见表6-4。

表6-4 三菱 MR-JR 伺服驱动器参数设置

序号	参 数		设置值	功能与含义
	参数编号	参数名称		
1	P0	控制模式和再生选购件选择	1 000	HC-KFE 系列 200 W 电动机，位置控制模式。设置此参数值必须在控制电源断电重启之后，才能修改、写入成功
2	P3	电子齿轮分子（指令脉冲倍率分母）	32 768	电子齿轮比计算
3	P4	电子齿轮分母（指令脉冲倍率分子）	1 000	
4	P21	功能选择3（指令脉冲选择）	0011	指令脉冲+指令方向。设置此参数值必须在控制电源断电重启之后，才能修改、写入成功
5	P41	输入信号自动 ON 选择	0001	伺服放大器内自动伺服 ON。设置此参数值必须在控制电源断电重启之后，才能修改、写入成功
6	P54	功能选择9	0001	对于输入脉冲串，变更伺服电动机的旋转方向。设置此参数值必须在控制电源断电重启之后，才能修改、写入成功

任务要求

设计一个剪板机，该剪板机的送料由电动机驱动；送料电动机由伺服驱动器及伺服电动机控制；剪断装置为一把剪刀，另外，还有一打孔装置。图6-52 为自动剪板机结构示意图，本任务只完成5段4孔规格的板料。

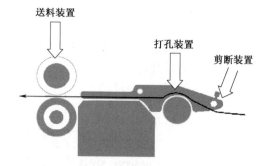

图 6-52　自动剪板机结构示意图

任务分析

设计某自动剪板机电气控制系统及 PLC 程序。图6-53 为板料加工后产品示意图。

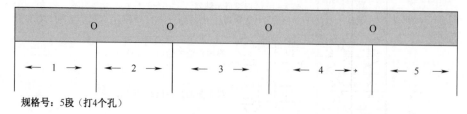

规格号：5段（打4个孔）

图 6-53　板料加工后产品示意图

设备操作及控制流程说明：

（1）打开整机电源，徒手把料板放入设备中，并利用触摸屏（HMI）上点动按钮，剪断装置对料板剪除顶端废料，剪齐整。

（2）在触摸屏（HMI）上按照生产要求设置参数及运行方式与控制信号的设定。

（3）启动自动运行方式，送料机构开始按照一定距离要求运行送料，并按要求对料板进行打孔；送料速度由孔距大小来决定，最小孔距不得低于 50 mm，最大孔距不得大于 1 000 mm，设定孔距均为正整数。孔距和速度（脉冲数）关系如表 6-5 所示。

表 6-5　孔距和速度（脉冲数）关系

孔距/mm	50~300	301~600	601~800	801~1 000
速度（脉冲数）/（m/s）	5	6	7	8

（4）设备原先距离定位是由编码器反馈控制的。综合考虑设备因素，现用固定发出的脉冲数进行控制（暂时不考虑机械齿轮比等关系），脉冲数：孔距=50：1。

（5）本任务只完成 5 段 4 孔规格的板料，每次打孔时，送料电动机停止（停止时间即为打孔时间），完成打孔后继续送料，持续不断地加工。

（6）完成指定规格的板料后，送料电动机停止（停止时间即为剪断时间），剪断装置剪切，这就算一件产品完成，后面以此继续送料，按规格加工、打孔、剪切的循环动作。

（7）当完成设定数量的产品后，指示灯按 2 Hz 频率闪烁，系统自动停止。

（8）自动运行中，按下停止按钮，当前一件产品加工完成后停止，并可以重新启动，触摸屏参数不需重设，产量会在之前基础上累加。

图 6-54 是全自动剪板机基本操作流程图。

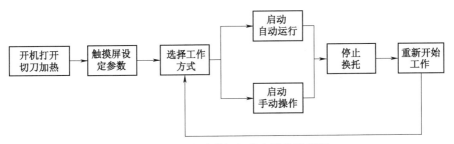

图 6-54　全自动剪板机基本操作流程图

任务实施

三菱 PLC 与伺服驱动器及电动机的连接：伺服电动机就是真正的执行机构，好比人的手；驱动器是伺服电动机的电源，好比人的胳膊；PLC 是微型计算机，给伺服驱动器发送指令，好比人的大脑。

最简单的是改两个参数：第一个是控制方式（位置、速度、力矩），一般用位置；第二个是脉冲类型（脉冲加方向、正反脉冲、AB 相），一般的 PLC 只能选脉冲加方向。一般伺服驱动器设定成位置控制方式，接收 PLC 发来的脉冲进行定位。

FX3U 带内置的定位功能，主伺服应该是 MR-J2，接线方式选择脉冲加方向。FX 系列

PLC 的脉冲输出是集电极开路输出,从 PLC 的 Y000～Y002 中选一个作为脉冲输出信号,从 Y004～Y007 中选一个作为方向输出,如图 6-55 所示。

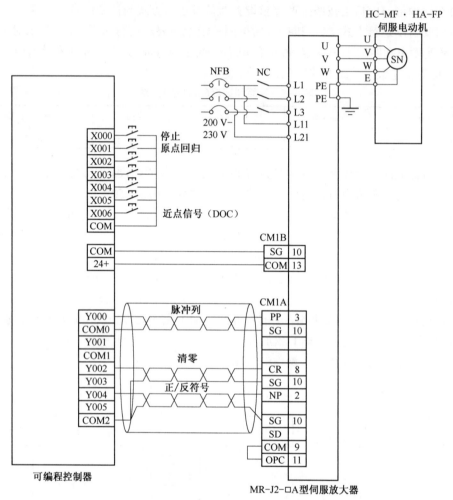

图 6-55　FX 系列 PLC 与 MR-J2 系列伺服放大器连接图

如果选用的是 DOG 原点回归方式,另外还要接一个清零信号(Y004～Y007),原点回归的时候要用到。PLC 输入需要接 DOG 信号(原点回归的近点狗),伺服的零信号。剩下的线 SON 可以接 PLC,也可以接外部开关,EMG、LSP、LSR 必须接,PC 等就看具体的工艺要求了。

图 6-56 所示为手动运行程序,主要用于手动调整,均为点动操作。其中,触摸屏信号,M106 常开触点接通时为自动运行状态,常闭触点接通时为手动运行状态。M111(M112)发出手动前进(后退)信号,在高速脉冲指令 DPLSR 作用下向 Y000(Y1)发出正转(反转)脉冲,脉冲频率由 D200 内数据决定(已经预设为 5 000,影响走带速度),输出总脉冲数固定为 5 000个,M114～M121 分别控制 Y002～Y006,进行打孔、切断等点动操作。

剪板机刚加电时,热刀后才允许后面的自动程序运行。另外,在 PLC 加电或进入/推出自动状态(M106)或切带完成(Y003)或达到设定产量时,对相关寄存器、状态继电器、变址寄存器和输出继电器复位,切带完成时进入自动运行开始状态,为自动运行做准备。

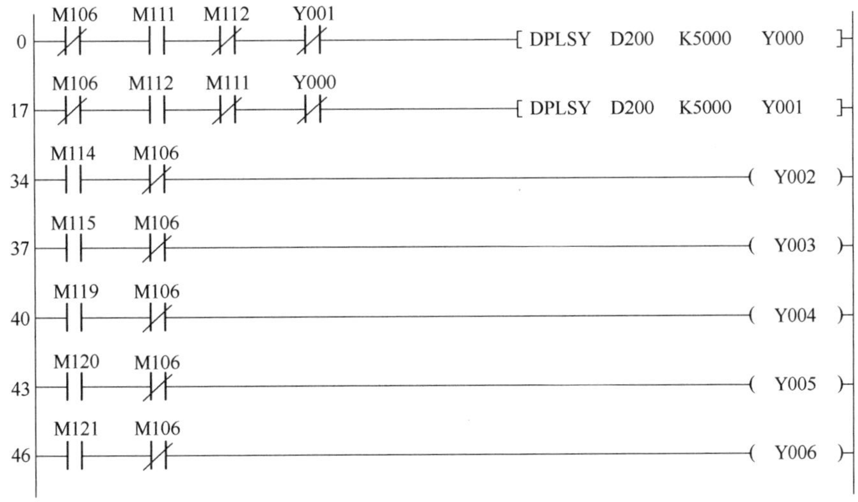

图 6-56　手动运行程序

若开机 60 s 后(M202)并且在自动方式下启动运行(M103),进入自动运行程序。根据第一点距离设定值,由 M104/M105 决定转入正转分支/反转分支。在正转分支中,由 Y000 输出正转脉冲,D230 中为脉冲输出频率,D252 中为输出总脉冲数(长度尺寸),K100 为加减速时间。走完设定长度后,M8029 发出信号,由 D250 与 D212 比较判断打点是否完成,没有完成则进入 S3 状态,若完成则进入 S5 状态,程序如图 6-57 所示。伺服轴设计加速时间是为了防止送带辊打滑,设计减速时间是为了保证伺服轴准确停在指定位置。

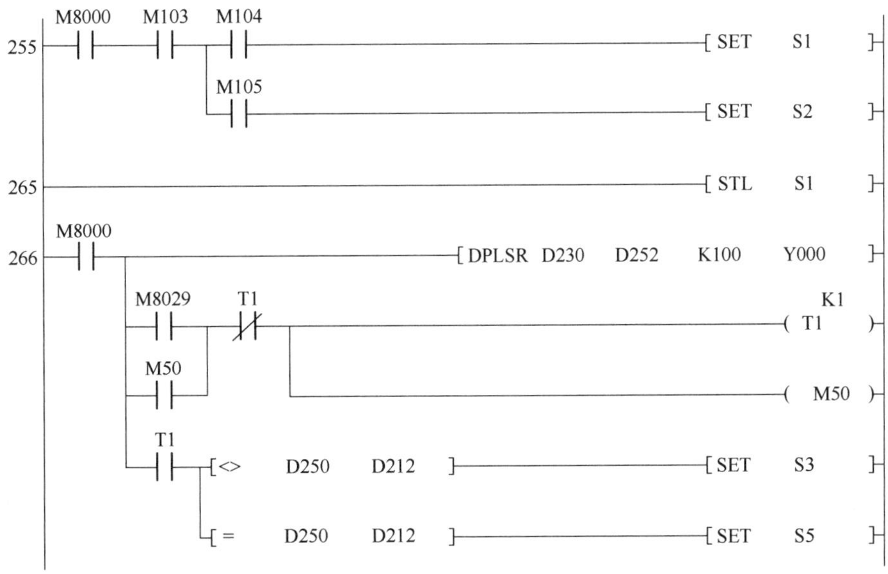

图 6-57　自动流程正转分支程序

自动流程反转分支程序如图 6-58 所示,由 Y001 输出反转脉冲,反转调整结束后进入 S3 状态。然后,切断继续进板,其余程序在此省略。

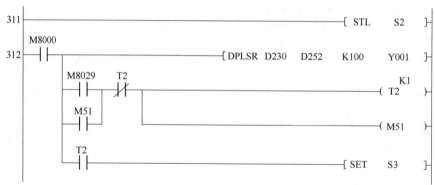

图 6-58　自动流程反转分支程序

课后练习

一、单选题

1. 伺服系统是一种以( )为控制对象的自动控制系统。

　　A. 功率　　　　B. 机械位置或角度　　　　C. 加速度　　　　D. 速度

2. 鉴相式伺服系统中采用( ),鉴别两个输入信号的相位差和相位超前、滞后的关系。

　　A. 鉴相器　　　B. 基准脉冲发生器　　　　C. 分频器　　　　D. 伺服放大电路

3. 闭环伺服系统的转速环由( )组件构成。

　　A. 测速装置、位置控制、伺服电动机

　　B. 伺服电动机、伺服驱动装置、测速装置、速度反馈

　　C. 位置控制、位置检测装置、位置反馈

4. 增益越大,伺服系统的响应越( )。

　　A. 快　　　　　B. 慢　　　　　　　　　C. 响应与增益无关

5. 直流伺服电动机在低速运转时,由于( )波动等原因可能造成转速时快时慢,甚至暂停的现象。

　　A. 电流　　　　B. 电磁转矩　　　　　C. 电压　　　　　D. 温度

6. 交流伺服电动机的定子铁芯上安放着空间上互成( )电角度的两相绕组,分别为励磁绕组和控制绕组。

　　A. 0°　　　　　B. 90°　　　　　　C. 120°　　　　　D. 180°

二、填空题

1. 在伺服控制系统中,使输出量能够以一定_____跟随输入量的变化而变化的系统称为_____,又称伺服系统。

2. 伺服系统按使用的驱动元件分类,可分为_____、_____、_____。

3. 交流伺服电动机的转子有两种形式,即_____和非磁性空心杯形转子。

4. 闭环伺服驱动系统由_____、_____、机床、检测反馈单元、比较控制环节等五个部分组成。

5. 直流伺服电动机的电气制动有_____、_____和_____。

6. 交流伺服电动机的控制方式有_____、_____和_____。

三、简答题

1. 进给伺服系统在数控机床中的主要作用是什么？它主要由哪几部分组成？试用框图表示各部分的关系，并简要介绍各部分的功能。

2. 在闭环、半闭环进给伺服系统中，按其控制信号的形式可分为哪几类？各类的主要特点是什么？

3. 当直流伺服电动机电枢电压、励磁电压不变时，如将负载电阻减小，试问此时电动机的电枢电流、电磁转矩、转速如何变化？并说明由原来的稳态达到新的稳态时的物理过程。

4. 在某应用中，控制器让工作台正向移动了 50 cm，设每发一个脉冲，工作台移动 0.02 cm，那么程序采用 DRVI 指令，如何实现？如果要用 DRVA 指令实现，又该如何做？

拓展应用

FX2N-10GM/20GM 定位模块

1. 基本功能

定位模块 FX2N-10GM 和 FX2N-20GM 是输出脉冲序列的专用单元。定位模块允许用户使用步进电动机或伺服电动机并通过驱动单元来控制定位。

(1)控制轴数目(控制轴数目表示控制电动机的个数)。一个 FX2N-10GM 能控制一根轴，一个 FX2N-20GM 能控制两根轴，FX2N-20GM 具有线性/圆弧插补功能。

(2)定位语言。配有一种专用定位语言 cod 指令和顺序语言基本指令和应用指令。FX2N-10GM 用存于 PLC 主单元中的程序来进行位置控制，无须采用专用定位语言，这称为表格方法。

(3)手动脉冲发生器。当连上一个通用手动脉冲发生器(集电极开路型)后手动进给有效。

(4)绝对位置 ABS 检测。当连上一个带有绝对位置 ABS 检测功能的伺服放大器后，每次启动时的回零点可被保存下来。

(5)连接的 PLC。当连上一个 FX2N/2NC 系列 PLC 时，定位数据可被读/写；当连上一个 FX2NC 系列 PLC 时，需要一个 FX2NC-CNV-IF。定位模块也可不需要任何 PLC 而单独运行。

2. 组成

(1)FX2N-10GM 每一部分的名称和描述解释如图 6-59 所示。

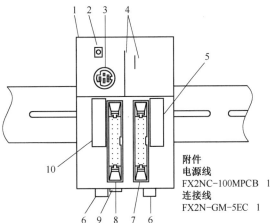

附件
电源线
FX2NC-100MPCB　1
连接线
FX2N-GM-5EC　1

图 6-59　FX2N-10GM 的组成

1—运行指示 LED；2—手动/自动开关；3—编程工具连接器；
4—I/O 显示；5—PLC 扩展模块连接器；6—用于 DIN 轨道安装的挂钩；
7—电动机放大器的连接器 CON2；8—I/O 连接器 CON1；
9—电源连接器；10—PLC 连接器

（2）FX2N-20GM 每一部分的名称和描述解释如图 6-60 所示。

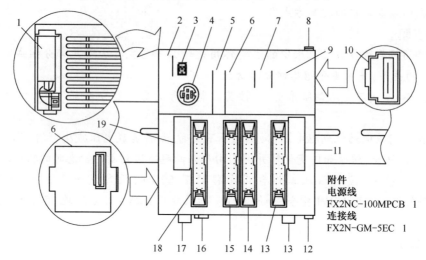

图 6-60　FX2N-20GM 的组成

1—电池;2—运行指示 LED;3—手动/自动开关;4—编程工具连接器;5—通用 I/O 显示;

6—设备输入显示;7—x 轴状态显示;8—锁定到 FX2N-20GM 的固定扩展模块;9—y 轴状态显示;

10—FX2N-20GM 扩展模块连接器;11—PLC 扩展模块连接器;12—用于 DIN 轨道安装的挂钩;

13—y 轴电动机放大器的连接器 CON4;14—x 轴电动机放大器的连接器 CON3;15—输入设备连接器 CON2;

16—电源连接器;17—通用 I/O 连接器 CON1;18—存储板连接器;19—PLC 连接器

手动操作时,定位此开关到 MANU;自动操作时则定位到 AUTO。

写程序或设定参数时选择 MANU 模式,在 MANU 模式下定位程序和子任务程序停止。

在自动操作状态下,当开关从 AUTO 切换到 MANU 时,定位模块执行当前定位操作后,等待结束(END)指令。

3. 安装和接线注意事项

（1）在开始安装和连线前确保切断所有外部电源供电,如果电源没有被切断可能使用户触电或部件被损坏。

（2）在安装中即切割修整导线时,特别注意不要让碎片落入部件中。当安装结束时,移去保护纸带以避免部件过热。

（3）部件不能安装在具有如下环境条件的场所中:过量或导电的灰尘,腐蚀或易燃的气体,湿气或雨水,过热,常规的冲击或过量的震动。

（4）一般注意事项:

①确保安装部件和模块尽可能地远离高压线高压设备和电力设备。

②连线警告:不要把输入信号和输出信号置于同一多芯电缆中,进行传输时也不要让它们共享同一根导线;不要把 I/O 信号线置于电力线附近或使它们共享同一根导线;低压线应可靠地与高压线隔离开或进行绝缘;当 I/O 信号线具有较长的一段距离时,必须考虑电压降和噪声干扰。

（5）连接 PLC 主单元。用 PLC 连接电缆 FX2N-GM-5EC(作为附件提供)或 FX2N-GM-65EC(单独出售)来连接 PLC 主单元和定位模块。

FX2N 系列 PLC 最多能连接八个定位模块;FX2NC 系列 PLC 最多能连接四个定位模块。

当连接定位模块到 FX2NC 系列 PLC 时需要 FX2NC-CNV-IF 接口,当连接定位模块到 FX2N 系列 PLC 时不需要 FX2NC-CNV-IF 接口。

在一个系统中,仅能使用一条扩展电缆 FX2N-GM-65EC(650 mm)连接到扩展单元专用模块或专用单元(被看作 PLC 主单元的扩展单元)。

当扩展 I/O 点到 FX2N-20GM 时,把它们连接到 FX2N-20GM 右部提供的扩展连接器上,I/O 点不能扩展到 FX2N-10GM。

参 考 文 献

[1]李月芳,陈東.电力电子与运动控制系统[M].5版.北京:中国铁道出版社,2013.

[2]王兆安,刘进军.电力电子技术[M].5版.北京:机械工业出版社,2009.

[3]王鲁杨.电力电子技术实验指导书[M].5版.北京:中国电力出版社,2013.

[4]石新春,杨京燕,王毅.电力电子技术[M].5版.北京:中国电力出版社,2006.

[5]徐德鸿,马皓,汪槱生.电力电子技术[M].5版.北京:科学出版社,2006.

[6]陈伯时.电力拖动自动控制系统-运动控制系统[M].3版.北京:机械工业出版社,2016.

[7]冯丽平.交直流调速系统综合实训[M].5版.北京:电子工业出版社,2009.

[8]史国生.交直流调速系统[M].5版.北京:化学工业出版社,2011.

[9]吕景泉.自动化生产线安装与调试[M].2版.北京:中国铁道出版社,2011.

[10]张文明,蒋正炎.可编程控制器及网络控制技术[M].2版.北京:中国铁道出版社,2015.

[11]徐建俊,居海清.电机拖动与控制[M].北京:高等教育出版社,2015.

[12]曹建林,邵泽强.电工技术[M].北京:高等教育出版社,2014.

[13]何琼.可编程控制器技术[M].北京:高等教育出版社,2014.

[14]张娟,吕志香.变频器应用与维护项目教程[M].北京:化学工业出版社,2014.

[15]三菱电机.三菱通用变频器 FR-D700 使用手册:基础篇,2008.

[16]三菱电机.三菱通用变频器 FR-D700 使用手册:应用篇,2008.

[17]三菱电机.三菱微型可编程控制器 FX3U.FX3UC 编程手册:基本应用指令说明书,2005.

[18]三菱电机.三菱微型可编程控制器 FX3U.FX3UC 硬件手册,2006.

[19]陆志全.电力电子与变频技术[M].北京:机械工业出版社,2015.

[20]向晓汉,宋昕.变频器与步进/伺服驱动技术完全精通教程[M].北京:化学工业出版社,2015.